LES NOUVEAUX HORIZONS DE LA SCIENCE

PAR

H. GUILLEMINOT
Chef des Travaux de Physique biologique
à la Faculté de Médecine,
Président de la Société de Radiologie Médicale de Paris.

TOME DEUXIÈME

L'ÉLECTRICITÉ. — LES RADIATIONS.
L'ÉTHER. — ORIGINE ET FIN DE LA MATIÈRE

PARIS
G. STEINHEIL, ÉDITEUR
2, RUE CASIMIR-DELAVIGNE, 2

—

1913

LES NOUVEAUX HORIZONS DE LA SCIENCE

DU MÊME AUTEUR

Radioscopie et Radiographie cliniques de précision. — 1 vol. petit in-16. 1900. — Couronné par l'Académie des Sciences.

Technique de la Radioscopie et de la Radiographie ordinaires. — In *Traité de Radiologie médicale*, publié sous la direction du Professeur BOUCHARD, Membre de l'Institut, 1903. — G. Steinheil, éditeur, Paris.

Electricité médicale. — 1 vol. in-16, 1905; 2e édition, 1907. — G. Steinheil, éditeur, Paris et Rebman, éditeur, Londres pour la traduction anglaise, 1906. (Dr BUTCHER, traducteur). — Couronné par l'Académie de Médecine.

Guide pour l'emploi de l'électricité en médecine. Principales applications de l'Electrothérapie et de la Radiothérapie — 1 vol. petit in-16, 1906. — G. Steinheil, éditeur, Paris.

Manipulations de Physique biologique. — 1 vol. in-16, 1910. — G. Steinheil, éditeur, Paris.

Radiométrie fluoroscopique. — 1 vol. in-16, 1910. — G. Steinheil, éditeur, Paris. — Couronné par l'Académie des Sciences.

Rayons X et Radiations diverses. Actions sur l'organisme. — 1 vol. de l'*Encyclopédie scientifique*. — Doin, éditeur, Paris, 1910.

LIVRE PREMIER

L'ÉLECTRICITÉ

CHAPITRE PREMIER

Les conquêtes récentes de la science.

1. — Les données acquises sur la molécule et l'atome matériels.

L'étude que nous avons faite de la matière nous a révélé sa structure granuleuse. La molécule, l'atome nous sont apparus comme des réalités tangibles. Nous connaissons à présent les lois qui régissent les associations atomiques, et la chimie nous a laissé voir les règles de l'affinité sans nous renseigner toutefois sur la nature essentielle des liens qui unissent les atomes. Nous connaissons aussi les lois qui régissent les rapports moléculaires et la physique nous a éclairés sur la nature des états solide, liquide et gazeux ; elle nous a montré des manifestations remarquables des forces attractives qui lient les molécules, elle nous a fait comprendre le rôle et la nature de la chaleur que la théorie cinétique ramène à une forme de mouvement, elle nous a expliqué, grâce à cette théorie, les phénomènes de pression gazeuse, de pression osmotique, de diffusion des gaz, des liquides et même des solides.

La cinématique de ces infiniment petits ne s'est pas arrêtée là : en dehors de l'agitation thermique, nous avons pu soupçonner d'autres mouvements de la molécule et de l'atome. Les dissymétries des propriétés vectorielles des milieux cristallins nous ont amenés à concevoir la dissymétrie générale du grain de matière. Presque invinciblement alors ne nous sommes-nous pas sentis entraînés vers une image hardie de la molécule, à travers laquelle nous avons aperçu une unité fondamentale plus lointaine?

Mais nous nous sommes bien gardés de fixer cette image. N'aurait-elle pas soulevé des problèmes insolubles? N'aurions-nous pas été conduits à chercher dans la masse, dans la vitesse, dans l'orientation de ces nouveaux infiniment petits les raisons des dissymétries moléculaires? N'aurions-nous pas été conduits à chercher la raison d'être des variations vectorielles dans les relations de ces unités avec le milieu immatériel où elles évoluent? Ne nous serions-nous pas posé tout de suite des problèmes d'énergétique générale que nous n'aurions pu résoudre?

Aussi avons-nous de parti pris évité les écueils et écarté les difficultés pour arriver directement au but de notre première étape. Ce but, c'était d'établir la réalité de la molécule et de l'atome de matière, de définir leurs propriétés statiques et cinétiques. Arrivés au terme de cet itinéraire, nous avons voulu illustrer nos conclusions par un tableau impressionnant : l'étude des mouvements Browniens a mis sous nos yeux une manifestation de l'agitation moléculaire, elle nous a même permis de faire plus, et c'est le couronnement de cette étape : elle nous a permis de dénombrer les molécules; elle nous a dit la valeur numérique de la constante d'Avogadro; elle nous a appris qu'un corps quelconque renferme 65 à 70.10^{22} molécules quand on prend de ce corps un nombre de grammes égal à son poids moléculaire.

Voilà où nous avons arrêté notre marche. A présent, s'ouvrent devant nous de nouvelles régions dont nous ne pouvons d'avance prévoir ni l'étendue, ni les richesses. Allons-nous y découvrir l'unité universelle de la matière, ses relations avec le milieu immatériel qui nous entoure, les propriétés de ce milieu et les lois générales des mutations de l'énergie? Nous saurons bientôt jusqu'où s'étendent les investigations de la science, mais qui sait les révélations qui sommeillent encore sous le voile épais que notre curiosité déchire chaque jour davantage! Dans le dédale des faits complexes où nous allons pénétrer, il est un fil directeur qui va guider nos pas; il orientera notre marche et assurera nos conquêtes : ce fil directeur, c'est la série des phénomènes électriques qui se sont imposés coup sur coup à la connaissance humaine.

2. — Essor nouveau donné à la science par la connaissance de l'électricité, des radiations, de l'éther immatériel et de l'énergétique générale.

La découverte de l'électricité a ouvert de larges horizons à la pensée humaine. Aujourd'hui l'électrologie est comme le pivot autour duquel évolue la foule des connaissances nouvelles. Elle est le foyer central, le soleil inépuisable auquel elles viennent demander la lumière.

L'étude des phénomènes électriques a fait de l'éther hypothétique des physiciens une réalité accessible. Elle a jeté un jour inattendu sur le mystère des radiations et sur la constitution de la matière; elle a fait voir le lien des phénomènes matériels et des manifestations énergétiques; elle a presque ramené le problème de la genèse et de la fin des mondes à l'étude des lois qui régissent les mutations de l'énergie.

Est-ce à dire que cette découverte ait tout à coup révolutionné la science? Non; ici comme toujours, la découverte fut lente. Les faits nouveaux surgissent peu à peu de toutes parts dans le champ d'étude de la nature, et leur synthèse mène lentement l'esprit humain aux grandes conceptions générales de l'univers. Quand a-t-on découvert l'électricité? C'est jusque dans les civilisations dont l'histoire se perd au temps des légendes, qu'il faudrait peut-être aller chercher ses premiers jalons. Quand a-t-on imaginé l'éther? Est-ce le jour où la théorie ondulatoire de la lumière fut assise sur des bases solides? Mais les vieilles philosophies en parlent déjà, et l'éther hantait l'âme des savants bien avant que la science eût découvert les faits prouvant son existence. De quand date la science de l'énergie? D'hier et de toujours. Les anciens philosophes connaissaient certains principes de l'énergétique. Mais ces notions éparses ne sont que de lointaines ébauches souvent entachées d'erreurs monstrueuses. Il est remarquable de constater d'ailleurs que les grandes lois énergétiques de la nature, alors même qu'elles ont été énoncées, n'ont pas tout de suite frappé l'esprit humain. Je n'en veux pour preuve que l'indifférence avec laquelle fut accueillie la formule de Robert Mayer quand, vers le milieu du XIXe siècle, il affirma le grand principe de la conservation de l'énergie; et l'on sait que la deuxième loi de la thermodynamique, quand elle avait été formulée par Sadi Carnot, n'avait guère provoqué plus d'enthousiasme, bien qu'aujourd'hui elle constitue l'une des propositions les plus générales qui régissent l'évolution des phénomènes de la nature.

Il faut, pour qu'une théorie se fasse jour, que l'ambiance s'en imprègne, il faut que dans chaque cerveau se prépare l'éclosion de l'idée nouvelle. Ce serait donc une erreur de croire que l'étude de la matière et des forces atomiques ou moléculaires que nous avons faite jusqu'ici, constitue une étape de la science tout à fait séparée de celles que nous allons parcourir. Ce serait une erreur de regarder l'éclosion de la science électrique et de l'énergétique comme un phénomène subit dans l'histoire de la pensée humaine. Les nouvelles conquêtes ne font que continuer l'évolution préparée et transforment la science sans mettre en faillite le passé. Elles ne changent rien au fondement des connaissances acquises; elles modifient seulement le point de vue duquel l'esprit humain contemple l'édifice.

Mais, ces réserves faites, on peut sans mesure admirer la formidable impulsion donnée à la science par les progrès réalisés dans l'étude de l'électricité et des radiations, et dans la connaissance plus exacte des mutations de l'énergie et de ses lois. Tout ce faisceau de connaissances nouvelles va nous aider à résoudre le problème que nous avons dû jusqu'à présent écarter de notre étude. Il va nous entraîner pas à pas vers des horizons insoupçonnés.

3. — Ordre suivant lequel nous étudierons ces connaissances nouvelles.

Les faits nouveaux que nous allons étudier se groupent autour de trois sujets intimement liés l'un à l'autre.

Nous envisagerons d'abord les phénomènes électriques dans leur ensemble, et, après avoir rappelé les données expérimentales de l'électrostatique et de l'électrodynamique, nous tâcherons de pénétrer la nature des charges électriques et nous développerons la théorie nouvelle de l'électron.

En second lieu, nous définirons les champs électriques et magnétiques; cette étude nous conduira naturellement à celle des radiations qui ne sont autre chose que la transmission, à tous les points de l'espace, des perturbations oscillatoires subies par ces champs. Le problème de l'éther, milieu immatériel, siège de ces perturbations, se posera ainsi à tout moment devant nous.

Les relations de l'éther et de la matière nous feront entrevoir la constitution probable de l'atome; nous apercevrons une explication des origines de l'atome dans l'arrangement des particules électriques et nous pourrons ainsi soupçonner les liens de la matière et de l'énergie. De graves questions surgiront alors devant nous : celle de la désagrégation possible de la matière, de la transmutation des corps; l'étude de la radioactivité viendra jeter un jour éclatant sur ces questions ardues.

Électricité, éther, relations de l'éther, de l'électricité

et de la matière, tels sont donc les grands sujets d'étude que nous allons aborder. Quand nous aurons pris connaissance de toutes les données de la science positive, mais alors seulement, il nous sera permis de poser la question angoissante de la genèse et de la fin de la matière, de l'origine et de la mort des mondes matériels. Nous chercherons dans les révélations de la spectroscopie stellaire et dans l'observation des mouvements sidéraux des éclaircissements sur les lois de l'infiniment grand, comme nous avons cherché dans la nature des phénomènes atomiques et moléculaires des révélations sur l'infiniment petit. Nous apercevrons que, en haut comme en bas, le substratum universel du monde tangible est le mouvement et l'énergie, et que le problème de l'évolution de l'univers se ramène avant tout à un problème d'énergétique générale.

CHAPITRE II

L'électricité : Exposé sommaire des principales notions données par la science expérimentale.

Section I. — *Evolution de la connaissance humaine en électricité. L'électrostatique.*

4. — L'électricité à travers les âges.

L'électricité offre un exemple frappant de domestication dans l'histoire du génie humain. Il est peu de forces naturelles qui se soient révélées plus brutalement à lui ; il en est peu qui soient pour lui aujourd'hui une auxiliaire plus souple et plus universelle, une aide plus fidèle dans tous ses labeurs. Il est peu de sources d'énergie qui aient été entourées d'un mystère aussi terrifiant au début ; il en est peu qui, depuis, se soient livrées avec un aussi grand abandon aux investigations scientifiques.

Tout ce que les peuples anciens connaissaient d'elle, n'était-ce pas cette arme terrible qu'ils mettaient aux mains de leurs dieux les plus puissants? Le tonnerre n'était-il pas le grondement de la colère céleste contre l'humanité coupable? Et, suprême ironie, aujourd'hui que la science tend à placer dans l'unité électronique le principe et la fin de la matière, il se trouve que l'idole, renversée par la raison humaine et par les croyances des civilisations plus avancées, remonte sur son antique piédestal et s'impose à nous comme l'entité universelle ou tout au moins comme sa manifestation la plus immédiate.

S'il est vrai que les Chinois faisaient usage de la boussole plus de mille ans avant l'ère chrétienne ; si les propriétés de l'ambre qui, frotté, attire les corps légers, étaient connues de Thalès de Milet, il y a 26 siècles ; si, depuis que le chat est domestiqué, la main qui le caresse a de tout temps provoqué les lueurs et le crépitement de l'électricité, et si, depuis longtemps aussi, les torpilles de mer enseignent brutalement les effets désagréables des décharges instantanées, c'est récemment seulement que les faits d'observation ont été coordonnés et que l'expérimentation rationnelle s'est attaquée à l'étude des phénomènes électro-magnétiques.

Mais, en moins de deux cents ans, la science électrique a fait un bond énorme, et ce n'est que depuis une quarantaine d'années qu'elle est devenue une science exacte. Tous ceux dont les souvenirs d'école remontent à plus d'un quart de siècle, se rappellent combien vague encore à ce moment était la notion du courant ; combien difficile à comprendre était la distinction de l'électricité statique et de l'électricité dynamique, ou combien surprenante paraissait la propagation des courants alternatifs le long des fils.

Depuis lors, grâce à la découverte des oscillations électriques de haute fréquence, des rayons X, des rayonnements des corps radioactifs ; grâce aux travaux des Hertz, des Maxwell, des Becquerel, des Curie et de la pléiade des physiciens qui, à leur suite, étudièrent cette branche nouvelle de la physique, les phénomènes électro-magnétiques ont été éclairés d'un jour nouveau.

L'électricité nous apparaît aujourd'hui comme une entité unique sous des manifestations variées : charges statiques avec leurs effets mécaniques; courants électriques avec leurs effets magnétiques; courants oscillants rapides avec les perturbations périodiques qu'ils communiquent à l'éther et qu'ils rayonnent dans toutes les directions de l'espace; radiations vraies, ondes hertziennes, chaleur radiante, lumière; radiations d'émission avec leurs projectiles électriques, ions matériels ici, électrons là, intermédiaires entre le monde de la matière et le monde de l'énergie toujours; autant d'aspects différents sous lesquels se révèle à nos yeux cette force hier insoupçonnée.

Nous aborderons son étude en rappelant sommairement les phénomènes dus aux charges électrostatiques.

5. — L'électrostatique. L'électricité assimilée à un fluide.

Les corps, tels que l'ambre jaune, la résine, le verre, frottés ou frappés avec une étoffe de laine, prennent une charge électrique et attirent les corps légers. Des lueurs se manifestent dans la nuit, lors de la friction. Ces phénomènes sont connus depuis longtemps, ce qui n'empêche pas certaines personnes de croire à une manifestation d'un psychisme supérieur quand, retirant leur gilet de laine le soir, elles entendent le crépitement dont les chats n'ont pas le monopole exclusif, ou voient les lueurs violettes dont l'aspect diabolique évoque des idées d'un autre âge.

Au commencement du XVIIe siècle, Gilbert, médecin de la reine Elisabeth d'Angleterre, donnait la liste des corps qui s'électrisent par frottement, et Otto de Guericke, l'inventeur de la machine pnneumatique, 1602-1686, construisait, à l'aide d'une boule de soufre tournant autour d'un axe et frottée à sa surface à l'aide de la main bien sèche, la première machine électrique. Ces faits ont donné lieu au commencement du XVIIIe siècle à l'hypothèse du fluide électrique; il est intéressant de connaître la genèse de cette théorie. Le physicien anglais Gray, étudiant l'attraction des corps légers par un barreau de verre frotté, constata qu'un bouchon de liège placé à l'extrémité de ce barreau, acquérait la même propriété. Une tige de sapin plantée dans ce bouchon et terminée par une bille d'ivoire communiquait à cette bille la même faculté d'attirer les corps légers. N'était-il pas naturel de voir là quelque chose d'analogue à un fluide qui se répandrait de proche en proche ?

Cette hypothèse se trouva singulièrement confirmée par ce fait que certains corps sont bons conducteurs pour ce fluide, tandis que d'autres ne le sont pas : or les premiers peuvent comme les seconds être électrisés par frottement, si on les isole par des supports de verre, d'ébonite, etc.

L'hypothèse fut féconde, elle eut un brillant avenir. Battue en brèche un moment par les théories dynamiques, elle renaît aujourd'hui sur des bases plus rationnelles.

6. — Attractions et répulsions. Electricité positive, électricité négative. Théories de Symmer et de Franklin.

Quelques années plus tard, un physicien français, Ch. François Dufay (1733) remarqua qu'un petit corps préalablement électrisé, tel qu'une balle de moelle de sureau suspendue par un fil de soie isolant, est attirée par certaines substances électrisées et repoussée par d'autres.

Ainsi la balle de sureau A, corps bon conducteur isolé par son fil de soie B, mise en contact avec un bâton de résine électrisé C, s'électrise elle-même. Dans ces conditions, on constate qu'elle est repoussée par le bâton de résine aussitôt qu'elle est chargée. Elle est aussi repoussée si on approche d'elle d'autres bâtons de résine pareillement chargés par frottement. Au contraire, si l'on remplace les bâtons de résine par des bâtons de verre frottés aussi sur la laine, on la voit attirée.

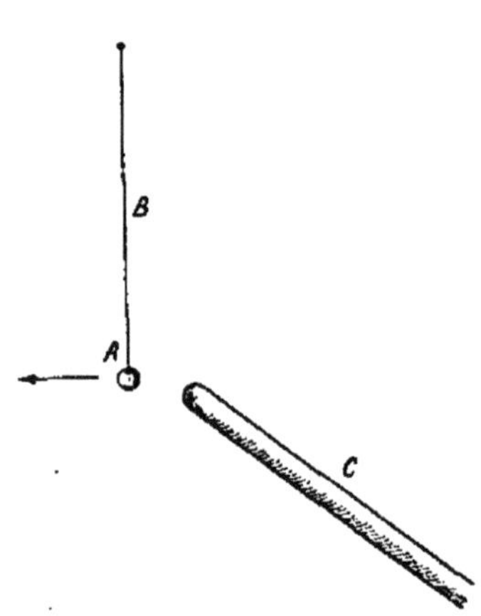

Fig. 1. — Attraction et répulsion des corps légers par un bâton de résine électrisé.

Parmi les corps, les uns se comportent comme le verre, les autres comme la résine. Seulement, on s'aperçut vite qu'il ne s'agissait pas là d'une propriété spécifique de la matière et que, suivant le corps frottant, le même corps frotté se comportait soit comme le verre, soit comme la résine. On s'aperçut d'autre part que le corps frottant s'électrisait aussi, mais se comportait vis-à-vis de la balle de sureau à l'inverse du corps frotté.

C'en était assez pour faire admettre deux espèces de

fluides électriques : le *fluide vitré* et le *fluide résineux*, qu'on appela par la suite l'électricité positive et l'électricité négative. Cette théorie des deux fluides fut formulée par le physicien anglais Symmer et les phénomènes électriques purent être résumés dans les propositions suivantes :

I. — Les corps électrisés s'attirent ou se repoussent : ils s'attirent, s'ils portent des charges électriques de signe contraire; ils se repoussent, s'ils portent des charges de même signe.

II. — Deux corps que l'on frotte l'un contre l'autre prennent chacun une charge électrique de signe contraire. Ces charges sont égales. On peut les recombiner par contact, ce qui annule l'état électrique et place les corps à l'état neutre.

Cependant un certain nombre de physiciens se ralliaient à une théorie un peu différente : ils admettaient un fluide unique répandu universellement et uniformément dans la nature ; le frottement de deux corps aurait eu pour effet de faire passer du fluide de l'un vers l'autre : le premier aurait donc présenté, après l'opération, un déficit de fluide, le second un excès; le premier aurait été à l'état négatif, le second à l'état positif.

Cette théorie du fluide unique est due à Benjamin Franklin, l'homme admirable qui fut à la fois le héros de l'indépendance américaine, le grand vulgarisateur de la science dans sa patrie, l'inventeur du paratonnerre entre temps, le génie puissant et original qui consacra sa vie à la véritable émancipation de la pensée : l'émancipation par l'enseignement de la vérité.

Aujourd'hui, la notion de l'électron nous permet de

jugerde plus haut la valeur de ces deux hypothèses; et, comme toujours, quand deux opinions contraires et solidement étayées reçoivent la lumière des faits nouveaux, une part de vérité apparaît dans chacune d'elles. Nous verrons d'ailleurs que le problème n'a pas encore reçu une solution définitive; et la difficulté, pour avoir été déplacée, n'en subsiste pas moins en partie. En effet, si aujourd'hui l'électron négatif est regardé comme le substratum même du fluide électrique unique et s'il suffit à lui seul à rendre compte de la plupart des phénomènes connus, la nature de certaines unités positives et l'existence d'électrons positifs soulèvent encore bien des controverses.

7. — Lois des attractions et répulsions électriques formulées par Coulomb.

Si l'on prend deux sphères semblables, conductrices mais isolées, qu'on les mette toutes les deux en relation avec une source d'électricité quelconque, on constate qu'elles se repoussent avec une force d'autant plus grande qu'elles sont plus rapprochées. Les répulsions varient en raison inverse du carré de leur distance.

Si on les charge d'électricité de nom contraire, elles s'attirent, et la force attractive varie en raison inverse du carré de leur distance.

Si, dans l'un ou l'autre cas, on réduit la charge à la moitié, au quart, dans l'une d'elles, l'attraction ou la répulsion est réduite à la moitié, au quart. Si on fait cette réduction dans les deux sphères, l'attraction ou la répulsion est réduite à 1/4, 1/16...

En un mot, les forces attractives ou répulsives sont

inversement proportionnelles au carré des distances qui séparent les quantités agissantes et proportionnelles au produit de ces quantités, comme les forces gravides sont, elles aussi, proportionnelles au produit des masses matérielles en présence et inversement proportionnelles au carré de leur distance.

C'est ce qu'en physique on symbolise par la formule $f = K\frac{mm'}{d^2}$, dans laquelle f représente la force répulsive ou attractive, m et m' les quantités d'électricité portées par chacun des deux corps, et d leur distance. K est un coefficient constant dont la valeur numérique dépend du système d'unités employées et de la nature du milieu interposé.

Telle est la loi formulée par le physicien français Coulomb, à la suite de l'étude expérimentale qu'il fit des actions réciproques des charges électriques au moyen d'une balance de torsion imaginée par lui et analogue à celle que Cavendish employait pour l'étude des forces Newtoniennes. Si, dans l'expression ci-dessus, on attribuait à f la valeur d'une force de gravitation, à m et à m' la valeur de masses matérielles, cette formule serait l'expression même de la loi de Newton qui régit les mouvements planétaires et la chute des corps gravides.

8. — Electrisation par influence.

Lorsqu'on approche un corps conducteur, isolé et non chargé, A, d'un corps B, possédant une charge électrique, tout se passe comme si le fluide neutre de ce conducteur A se dissociait par influence en deux charges égales et de signe contraire; ici, la théorie des deux fluides simplifie remarquablement l'exposé du phénomène. L'une des charges se porte le plus possible vers le corps influençant, l'autre s'en éloigne le plus possible.

Si le corps influençant B porte une charge positive, l'électricité négative de A occupe la moitié la plus proche, l'électricité positive la moitié la plus éloignée. Si on relie le corps influencé A à la terre, l'électricité positive repoussée s'écoule ; A reste chargé négativement. Le phénomène inverse se produirait, si l'on prenait un corps influençant chargé négativement.

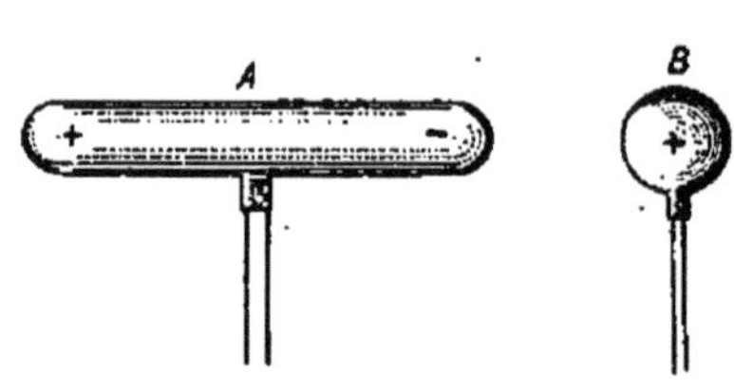

Fig. 2. — L'influence électrostatique.

Si, au lieu de prendre un conducteur comme corps influencé, on prend un corps non conducteur ou diélectrique comme un cylindre d'ébonite, on constate après un temps plus ou moins considérable que ce diélectrique présente une certaine électrisation qui persiste après l'influence. Une charge de nom contraire à celle du corps influençant se trouve vers l'extrémité qui en était la plus voisine, une charge de même nom se trouve à l'extrémité opposée. Ainsi, dans les diélectriques tout se passe comme si le fluide électrique était peu mobilisable, mais pouvait néanmoins être mobilisé à la longue par une influence soutenue, et comme si, une fois déplacé, il ne reprenait que lentement sa position d'équilibre.

L'étude des différents phénomènes relatifs à la dissociation des charges électriques par frottement, par influence ou par toute autre action, a montré que toutes les fois qu'il se produit de l'électricité d'un signe donné dans un corps il y a en même temps production d'une égale quantité d'électricité de signe contraire. Autrement dit, si un système isolé dans l'espace est pris à l'état neutre et que par suite de phénomènes quelconques il apparaisse en un point des charges électriques, il existe toujours en un autre point du système des charges électriques égales et de signe contraire, si bien que la somme algébrique de toutes ces charges reste égale à zéro.

9. — L'électricité siège à la surface des conducteurs. Densité électrique. Tension électrostatique.

On constate facilement en électrisant des sphères creuses que l'électricité occupe la surface extérieure des conducteurs et qu'aucune charge ne siège sur la surface intérieure. Tout se passe comme si les charges électriques étaient constituées par des *unités élémentaires* se repoussant les unes les autres sans pouvoir abandonner le conducteur.

L'analyse mathématique montre que les charges doivent dès lors se répartir uniformément à la surface des conducteurs sphériques : le fluide électrique formerait ainsi une couche également épaisse, *également dense*, sur toute cette surface. Quand le conducteur n'est pas sphérique, la densité du fluide est inégale : elle est plus grande, par exemple, aux extrémités du grand axe d'un ellipsoïde; elle est particulièrement grande au niveau des pointes : là l'électricité prend une tension maxima et quitte le conducteur, si cette tension est assez forte.

Cette inégale répartition des charges électriques à la

surface d'un conducteur non sphérique est facile à constater; il suffit de toucher successivement les différentes parties de ce conducteur, statiquement chargé, avec un plan d'épreuve ou petit disque métallique porté par une tige isolante. On introduit ce disque, ainsi chargé par contact, dans un cylindre de Faraday, appareil qui permet de mesurer les charges électriques. Les charges sont différentes, suivant la région touchée par le plan d'épreuve.

Dans toutes ces expériences, les unités élémentaires d'électricité qui tendent à se repousser, tendent en même temps, par suite de leurs liens aux corps matériels, à entraîner les éléments de ces corps matériels. Ainsi une bulle de savon disposée sur une feuille de drap trempée dans l'eau de savon augmente de volume comme si les molécules matérielles de ses parois se repoussaient, dès qu'on l'électrise. Cette augmentation qui va à l'encontre de la pression atmosphérique est assez grande pour que la poussée de l'air produise l'ascension de la bulle.

La résultante normale qui tend à produire un effet inverse de celui de la pression atmosphérique s'appelle la *tension électrostatique*. Elle est, en tout point, proportionnelle au carré de la densité.

Cette dernière loi ne présente pas de difficulté à concevoir, si l'on accepte cette hypothèse si féconde des unités élémentaires. Ces unités, en effet, se repoussent les unes les autres de manière à donner une résultante normale et les forces répulsives, suivant les lois de Coulomb, sont proportionnelles au produit des masses agissantes et inversement proportionnelles au carré de leur distance. Or, quand on double la charge par unité de surface, c'est-à-dire quand on double la densité, on peut supposer ou bien qu'on double la charge de chacune des masses électriques élémentaires en laissant leur nombre constant et leurs distances constantes; ou bien qu'on double le nombre des masses élémentaires par unité de surface en laissant leur charge constante.

Dans la première hypothèse, il est évident que le produit de deux nouvelles masses est quatre fois plus grand, et d'une façon générale, la tension répulsive variera en raison inverse du carré de la charge élémentaire, et, par suite, de la densité.

Dans la deuxième hypothèse, l'espace réservé à chaque unité est deux fois moindre et les distances de centre à centre sont $\sqrt{2}$ fois plus petites, de sorte que les forces répulsives d'unité à unité sont 2 fois plus grandes. La composante normale par demi-unité superficielle est 2 fois plus forte; autrement dit, elle est 4 fois plus forte si l'on considère les unités superficielles choisies primitivement, et la tension électrique varie bien comme le carré de la densité.

Tous ces faits sont élémentaires. Ils sont classiques aujourd'hui. Mais il était utile de les rappeler, parce qu'ils constituent une base solide pour les théories nouvelles, et parce que trop souvent, devant l'abondance des découvertes récentes, on perd volontiers de vue les notions plus vieilles, si utiles pour étayer ou combattre nos hypothèses.

10. — Champ électrique. Lignes de force.

Si l'on considère une sphère électrisée A et dans son voisinage un petit corps B de diamètre infiniment petit portant une charge homologue, le corps B est repoussé avec une certaine force suivant la droite unissant les centres A et B. S'il portait une charge de signe contraire, il serait attiré avec la même force.

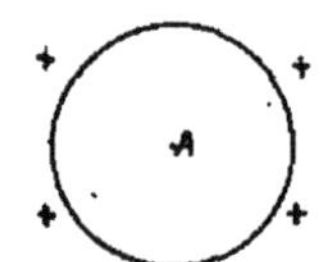

Fig. 3. — Direction du champ électrique.

On appelle champ électrique toute la région de l'espace où s'exerce cette force électrique; la direction du champ en B est celle de la flèche suivant laquelle tend à se déplacer le petit corps électrisé; son intensité est la force répulsive ou attractive exercée sur B, quand B possède l'unité de charge; ou mieux l'intensité du champ H est le rapport de la force F exercée sur le point B à la charge q de ce point :

$$H = \frac{F}{q}.$$

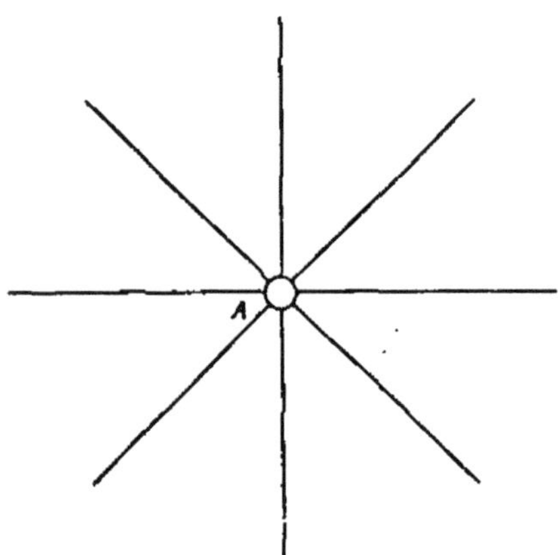

Fig. 4. — Les lignes de force autour d'un corps électrisé isolé dans l'espace.

Si l'on suppose le point B abandonné à lui-même, il s'éloignera ou s'approchera de A, suivant une droite radiale. Il en serait de même si on le plaçait dans tout autre endroit du champ : il s'éloignerait ou s'approcherait, toujours suivant la droite radiale correspondante. Ces droites sont les lignes de force du champ.

On sait aussi que si ces lignes de force sont des droites quand on considère un conducteur A isolé dans l'espace (fig. 4) et éloigné de tout autre conducteur, elles prennent des courbures variées dans la généralité des cas. Ainsi

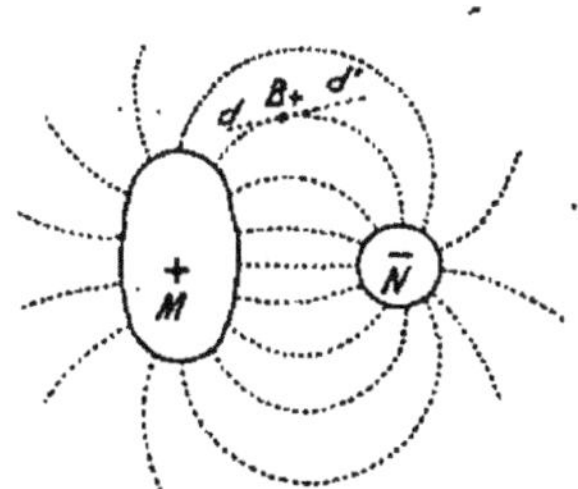

Fig. 5. — Les lignes de force entre deux corps électrisés.

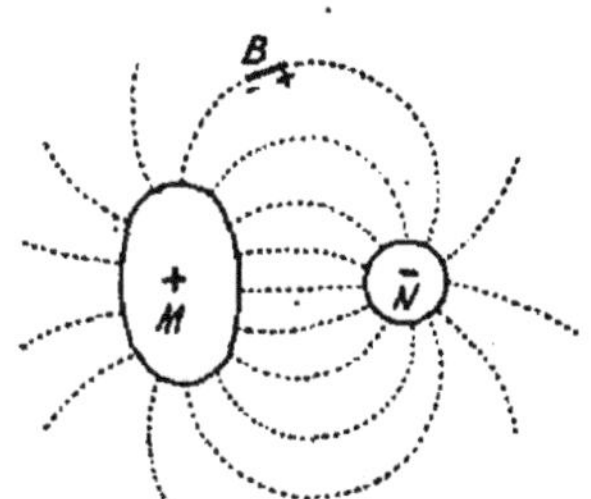

Fig. 6. — Orientation des paillettes dans un champ électrique.

quand deux conducteurs M et N (fig. 5) isolés dans l'espace portent des charges de signe contraire, une charge élémentaire B abandonnée dans l'espace suivrait les trajectoires figurées ci-contre.

La direction du champ au point B est la tangente *dd'* à la courbe MBN en ce point.

On conçoit que si l'on place en B un corps non électrisé tel qu'une paillette conductrice, sous l'influence de M et de N, elle se polarise, et dès qu'elle est polarisée, elle s'oriente suivant la ligne de force avec son extrémité + du côté de N et son extrémité — du côté de M. Si donc on projette de petits corps allongés, tels que des poils de brosses coupés en petits fragments sur une lame de verre servant de support à M et N, on verra ces fragments se disposer suivant les lignes de force. On constate en particulier qu'au voisinage immédiat des conducteurs, les lignes de force sont perpendiculaires à la surface de ces conducteurs.

SECTION II. — *La quantité et la différence de potentiel électriques.*

11. — Notion du potentiel électrique.

Nous allons dans ce chapitre nous occuper des questions du potentiel et de la charge électrique. Cette étude est un peu aride, il est vrai, et trouve mieux sa place dans un livre classique que dans un ouvrage de vulgarisation. Cependant il est indispensable de rappeler certaines notions trop lointaines, d'en préciser d'autres qui ont peut-être insuffisamment pris corps au cours de notre éducation scientifique, si nous voulons comprendre les phénomènes qui peu à peu nous amèneront à une connaissance plus parfaite du monde tangible et de l'impondérable. Aussi est-ce d'un point de vue très général que nous envisagerons ces questions, retenant d'elles seulement les données qui, par la suite, nous seront utiles pour arriver à la solution des grands problèmes que nous poursuivons.

Lorsqu'on considère une force quelconque de la nature, force gravide, force d'expansion des gaz, etc., cette force ne se révèle à nous que par le travail qu'elle est capable de produire.

Or, nous ne savons manier les forces qu'en produisant des échanges entre des corps matériels. Nous ne connaissons en effet pas de forces dont l'origine se trouve en dehors de la matière ; nous ne connaissons pas de manifestations de forces qui n'aient la matière pour réactif tangible. Un échange matériel, une mutation d'énergie liée à la matière, est nécessaire pour qu'un phénomène énergétique se manifeste à nous, pour qu'un travail se produise.

Quand nous utilisons la force d'expansion d'une vapeur, il faut que des molécules de vapeur passent d'une enceinte où la pression gazeuze est élevée à une enceinte où elle est moins élevée. Si les deux enceintes étaient à la même pression, il n'y aurait pas de transport de molécules gazeuses, et par conséquent aucune manifestation dynamique, aucun travail produit.

Quand nous utilisons la chaleur comme source de travail, il faut qu'une chute de température se produise, et pour cela qu'un corps plus froid soit mis en présence d'un corps plus chaud ; si les deux corps mis en présence étaient à la même température, aucun travail ne se produirait; cette loi, énoncée pour la première fois par Carnot est devenue l'un des principes fondamentaux de l'énergétique (Cf. §§151 ssq.).

Quand nous utilisons une chute d'eau pour produire du travail, il faut deux réservoirs à des niveaux différents. Si nous avions deux réservoirs dont le niveau superficiel fût le même, quand même la quantité d'eau de l'un serait 100 fois, 1.000 fois plus considérable que celle de l'autre, il n'y aurait aucun écoulement possible, aucun travail produit.

C'est la différence de pression gazeuse, la différence de température, la différence de niveau liquide qui, dans ces cas, est la cause d'un mouvement, d'un échange d'énergie, et ce mouvement, cet échange d'énergie, se traduit à nous par un travail.

De même si nous considérons les phénomènes électriques, nous constatons que deux corps chargés d'électricité et réunis par un conducteur métallique peuvent ne manifester aucun échange d'énergie, aucun changement d'état électrique : c'est que le *niveau* électrique, la *pression* électrique est identique : on dit alors qu'il n'y a pas de *différence de potentiel* électrique entre les deux corps.

La quantité d'électricité répandue à la surface de chacun des conducteurs peut être très différente, comme la quantité d'eau contenue dans deux vases communicants peut être très différente; il n'y a pas d'écoulement d'électricité, pas d'échange d'énergie électrique, si le potentiel électrique est le même, pas plus qu'il n'y a d'écoulement de liquide si le niveau est le même.

Comme deux vases d'inégale *capacité* remplis d'eau jusqu'au même niveau ne donnent lieu à aucun écoulement, bien que les quantités de liquide qu'ils renferment soient différentes, ainsi deux sphères de cuivre isolées, de capacité électrique différente, chargées au même niveau électrique, au même potentiel, ne donnent lieu, si on les réunit par un conducteur, à aucun écoulement d'électricité, à aucun courant, bien que les quantités d'électricité qu'elles possèdent soient différentes.

Ces considérations donnent déjà une idée de ce qu'est le potentiel électrique. Nous allons le concevoir d'une façon plus précise en établissant un rapport entre les différences de potentiel et le travail que peut produire une même quantité d'électricité cheminant sous ces différences de potentiel variées.

12. — Différence de potentiel et travail. Tension et quantité en général.

Toute manifestation tangible de l'énergie, nous l'avons dit, peut se traduire par un travail mécanique. Toute énergie dépensée peut se mesurer en unités de travail.

Quelle que soit la forme de l'énergie que l'on considère, qu'il s'agisse d'un mouvement de matière produit par une force gravide, de l'entraînement d'une machine par la force expansive d'un gaz chauffé, ou qu'il s'agisse de la puissance attractive d'un électro-aimant, il y a toujours deux choses à considérer : une quantité et une tension. Ainsi l'eau qui fait tourner une roue de moulin a une puissance qui dépend d'une part de la quantité qui tombe dans l'unité de temps, et d'autre part de la hauteur de chute.

Si l'on entraîne un piston par de l'air chauffé, le piston produira un travail d'autant plus grand que la source thermique employée aura un degré supérieur à celui de l'air ambiant et qu'elle sera capable de chauffer en un temps donné une plus grande masse d'air.

Si l'on utilise l'énergie électrique, il faut aussi considérer la quantité d'électricité mobilisée et la hauteur de chute, c'est-à-dire la différence de potentiel.

La quantité d'énergie d'un système est ordinairement le produit d'une tension par une quantité. Un litre d'eau tombant de 1 mètre sous l'action de la pesanteur possède une énergie de 1 kilogrammètre. Dix litres d'eau tombant de 1 mètre ont une énergie de 10 kilogrammètres. Dix litres d'eau tombant de 10 mètres ont une énergie de $10 \times 10 = 100$ kilogrammètres.

Les quantités d'électricité se mesurent en *coulombs*, les hauteurs de chute électrique en *volts*. Un système qui possède un coulomb sous une tension de 1 volt possède une énergie de une unité : cette unité s'appelle le *joule* (1) (le joule vaut 0 ^{kgrm}, 102). Le système qui posséderait 10 coulombs sous la tension de 10 volts aurait une énergie de 100 joules ou 10,2 kilogrammètres.

On pourrait faire ce même raisonnement pour toutes les formes de l'énergie.

Or, de ces deux facteurs, quantité et tension, le premier est quelquefois plus facile à concevoir que le second. Bien que l'on ne sache pas ce que c'est qu'une quantité d'électricité, une quantité de gaz, une quantité de matière, ces grandeurs sont maniables et nous paraissent accessibles parce que nous les manions. Au contraire, il faut un effort plus grand pour se représenter la tension d'un gaz, la tension gravide (ou hauteur de chute), la tension électrique (ou différence de potentiel).

Aussi, et en raison même de cette difficulté, il est souvent préférable de donner une idée de la tension au moyen d'un effet produit : par exemple, au moyen du travail obtenu par un même agent pris en quantité toujours égale, mais sous des tensions différentes.

Si nous considérons la tension entre deux vases com-

(1) Dans le système CGS, l'unité de travail est *l'erg*. C'est le travail produit quand une force de 1 *dyne*, appliquée à un mobile, le déplace de 1 centimètre. Dans nos régions, l'intensité de la pesanteur est 980,99 dynes. Elle est de 978 dynes à l'équateur. Donc dans nos régions, la pesanteur agissant sur l'unité de masse de matière, le gramme-masse, exerce sur elle une force de 981 dynes environ qu'on appelle couramment le gramme (gramme-poids).

municants, nous pouvons nous en faire une idée très exacte par la mesure du travail à effectuer pour porter une unité de quantité d'eau ou un litre d'eau du niveau inférieur au niveau supérieur, mais comme ici il est très simple de se représenter la tension par la différence de niveau mesurée en centimètres ou en mètres, le raisonnement est bien inutile. Par contre, si l'intensité de la pesanteur variait dans des proportions considérables d'un lieu à un autre, ou d'un jour à un autre, on conçoit qu'il n'y aurait plus de rapport direct entre la tension et la hauteur de chute. Les deux notions se dissocieraient. Il serait simple alors de recourir à la notion du travail comme mesure de la tension.

D'ailleurs, si le travail nécessaire pour élever l'unité de masse d'eau du niveau inférieur au niveau supérieur donne une idée et une mesure de la tension, on peut aussi bien envisager la notion inverse et considérer le travail produit par la chute de l'unité de masse d'eau tombant ou coulant du niveau supérieur vers l'inférieur. Dans les deux cas, le travail produit par l'exode de la masse-unité du 1er vers le 2e, ou le travail nécessité par l'apport de cette masse-unité du 2e vers le 1er donne une idée exacte de la différence de tension des deux réservoirs.

Le même raisonnement s'appliquerait évidemment aux réservoirs gazeux.

Il s'applique aussi aux réservoirs électriques, je veux dire aux corps portant des charges électriques. Voici comment :

13. — Différence de potentiel et travail (*Suite*).— Tension et quantité d'électricité en particulier.

Considérons un conducteur isolé dans l'espace, par exemple, une petite sphère métallique. Supposons qu'elle ne porte d'abord aucune charge électrique. Apportons sur cette sphère une petite quantité d'électricité ; il faudra pour cela un certain travail.

Supposons en second lieu que cette même sphère porte déjà une charge électrique ; si nous voulons apporter sur elle la même petite quantité d'électricité, le travail à fournir sera plus considérable à cause des actions répulsives qui entrent en jeu.

De même si dans un ballon rempli d'air à la pression atmosphérique nous apportons un centimètre cube de gaz, le travail à fournir sera moins considérable que quand nous apportons ce même centimètre cube de gaz dans le ballon renfermant de l'air à 2 ou 3 atmosphères.

Le travail nécessaire pour augmenter d'une unité la charge d'un conducteur peut donc servir de mesure à la tension électrique. Il va de soi que si les charges électriques unités ainsi transportées sont prises à un conducteur possédant déjà une certaine tension, le travail à fournir sera moins considérable et sera proportionnel à la *différence de tension* ou *différence de potentiel* entre les deux conducteurs.

En somme, le travail nécessaire pour faire passer une unité élémentaire d'électricité d'un conducteur sur un autre conducteur indépendant de lui est variable suivant l'état de tension de l'électricité sur chacun de ces conducteurs : il mesure leur différence de tension ou différence de potentiel.

Si le premier conducteur a une tension nulle, le travail nécessaire pour apporter une unité de charge sur le conducteur considéré est fonction de l'état de tension électrique de ce conducteur, il mesure son potentiel.

De même Green a défini le potentiel gravifique en considérant une masse gravide isolée dans l'espace. Si cette masse gravide exerce sa force attractive tout autour d'elle, dans toutes les directions et jusqu'à l'infini, on conçoit que le travail correspondant à l'apport ou à l'exode d'une unité gravide entre la masse gravide et l'infini représente le potentiel absolu de cette masse. Le travail correspondant à l'apport ou à l'exode de la même unité entre un endroit défini de l'espace et la masse gravide représente le potentiel de la masse par rapport à l'endroit considéré ou différence de potentiel entre ce point et la masse gravide.

14. — Différence de potentiel et capacité des conducteurs.

Tant que nous restons dans les termes de la définition que nous venons de donner, l'assimilation de la différence de potentiel électrique entre deux conducteurs à la différence de tension gazeuse entre deux récipients, et à la différence de niveau entre deux vases communicants est donc très simple.

Seulement on peut se demander comment il se fait que la même quantité d'électricité placée tour à tour sur des conducteurs isolés et différents par leur volume, leur forme, l'étendue de leur surface, etc., prenne sur chacun d'eux des états de tension ordinairement différents.

Il suffit de faire une comparaison pour expliquer le

fait. Prenons 5 grammes d'hydrogène, mettons-les dans un vase de 1 litre de capacité; puis reprenons ces 5 grammes et mettons-les dans un vase de 1 mètre cube; nous verrons la même quantité de matière prendre une tension toute différente dans l'un et l'autre vase. La tension sera d'autant plus grande que la capacité des vases sera plus petite et nous savons (§36, 60, 100, T. I) qu'une même masse Q de gaz placée successivement dans des espaces V, V', V'' y développe des pressions P, P', P'', telles que $PV = P'V' = P''V''... =$ constante. Il est évident que si l'on doublait, si l'on triplait la quantité Q, on doublerait, on triplerait du même coup la valeur de cette constante. Le produit constant PV serait en ce cas une fonction de Q.

Or admettons, que la notion de l'espace V soit inaccessible à nos moyens directs d'investigation tandis que la pression P et la quantité Q restent facilement mesurables. Il nous viendra tout de suite à l'esprit de mesurer cet espace inaccessible par le rapport des deux quantités Q et P. Nous définirons ainsi la capacité des vases employés : cette capacité est fonction du rapport de la quantité de gaz à sa tension, ou simplement, en choisissant convenablement nos unités : la capacité d'un vase est le rapport de la quantité de gaz introduite à la tension qu'elle y développe $V = \frac{Q}{P}$.

De même, en électricité, il existe une capacité des conducteurs, mais nous ne voyons pas de prime abord à quoi elle correspond. Elle dépend de la forme, de la surface, du volume, de l'état d'isolement dans l'espace du conducteur. Elle est géométriquement indéfinissable, elle nous est directement inaccessible. Aussi, plutôt que de lui chercher une définition compliquée et incomplète, est-il préférable de la définir par un rapport analogue à celui que nous venons d'indiquer pour les gaz. La capacité électrique C d'un conducteur est égale au rapport constant de la quantité Q d'électricité, ou charge qu'il porte, à la tension prise par cette charge, tension ordinairement désignée par la lettre V, mais que nous désignerons ici par P pour montrer la similitude des deux formules : $C = \frac{Q}{P}$.

Dans certains cas exceptionnels, il est facile de se représenter comment varie la capacité avec les qualités physiques du conducteur.

Ainsi une sphère a une capacité électrique proportionnelle à son rayon.

15. — Différence de potentiel et débit des sources électriques.

Il est des faits qui étonnent quand on commence à étudier les phénomènes électriques.

Passe-t-on la main sur le dos d'un chat, on en tire des étincelles qui représentent une différence de potentiel de plusieurs milliers de volts, créée entre le poil et la main, et tout de suite on est frappé de l'énormité apparente de l'effet produit par rapport à la petitesse de la cause déterminante : la simple friction de la main.

Par contre, quand on considère les effets électriques d'une pile, d'un accumulateur, on est frappé de ce fait que la différence de potentiel créée est relativement très faible : 1 à 2 volts seulement.

Pourtant, avec la pile, les accumulateurs, on pourra produire un travail important, tandis qu'avec la peau de chat, avec les machines à friction, avec les machines

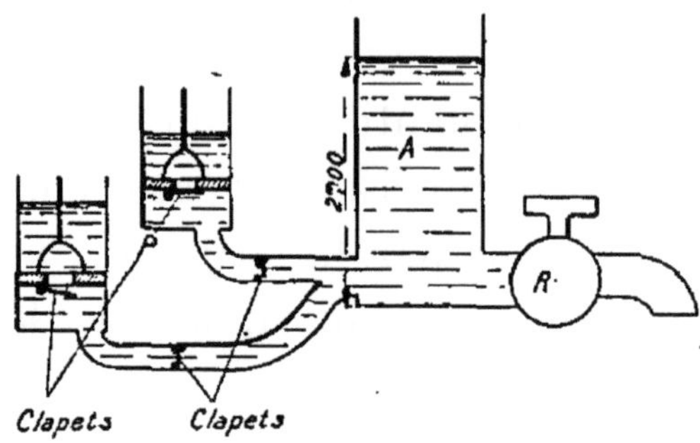

Fig. 7. — Image d'une machine à grand débit et à faible tension.

électrostatiques, qui ne sont que des perfectionnements de la peau de chat, on ne produit qu'un travail insignifiant.

C'est que, ici, intervient un facteur d'une importance considérable : c'est l'entretien de la différence de potentiel, ou si l'on veut, le renouvellement des charges électriques à mesure qu'elles s'écoulent. Je m'explique par une comparaison.

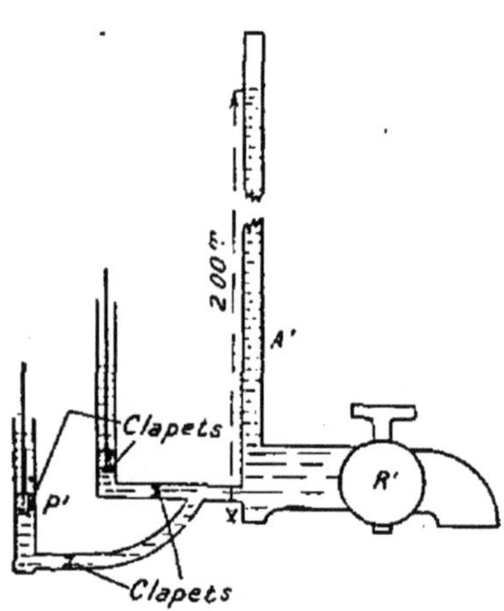

Fig. 8. — Image d'une machine à faible débit et à haute tension.

Voici deux machines hydrauliques (fig. 7 et 8) capables de produire du travail, quand, ouvrant les robinets R et R', on fait écouler l'eau que renferment les récipients A et A'. Cette eau, au moment de l'ouverture des robinets, a une pression de 2 mètres dans la machine A et de 200 mètres dans la machine A'.

Or, nous pouvons supposer qu'un puissant système de pompes P alimente le récipient A avec une célérité et une abondance considérables, mais que ce système de pompes ne puisse vaincre une tension supérieure à 2 mètres, ou, si l'on veut, qu'un système de frein bloque cette pompe dès que le niveau 2 mètres est atteint ; il se passera le phénomène suivant. Au moment de l'ouverture du robinet R, l'eau s'écoulera en masse, mais immédiatement, le frein étant débloqué, la pompe P fonctionnera et sa puissance sera suffisante pour établir un niveau permanent peu différent du niveau primitif, l'apport de la pompe étant supposé assez considérable pour compenser l'écoulement.

Nous pouvons supposer au contraire que, dans la machine A' (fig. 8), la pompe P' qui alimente le récipient, a une force capable d'élever le niveau à 200 mètres, niveau limite où se produit le bloquage du frein, mais que cette pompe, capable d'élever l'eau très haut, ne peut en amener qu'une très petite quantité par unité de temps. Voilà alors ce qui se passera dans cette machine. Au moment de l'ouverture du robinet, un jet cinglant et instantané sera émis, mais immédiatement le niveau tombera à zéro et ne montera à partir de ce moment que d'une hauteur insignifiante par le jeu du système P' : l'eau apportée par cette pompe s'écoulera sans pression par le robinet trop grand.

Le même contraste existe en électricité, quand on compare les piles aux machines statiques.

La pile, c'est la machine A. Une réaction chimique établit une différence de 1 volt, 2 volts, pas plus. Il arrive même que dès que la tension de 1 volt, 2 volts est atteinte sans qu'on permette à l'électricité de s'écouler, le phénomène chimique est arrêté, le frein est bloqué, le générateur ne marche plus. Si on laisse l'électricité s'écouler, si on établit un circuit entre les deux pôles, autrement dit, si on ouvre le robinet R, l'électricité s'écoule, mais la réaction chimique apporte instantanément de nouvelles charges, et maintient à peu près le niveau de 1 à 2 volts. La réaction chimique joue le rôle de la pompe excessivement rapide à combler le déficit : le récipient A est petit, je veux dire que la capacité statique du zinc est faible ; le niveau est peu élevé, je veux dire que la différence de potentiel entre les deux pôles est peu considérable ; mais la pompe va vite, je veux dire que dans un temps infiniment court, les charges qui s'écoulent sont remplacées, et la célérité de remplacement rend inutile la grande capacité du réservoir pour obtenir un grand débit.

La machine électrostatique, au contraire, c'est la machine A′. Le moteur mobilise peu d'eau à la fois, mais il l'élève haut. Fermons le robinet R′, laissons fonctionner la pompe, nous atteignons 200 mètres. Autrement dit, pour parler le langage électrique, n'établissons aucune relation entre nos collecteurs, et faisons tourner les plateaux ; nous atteignons 20.000 volts, 40.000 volts. Ouvrons ensuite le robinet, autrement dit, réunissons les deux collecteurs par un conducteur métallique, par un conducteur même excessivement résistant ; tout de suite, le niveau tombe à zéro, autrement dit la différence de potentiel s'annule, et comme les nouvelles charges développées se déversent au fur et à mesure par le conducteur, c'est un filet d'eau qui coule dans un canal trop grand, et le générateur tient le rôle des Danaïdes qui cherchent en vain à remplir leur tonneau sans fond.

16. — Diversité d'aspect de l'électricité suivant sa tension.

La conséquence est que les machines à frottement ou à influence, les électrophores, les peaux de chat sont capables en raison de la grande tension de l'électricité qu'elles produisent de donner lieu à des phénomènes impressionnants tels que lueurs, étincelles, aigrettes, etc., mais leur puissance est extrêmement faible, l'énergie mobilisée est extrêmement petite, parce qu'il n'y a qu'une quantité minime d'électricité en jeu.

Quand on enseigne la science électrique, il y a intérêt dès le début à attirer l'attention des élèves sur ce fait qui, à lui seul, évite beaucoup d'erreurs d'interprétation. Nous allons le préciser par un exemple numérique.

Prenons l'unité de quantité d'électricité, le coulomb, quantité que nous regardons comme faible parce que nous savons qu'une modeste lampe de 16 bougies dans nos installations privées de 110 volts en débite près de 30 par minute. Prenons ce coulomb et supposons que par un procédé quelconque nous puissions le déposer sur une sphère métallique de 1 mètre de rayon, ce qui est déjà une grosse sphère puisqu'elle serait plus haute qu'un homme de haute taille. Quelle tension y prendra cette charge électrique? Un calcul bien simple montre qu'elle y prendra une tension de 9 milliards de volts. Il faudrait une sphère de 9 millions de kilomètres de rayon pour que la tension prise par cette charge unité de 1 coulomb fût 1 volt.

Une pile à grande surface débite facilement 1 coulomb en une seconde; que l'on suppose que ce coulomb, débité en une seconde, puisse se trouver à un moment donné tout entier sur le zinc de cette pile, ce zinc, si on l'assimile grossièrement à une sphère de 300 à 350 centimètres carrés de surface, serait à une tension de 180 milliards de volts environ.

Autrement dit, pour qu'une décharge instantanée analogue à l'étincelle que donne la peau de chat, ait la même énergie que le courant total donné dans les conditions ci-dessus en une seconde, il faudrait que la tension fût de l'ordre de 100 milliards de volts sur un conducteur du même ordre de grandeur que le zinc de la pile.

Nous pouvons aller plus loin et montrer combien dès le début il faut se familiariser avec des faits qui paraîtraient étonnants si l'on n'y réfléchissait pas.

La décomposition de 9 grammes d'eau en ses éléments produit 1 gramme d'hydrogène et libère 96.537 coulombs (§ 19, T. I). Toutes les fois qu'on recueille à une électrode 1 gramme d'H, c'est 96.537 coulombs qui sont entrés en jeu. On voit par suite que la décomposition de 1 centimètre cube d'eau libérerait une charge électrique qui, déposée sur une sphère de 1 mètre de rayon prendrait une tension de près de 100.000 milliards de volts et qui suffirait pour porter une sphère grosse comme la terre à un potentiel de plus de 15 millions de volts.

Ce simple fait demande à être médité par ceux qui possèdent seulement les notions élémentaires de la science électrique. Il suffira pour leur montrer la petitesse relative de l'énergie des charges statiques :

Un collecteur de machine statique chargé à 90.000 volts présente certainement une tension que nous pouvons qualifier de très élevée. Or, à supposer qu'il soit sphérique, d'un rayon de 10 centimètres et isolé dans l'espace, il suffirait de déposer sur lui la charge donnée par la décomposition d'un dix-millionième de milligramme d'eau pour le porter à ce potentiel.

17. — Quantité d'électricité et masse électrique.

Nous sommes à une période où les mots n'ont pas un sens absolu et sont parfois employés les uns pour les autres. Aussi, chaque fois que l'occasion s'en présente, est-il bon de les préciser.

Quantité et masse de matière sont pris en général comme synonymes. Quantité et masse d'électricité paraissent aussi synonymes. Prenons une certaine quantité d'électricité, mettons-la sur un conducteur isolé, ce conducteur possèdera une certaine charge électrique, une certaine masse électrique. Réunissons ce conducteur au sol, la charge électrique s'écoulera, le conducteur sera parcouru par cette même quantité, cette même masse d'électricité.

Seulement il s'est passé dans l'histoire de la science électrique ce fait remarquable que l'on a étudié la quantité d'électricité sous deux aspects différents : on a étudié les effets mécaniques des charges statiques déposées sur les conducteurs (attractions et répulsions) et les effets dynamiques des charges circulant le long des fils (effets des courants). On est arrivé ainsi par deux voies différentes à rattacher au système CGS une unité de charge électrique. Si l'on rapproche ces unités, on constate que l'une est beaucoup plus grande que l'autre; l'unité électrostatique CGS de quantité est excessivement petite; il en faudrait des millions pour donner un effet de courant appréciable. L'unité électrodynamique CGS de quantité au contraire est excessivement grande; une seule de ces unités, qui vaut 10 unités pratiques, 10 coulombs, suffirait pour charger à 1 volt une sphère de 90 millions de kilomètres de rayon.

Le rapport qui unit ces unités est représenté par le nombre 30 milliards qui est précisément la vitesse de propagation de la lumière et de toute perturbation électromagnétique en général à travers l'éther évaluée en centimètres par seconde. L'unité CGS électrodynamique vaut 30 milliards d'unités CGS électrostatiques. Le coulomb, unité pratique de quantité de courant, en vaut 3 milliards.

On a coutume de donner aux charges électriques le nom de *masse* quand on les étudie à l'état statique, c'est-à-dire en repos sur les conducteurs, et le nom de *quantité* quand elles sont débitées le long d'un conducteur par des piles ou autres sources.

Section III. — *Le courant électrique.*

18. — Le courant électrique. Analogie avec le déplacement de masses électriques transportées par convection. Expériences de Rowland, Crémieu, Pender.

On donne le nom de courant au phénomène qui se passe le long d'un conducteur dont les deux extrémités présentent une différence de potentiel électrique. Telle est la seule définition du courant qu'il soit permis de formuler sans préjuger de la nature de l'électricité.

Tout conducteur présente une certaine résistance au passage du courant. Cette résistance dépend de la longueur du conducteur, de sa section, et d'un coefficient propre à chaque métal : le coefficient de *résistivité.* Tout se passe comme si un conducteur quelconque, un fil de cuivre par exemple, était composé de files de particules : plus chaque file de particules est longue, plus la résistance est grande, mais plus il y a de files juxtaposées dans le conducteur, plus la résistance est faible, les conductances de chaque file s'ajoutant les unes aux autres ; et cette idée nous vient fatalement : il y a quelque chose dans le conducteur, uniformément réparti sur chaque particule matérielle et qui conduit l'électricité, en opposant cependant une certaine résistance à son passage. Il est utile de faire cette remarque quand on passe de l'électrostatique à l'électrodynamique. Les charges statiques siègent en effet, nous le savons, à la surface des conducteurs ; cette donnée aurait pu nous faire supposer que le courant se propage à la surface des conducteurs et qu'il se passe en électrodynamique, pour la conductibilité, un phénomène analogue à celui qu'on constate en électrostatique pour la capacité des conducteurs. Ce que nous venons de dire évite de tomber dans cette erreur d'interprétation du courant électrique. Nous en aurons d'ailleurs bientôt une idée plus précise.

Nous pouvons faire une seconde remarque : la résistivité (résistance de l'unité de longueur d'un conducteur ayant l'unité de section) varie suivant les corps, suivant le métal considéré. Cela revient à dire que la matière du conducteur joue un rôle énorme dans sa conductivité. En électrostatique, deux sphères de métaux différents ont la même capacité ; la nature du métal n'intervient pas dans la grandeur de la capacité ; au contraire, elle intervient dès qu'il s'agit de la conductivité.

On sait que l'intensité du courant dans un conducteur est donnée par la formule d'Ohm : $I = \frac{E}{R}$. L'intensité mesurée en *ampères* est égale à la différence de potentiel existant aux extrémités de ce conducteur et mesurée en *volts*, divisée par la résistance du conducteur mesurée en *ohms*. De sorte que si aux extrémités du conducteur on établit une différence de potentiel maintenue par une source d'électricité constante, on a un courant d'intensité constante : c'est ce qu'on appelle le *courant continu*.

Si on établit une différence de potentiel brusque, non entretenue, on a un courant instantané comme cela se produit dans la décharge des condensateurs.

Si on établit des différences de potentiel oscillantes, chaque extrémité du conducteur passant alternativement du signe + au signe —, on a un courant alternatif. Le type le plus simple du courant alternatif est le courant à courbe sinusoïdale. Il existe d'ailleurs une très grande variété de types de courants et comme beaucoup d'effets produits par les courants dépendent non pas de leur intensité absolue, mais de la vitesse de variation de cette intensité, on voit tout de suite l'importance qu'il y a à connaître la courbe de variation.

Mais laissons de côté pour le moment la forme des

courants et posons-nous une question des plus importantes pour l'interprétation du courant électrique en général. Cette question, la voici : si le courant électrique est constitué par le transport de masses électriques le long des conducteurs, on doit, à la vitesse près, obtenir un phénomène analogue au courant en animant d'une grande vitesse un conducteur portant une charge statique.

Ce fait, prévu par Maxwell, n'est pas sans présenter d'assez grandes difficultés pour être mis en lumière. Ce que nous avons dit plus haut de la rapidité avec laquelle se succèdent les charges entretenues d'une façon continue le long des conducteurs parcourus par du courant galvanique rend compte de ces difficultés.

Rowland, le premier, à l'aide d'un disque tournant, fait de matière isolante et portant des secteurs métalliques chargés d'électricité, montra que la rotation rapide du disque dévie l'aiguille aimantée comme un courant.

L'expérience de Rowland paraît peu importante et superflue, aujourd'hui que l'on entrevoit mieux le mécanisme du courant et que des hypothèses très satisfaisantes nous éclairent sur sa nature. Mais elle doit être regardée comme la première pierre sur laquelle purent être édifiées les théories nouvelles du courant électrique. En 1902, Crémieu crut trouver une cause d'erreur dans les conclusions de Rowland; ayant refait les mêmes expériences dans d'autres conditions, il constata des résultats opposés. Mais Pender, peu après, vint confirmer les conclusions du physicien américain, et sur la proposition de H. Poincaré, une commission de savants se réunit pour assister aux expériences contradictoires de ces physiciens. La conclusion ne laissa aucun doute sur l'exactitude des résultats de Rowland et de Pender.

Ces considérations nous amènent à parler du champ magnétique créé par un courant ou par une charge électrique en mouvement. En effet, le champ magnétique ainsi créé donne les effets les plus tangibles capables de nous révéler l'existence d'un courant.

Son étude va nous ouvrir de larges horizons où déjà nous distinguons ces territoires si fertiles : l'induction électrique, les radiations, les phénomènes de l'éther, et où bientôt nous apercevrons une explication rationnelle de certaines propriétés des infiniment petits.

19. — Champ magnétique créé par un courant ou par une charge électrique en mouvement. Les aimants. Masse magnétique. Intensité du champ.

On sait que si l'on fait traverser une feuille de papier normalement par un fil de cuivre et qu'on lance un cou-

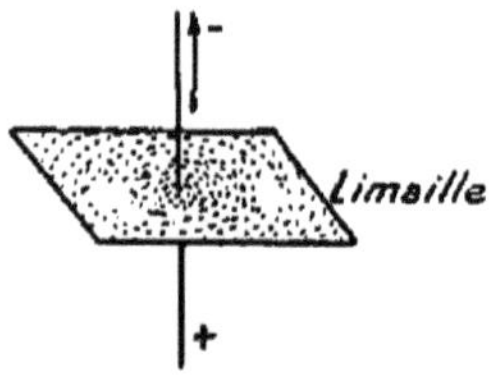

Fig. 9. — Champ magnétique autour d'un fil.

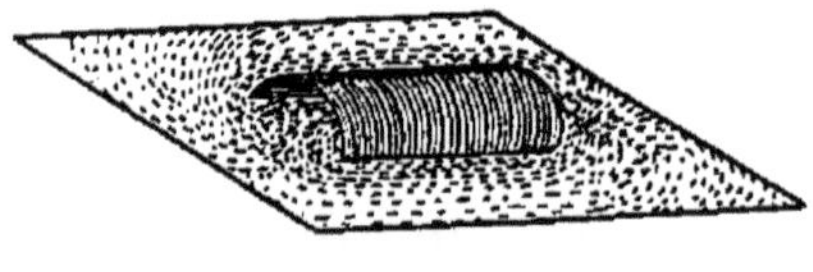

Fig. 10. — Champ magnétique dans un solénoïde.

rant électrique dans ce fil, des grains de limaille de fer projetés sur la feuille de papier se disposent suivant des cercles concentriques au courant (fig. 9).

Si le fil de cuivre est enroulé de manière à constituer une bobine, la limaille se dispose suivant des lignes très concentrées dans l'intérieur et s'épanouissant à l'extérieur en courbes fermées sur elles-mêmes (fig. 10).

Une aiguille aimantée suspendue par son centre de gravité et placée dans le voisinage du fil rectiligne se place tangentiellement aux cercles figurés par la limaille, c'est-à-dire qu'elle se place en croix avec le courant, son pôle nord étant dévié vers la gauche du courant. Un solénoïde tel que celui de la figure 10 se comporte comme un aimant permanent avec son pôle nord à gauche de l'observateur supposé embroché par une spire quelconque, le courant entrant par les pieds et sortant par la tête, pendant que lui-même regarde vers l'intérieur du solénoïde.

Tout autour du conducteur existe donc un état particulier du milieu ambiant, un état de tension spécial, qu'on appelle l'état magnétique ou *champ magnétique*. Les lignes suivant lesquelles se dispose la limaille sont les *lignes de force magnétique*.

Langevin a montré par le calcul qu'un élément de courant d'intensité i et de longueur l crée un champ magnétique identique à celui que crée une charge q transportée avec une vitesse v, quand $il = vq$.

On sait qu'il existe des corps, tels que l'oxyde de fer magnétique Fe^3O^4 qui présentent des propriétés analogues à celles d'une bobine parcourue par un courant ou solénoïde : une barre de ces corps placée au-dessous d'une feuille de papier saupoudrée de limaille provoque la formation d'un spectre magnétique analogue à celui du solénoïde de la figure 10.

Nous nous trouvons donc là en présence d'une force de nature inconnue, mais décelable par ses effets caniques (attraction des pôles de noms contraires, répulsion des pôles de même signe), et par conséquent mesurable.

On peut parler de masse magnétique comme de masse de matière, en disant que la masse d'un pôle nord ou d'un pôle sud est d'autant plus grande qu'elle exerce une action répulsive plus forte sur un même pôle homologue.

On peut concevoir aussi une unité de masse magnétique : masse d'un pôle qui repousse un pôle de même masse et de même signe placé à 1 centimètre avec une force de 1 dyne.

La loi de répulsion et d'attraction des masses magnétiques est la même que celle qui s'applique aux masses gravides : ces forces f sont proportionnelles aux masses magnétiques mm' en présence et inversement proportionnelles aux carrés des distances d qui les séparent $f = \frac{mm'}{d^2}$.

L'intensité du champ magnétique en un point quelconque de l'espace est l'intensité de la force qui s'exerce en ce point sur l'unité de masse magnétique. Quand cette force est égale à 1 dyne, on dit que l'intensité du champ magnétique est égale à l'unité : cette unité s'appelle le *Gauss*.

Ces notions sont assez connues de tout le monde pour que nous puissions nous dispenser d'y insister. Le rappel sommaire que nous venons d'en faire nous suffira pour comprendre les données qui nous seront bientôt utiles pour l'étude de l'énergie radiante et l'interprétation de l'induction électromagnétique. Nous devons maintenant rappeler, sommairement aussi, les principaux phénomènes qui s'accompagnent de production d'électricité, c'est-à-dire les principales sources de courants, sans chercher encore à pénétrer la nature intime de cette production. Nous possèderons ainsi la plupart des faits d'observation que nous ne devrons pas perdre de vue quand nous voudrons édifier une théorie générale de l'électricité.

20. — Sources chimiques de courant.

La plupart des réactions chimiques s'accompagnent de production de courant. Il suffit qu'un métal se trouve en présence d'un acide qui l'attaque, pour qu'une différence de potentiel s'établisse entre ce métal et le liquide.

Il est remarquable que ce phénomène si universel ait été mis à jour grâce au réactif le plus compliqué que nous connaissons : la fibre musculaire. Les grenouilles de Galvani (1) en traduisant le choc de fermeture du courant produit par le contact des liquides organiques et d'un métal, ont doté la science de l'une de ces belles découvertes qui ont fait évoluer la pensée humaine vers de nouvelles destinées.

C'est pendant les années troublées de la révolution

(1) C'est un peu au hasard qu'est due la découverte de Galvani. Pour étudier l'influence des décharges atmosphériques produites pendant un temps orageux sur le système nerveux, il avait pris des grenouilles et avait suspendu leur train postérieur à son balcon de fer, par un crochet de cuivre traversant la moelle épinière. Il constata, contre toute attente, des contractions musculaires en l'absence des décharges atmosphériques, chaque fois que le vent amenait les muscles au contact des barreaux de fer. Cette remarque fortuite fut le point de départ de sa théorie du courant.

française que se déroula en Italie entre le célèbre médecin physicien qui a donné son nom au courant galvanique et le non moins célèbre professeur de l'université de Pavie, Volta, la lutte fameuse qui devait conduire ce dernier à la conception de la pile électrique. Tandis que Galvani voyait dans le muscle un condensateur tel que les régions centrales et les régions périphériques se trouvaient à des potentiels différents, Volta expliquait les contractions par la force électromotrice créée au contact des deux métaux qui constituaient le circuit d'excitation dans l'expérience de la grenouille. Mais Volta, comme Galvani, commettait une erreur d'interprétation. Il n'en est pas moins vrai que de ces discussions sortit la pile voltaïque. Cela prouve, une fois de plus, qu'il est inutile qu'une théorie soit bien assise, qu'une hypothèse soit bien vérifiée, pour produire ses fruits.

Peu après, Œrsted et Ampère découvraient les actions mécaniques réciproques des courants sur les aimants et des courants entre eux.

Puis Ohm et Pouillet, vers 1825-1827, établissaient les lois des courants et les relations de l'intensité et de la différence de potentiel avec la résistance des circuits. Durant les trois quarts de siècle qui suivirent, les courants des piles et des accumulateurs acquéraient droit de cité dans toutes nos civilisations; la transmission des signaux, la télégraphie apportaient à l'activité humaine un concours précieux; la découverte des phénomènes d'induction et des machines dynamos allait bientôt révolutionner l'industrie.

Quelle est donc l'origine de cette différence de potentiel créée par une action chimique, quelle est la nature de cette force électromotrice liée à l'accomplissement d'une mutation moléculaire?

L'expérience nous permet de constater que toute réaction chimique bien déterminée donne lieu toujours à la même différence de potentiel. Elle nous montre qu'une solution d'un même acide mise en présence d'un métal attaquable, provoque invariablement l'apparition d'une force électromotrice toujours la même, quand la concentration est la même. Elle nous fait voir que la moindre variation de la concentration ou de la nature chimique de la solution ou du métal attaqué change la valeur de cette force électromotrice. Mais si ces constatations nous donnent la loi du phénomène, elles ne nous l'expliquent pas, et il est naturel que notre curiosité veuille aller plus loin.

Parmi les théories récentes capables de satisfaire cette curiosité, celle qu'a proposée Nernst est certainement l'une des plus séduisantes.

D'après ce savant, les métaux mis en présence d'un liquide tendent à expulser des particules, des ions, qui se répandent dans ce liquide. Il assimile ce phénomène à une sorte de vaporisation et les particules expulsées prennent dans le liquide une tension analogue à la tension gazeuse ou à la tension osmotique. Ces ions portent une charge positive; le métal prend le signe négatif. L'attraction électrostatique limite cet exode, si bien qu'un équilibre s'établit entre la tension électrique et la pression osmotique, et Nernst est arrivé par le calcul à établir un lien entre cette tension électrique et cette pression osmotique ou tension de vapeur.

Bien que nous dépassions ici la limite des faits observés, il n'est pas inutile de signaler cette hypothèse qui établit un trait d'union entre deux groupes de phénomènes qui, à première vue, pourraient paraître étrangers l'un à l'autre. On comprendra mieux la théorie de Nernst quand nous aurons étudié la théorie électronique du courant (Cf. § 34.) Je me borne ici à la signaler.

21. — Sources thermiques de courant. (Effets Seebeck, Peltier, Thomson.)

Si l'on chauffe le point de soudure de deux fils de métaux différents, une différence de potentiel est créée au niveau de cette soudure (Seebeck, 1821). Ainsi la soudure cuivre-fer donne une différence de potentiel telle que le fer est positif, le cuivre négatif, de sorte qu'un courant va du fer au cuivre, si on ferme le circuit du côté opposé à la soudure.

D'ailleurs, si de ce côté opposé on faisait une soudure pareille à la première et si on la chauffait à la même température, on créerait deux forces électromotrices opposées; aucun courant ne circulerait.

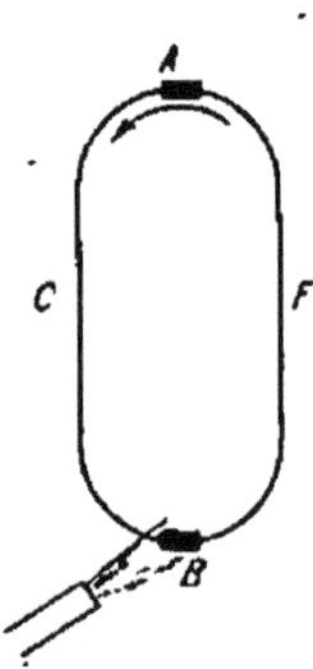

Fig. 11. — Elément thermo-électrique.

Donc, si l'on prend un anneau ACBF formé du fil C en cuivre et du fil F en fer soudés en A et en B, il y aura un courant qui circulera dans cet anneau, du fer au cuivre, en passant par la soudure froide A lorsqu'on chauffe la soudure B (fig. 11).

Le sens du courant varie suivant les métaux; ainsi le fer soudé à l'antimoine donne un courant inverse de celui qu'il produit avec le zinc, le cuivre ou le plomb. Il arrive que la force électromotrice, qui ordinairement croît avec la différence de température, s'inverse à un certain degré.

Quelle est l'origine de ces courants?

Il faut chercher un commencement d'explication dans ce qu'on appelle l'effet Peltier : lorsqu'un courant électrique circule dans un conducteur formé de fils de différents métaux soudés les uns au bout des autres, il se produit au niveau de chaque soudure un dégagement ou une absorption de chaleur suivant que le courant traverse cette soudure dans un sens ou dans l'autre.

Cette quantité de chaleur absorbée ou dégagée est fonction de l'intensité du courant et aussi de la température propre de la soudure. Plus la soudure est chaude, plus la quantité absorbée ou dégagée est considérable.

Si, dans un circuit formé de deux conducteurs de métaux différents soudés bout à bout, on suppose qu'un courant circule dans un sens donné, l'une des soudures s'échauffe, l'autre se refroidit.

Si les deux soudures sont à la même température initiale et si elles sont maintenues à cette même température, la quantité de chaleur absorbée par l'une est égale à la quantité abandonnée par l'autre.

Si maintenant on chauffe par une lampe à alcool ou par une source extérieure quelconque l'une des soudures, celle-là absorbera plus de chaleur que l'autre n'en dégagera si c'est la soudure absorbante, ou en dégagera plus que l'autre n'en absorbera, si c'est la soudure qui se refroidit.

La différence de quantité de chaleur ainsi libérée ou absorbée, évaluée en joules par coulomb, mesure la force électromotrice du couple aux températures considérées (1).

Lors donc qu'on chauffe l'une des soudures d'un circuit inerte, un phénomène inverse se produit; la différence de température des soudures crée une force électromotrice; l'énergie thermique est transformée en énergie électrique, le courant se trouvant être l'intermédiaire entre l'énergie thermique prise à la soudure chaude et l'énergie thermique abandonnée à la soudure froide. L'effet Seebeck ou courant thermo-électrique est, en somme, dû à la réversibilité de l'effet Peltier. La différence entre les chaleurs fournies et abandonnées représente la quantité de chaleur employée au cours de la transformation; elle représente si l'on veut l'énergie dépensée sous forme d'électricité pour produire un phénomène mécanique, chimique ou autre. Là encore nous retrouvons une application du principe de Carnot-Clausius.

Ce n'est pas seulement en chauffant la zone de soudure de deux métaux différents qu'on obtient une différence de potentiel électrique. Lord Kelvin (W. Thomson) a établi le fait suivant : si l'on chauffe l'une des extrémités d'une barre métallique homogène à une température fixe et que l'on maintienne l'autre extrémité à une température inférieure, la barre est le siège d'une force électromotrice proportionnelle à la différence des tem-

(1) On sait que la force électromotrice s'évalue en volts. Le volt est la force électromotrice capable de mobiliser un courant de 1 ampère à travers un circuit de 1 ohm; ou mieux, c'est la force électromotrice qui communique à 1 coulomb une énergie de 1 joule, comme on dirait que le mètre, quand on mesure des tensions liquides, est la différence de tension ou la hauteur de chute qui communique à la masse de 1 décimètre cube d'eau une énergie de 1 kilogrammètre ou de 9 joules, 81.

pératures et à un coefficient spécifique qui dépend de la nature des corps et de la température absolue (Tait). Ce phénomène est communément désigné sous le nom d'effet Thomson. Le coefficient spécifique est excessivement faible pour certains métaux, et on le regarde comme à peu près nul pour le plomb.

Le rapprochement de ces différents phénomènes ne nous fournit évidemment qu'un commencement d'explication et ne nous éclaire en rien sur leur nature intime. Nous verrons bientôt quelle lumière apporte à la conception de la thermo-électricité la théorie électronique des métaux.

22. — Sources mécaniques de courant électrique. Courants d'induction.

Quand un circuit métallique se déplace dans un champ magnétique de telle façon que le flux qu'il embrasse varie avec le temps, un courant prend naissance dans ce circuit. Ainsi, quand un anneau de dynamo tourne entre deux pôles d'aimant, on recueille du courant aux extrémités de l'enroulement.

Le même phénomène se produit si l'on fait varier par un procédé quelconque l'intensité du flux magnétique qui traverse l'anneau, quand cet anneau est immobile. Ainsi, dans la bobine de Ruhmkorff, quand l'aimantation du noyau passe de zéro au maximum ou du maximum à zéro, un courant induit prend naissance dans le secondaire.

Ces phénomènes peuvent être rattachés à une loi très générale dont voici l'énoncé : quand une charge électrique existe en un point de l'espace, elle crée autour d'elle un champ électrique. Quand cette charge électrique est mise en mouvement, ce mouvement donne naissance à un champ magnétique. Si le mouvement est uniforme et entretenu, le champ magnétique est constant. Le champ magnétique créé par un courant continu parcourant un circuit tél que celui d'un électro-aimant est un champ magnétique constant. Le champ électrique et le champ magnétique créés par les charges électriques sont intimement liés. Toute variation du champ électrique a pour corollaire l'apparition du champ magnétique; toute variation du champ magnétique entraîne production d'un champ statique.

C'est pour cela qu'un circuit métallique placé dans un champ magnétique constant n'est le siège d'aucun phénomène d'induction. Aucun courant n'y apparaît. Mais si le champ magnétique varie, on voit apparaître un courant d'induction.

Or, quel que soit le mode de variation du champ magnétique que l'on considère pour la production des courants induits, il faut consommer de l'énergie pour déterminer cette variation. Ordinairement on consomme à cet effet de l'énergie mécanique : quand on fait tourner un anneau de dynamo entre des pôles d'aimant, on dépense de l'énergie dans le moteur qui entraîne la dynamo. L'énergie ainsi consommée se retrouve partiellement sous forme de courant électrique aux bornes de l'induit.

Si l'on imagine une dynamo dans laquelle l'électro-aimant excitateur soit alimenté par un courant indépendant de l'induit, le courant produit par cette dynamo représentera une fraction de la somme des énergies électrique et mécanique consommées : énergie électrique consommée pour l'excitation, énergie mécanique consommée pour l'entraînement.

Si l'on considère la bobine d'induction où la dépense d'énergie mécanique consommée pour actionner le rupteur du primaire peut être regardée comme à peu près nulle, le courant induit représente une fraction de l'énergie du courant consommé au primaire. Il en est de même dans tous les transformateurs statiques, dans le transformateur statique à courants sinusoïdaux en particulier, dont le but est de transformer du courant sinusoïdal à bas voltage en courant sinusoïdal à haut voltage, ou inversement. L'énergie du courant secondaire, ou produit des volts par les ampères, représente, à un coefficient de transformation près, l'énergie du courant primaire, si bien que l'on peut dire : ce que l'on gagne en volts on le perd en ampères; ce que l'on gagne en ampères, on le perd en volts.

En résumé, les phénomènes d'induction permettent de faire naître dans un circuit, appelé circuit induit, des courants électriques de forme variable. L'énergie de ces courants induits résulte d'une transformation soit de l'énergie électrique de courants de formes variées, de voltage et d'ampérage différents, soit d'une autre modalité de l'énergie et en particulier de l'énergie mécanique.

La production de l'électricité par la transformation de l'énergie mécanique dans les dynamos a reçu des emplois tellement variés que, grâce à elle, l'électricité peut être considérée comme le nerf de la vie sociale dans nos civilisations contemporaines.

Telles sont, grossièrement énumérées au cours de ce

chapitre, les notions de la science expérimentale sur les charges statiques en repos et sur les charges en mouvement. Ces notions nous suffisent pour que nous puissions aborder le problème de la nature des phénomènes électriques. A la lumière des théories proposées, nous pourrons avec plus de fruit étudier ensuite les notions nouvelles acquises par la science.

CHAPITRE III

Qu'est-ce que l'électricité? La théorie électronique. Champ électrique et champ magnétique de l'électron.

Section I. — *La théorie électronique.*

23. — L'électron.

Quand nous avons étudié les phénomènes électrostatiques, nous avons dit : tout se passe comme si les charges électriques étaient composées d'unités élémentaires se repoussant les unes les autres (§ 9). Quand nous avons étudié les courants, nous avons dit : tout se passe comme si le conducteur était parcouru par ces mêmes charges, par ces mêmes unités élementaires, qui produisent absolument les mêmes effets quand on les transporte mécaniquement avec une grande vitesse (§ 18). Quand nous avons cherché à comprendre le phénomène de l'électrolyse et la dissolution dans l'eau des sels, des acides et des bases, nous avons été amenés à cette constatation remarquable qu'une molécule matérielle en se dissociant paraît trouver en elle-même l'origine d'une charge électrique, la même pour chaque atome monovalent, comme si cette charge était une charge unité, et comme si elle était la cause même de l'affinité chimique (Cf. T. Ier) ; nous avons pu alors nous demander quel rôle joue l'unité élémentaire d'électricité dans la constitution de la matière.

Ces remarques ont sans doute éveillé en nous l'idée d'une constitution granuleuse de l'électricité, comme nous avions conçu l'idée de la structure granuleuse de la matière; mais à elles seules, elles n'auraient donné à cette idée que la valeur d'une hypothèse plausible.

Aujourd'hui, cette hypothèse a pris corps parce que des phénomènes nouveaux de la nature nous ont fait toucher du doigt l'unité électrique, le grain d'électricité. A chaque pas nous le rencontrons à présent : qu'il soit en conjonction avec des éléments matériels comme dans les ions électrolytiques ou gazeux, qu'il soit libéré de ses supports matériels, comme dans les rayons cathodiques ou dans les rayons β des corps radioactifs, qu'il nous apparaisse comme la cause d'un champ statique quand il est au repos sur un conducteur chargé ou sur un ion matériel, qu'il donne lieu à un champ magnétique oscillant, je veux dire à un champ radiant, à une radiation, quand il oscille dans un circuit électrique ou quand il oscille avec les particules de matière incandescente, il se révèle à nous toujours pareil à lui-même, et la physique a pu mettre les lois de ses mouvements en équations, ce qui est la meilleure preuve de sa réalité.

L'unité d'électricité va nous rendre compte des phénomènes déjà étudiés; elle nous expliquera mieux encore ceux qui nous restent à voir. Elle est aujourd'hui mieux connue que l'unité de matière, elle est plus accessible à notre intelligence.

Si l'idée n'est pas tout à faite neuve, si Maxwell

parle déjà de molécules d'électricité, si Helmholtz attribue à l'unité d'électricité une existence individuelle, c'est Johnstone Stoney qui a proposé pour la désigner un nom nouveau : il l'a appelée *l'électron*. L'électron, depuis lors, a fait son chemin : la *physique électronique* est la science du jour comme la *chimie atomique* fut celle du siècle dernier.

Mais l'hypothèse de l'électron n'est pas une de ces théories qui s'énoncent en quelques mots et qui découlent de quelques propositions de logique spéculative. Elle ressort de l'étude patiente des faits. Ce n'est pas dans ce paragraphe que je prétends établir sa démonstration; je prie le lecteur d'attendre, pour conclure, d'avoir tourné la dernière page de ce livre, et encore n'est-ce que par une réflexion personnelle sur la valeur de tous les faits étudiés, qu'il pourra s'imposer à lui-même une conviction.

Nous commencerons par envisager à la lumière de cette théorie les phénomènes déjà connus, puis peu à peu nous pénétrerons dans les territoires nouveaux de la science sans rien dissimuler des difficultés qu'elle peut rencontrer à chaque pas.

24. — L'électron, la quantité d'électricité, la force électromotrice et le potentiel.

La notion de quantité d'électricité prend un sens beaucoup plus précis, grâce à la conception de l'électron. On peut parler d'un coulomb d'électrons, comme on parlerait d'un litre de grains de blé ou de lentilles.

Si nous arrivons à la notion de quantité de matière en nous représentant un certain volume occupé par les molécules constitutives de cette matière, nous pouvons tout aussi facilement arriver à celle de quantité d'électricité en nous représentant l'ensemble formé par une agglomération d'électrons.

Quant à la force électromotrice et au potentiel électrique, il nous est aussi beaucoup plus facile de nous les représenter. En effet, si nous considérons 1 litre d'eau à l'état d'immobilité, nous ne voyons pas que ce litre d'eau soit une source d'énergie, mais animons-le d'une certaine vitesse, il acquerra une certaine énergie, une certaine force vive, proportionnelle au carré de cette vitesse et à sa masse. Bien plus, élevons-le simplement à 1 mètre au-dessus du niveau du sol, le travail que nous aurons dépensé pourra être récupéré si nous le laissons retomber de cette hauteur de 1 mètre; de sorte que, même immobile, il peut être considéré comme possédant de l'énergie potentielle une fois qu'il a été élevé à cette hauteur.

De même en électricité prenons notre coulomb d'électrons; il va devenir une source d'énergie si nous le mobilisons avec une certaine force. Cette force qui le mobilise, c'est la force électromotrice et nous savons déjà que 1 coulomb mobilisé par l'unité de force électromotrice, le volt, est capable de donner un travail de 1 joule.

Si nous voulons pénétrer plus avant dans la conception de la force électromotrice et du potentiel des charges électriques, nous pouvons envisager les corps statiquement chargés et isolés dans l'espace. Il nous suffit de nous représenter les électrons comme des centres électrisés se repoussant mutuellement. Si on dépose des électrons sur une sphère métallique isolée, on voit clairement que si ces électrons jouissent de la liberté de circulation dans le métal comme tout porte à le croire, ils se répartiront suivant la surface et fuiront le centre; ce qui explique la localisation des charges électriques à la surface des conducteurs. Si, au lieu d'une sphère, on prend un ellipsoïde, un conducteur présentant des pointes, le simple calcul indique que les électrons se porteront vers les parties les plus excentrées : la densité variera d'une zone à l'autre.

D'autre part, on comprendra que, quelle que soit la forme du conducteur, les charges électriques réparties suivant des densités variables à ses différentes zones tendraient, si elles n'étaient pas retenues par le métal à s'éloigner pour se répandre dans l'espace. Par suite, si l'on prend un fil conducteur relié au sol et qu'on l'approche d'un point quelconque du conducteur chargé, les électrons se précipiteront le long de ce conducteur et s'éloigneront du corps électrisé. Cette force qui les mobilise est une *résultante moyenne* de l'action répulsive des charges *inégalement réparties* Elle est la même en tous points du corps électrisé, quoique la densité électrique y soit différente : c'est la force électromotrice, c'est le potentiel électrostatique du corps chargé.

On conçoit que si l'on dépose une même charge sur des conducteurs de différentes grandeurs, conducteurs supposés sphériques pour plus de simplicité, la tension moyenne, le potentiel électrostatique pris par cette charge seront d'autant plus grands que le diamètre de la sphère sera plus petit, les électrons se trouvant d'autant plus condensés que la surface de la sphère est plus petite. De là, la notion de *capacité* facile à déduire de la théorie électronique, et qu'on se représente dès lors simplement comme le *rapport de la charge à la tension* prise par cette charge.

Si l'on suppose une sphère de capacité infinie, je veux dire de rayon infini, et qu'on dépose sur elle une charge électrique, la tension prise par cette charge sera nulle. Si l'on suppose cette sphère réductible et si nous la faisons passer du rayon infini à un rayon fini de plus en plus petit, il nous faudra un travail pour concentrer les électrons à l'encontre de leur force répulsive. Ce travail représente l'énergie emmagasinée par la charge. Si cette charge est l'unité, le travail représente le potentiel pris par cette charge pour le rayon considéré. Nous retombons ainsi dans la définition du potentiel électrique telle qu'elle est tirée de celle du potentiel gravifique donnée par Green.

25. — L'électron, unité de charge négative.

A peine avons-nous énoncé la théorie électronique, à peine avons-nous montré la simplicité avec laquelle elle nous permet de concevoir la charge statique, la différence de potentiel, qu'une difficulté se dresse devant nous. Quel est le signe de l'électron? Est-il positif, est-il négatif? Et avant que notre réponse soit formulée, nous nous demandons comment la science va se tirer de l'explication des charges de nom contraire!

La connaissance des rayons cathodiques et des rayons β, constitués par des électrons dépourvus de supports matériels, nous apprendra que la charge unité est négative. Nous verrons que ces rayons sont déviés de telle façon dans un champ magnétique ou dans un champ électrique que chaque particule doit être chargée négativement.

Mais alors comment concevoir les charges positives?

Faut-il admettre, reprenant la théorie de Franklin, que les électrons sont uniformément répandus dans la nature et que cette répartition uniforme correspond à l'état neutre : l'état négatif d'un corps correspond-il dès lors à un excédent d'électrons siégeant sur lui, l'état positif à un déficit d'électrons? Aux signes près, nous rajeunirions simplement la théorie du fluide unique.

Faut-il admettre, au contraire, reprenant l'hypothèse de Symmer, qu'il y a des électrons positifs et des électrons négatifs? Si la question des électrons positifs est encore à l'étude comme nous le verrons, ce serait une bien grosse complication que d'envisager la question des deux fluides sous cette face.

Faut-il enfin imaginer une autre explication?

Nous devons de parti pris dans cette étude ne pas nous immobiliser devant les difficultés. Comme l'explorateur qui laisse derrière lui des curiosités pour prendre une vue d'ensemble de la région qu'il visite, nous irons voir plus loin si quelque autre phénomène de la nature nous aidera par la suite à résoudre le problème. Au retour, nous pourrons avec moins de risques compléter nos archives.

26. — Le courant électrique et la conductibilité métallique dans la théorie électronique.

Le rapprochement des phénomènes thermiques et des phénomènes électriques dans les métaux a donné lieu à une conception féconde du courant électrique et de la structure des métaux en général, et tout de suite, nous allons voir cette conception nous apporter de précieux éléments pour la solution du problème des deux états positif et négatif que nous avons volontairement laissé de côté. L'idée que le courant électrique est dû au transport de petites particules électriques a été avancée pour la première fois par Weber, puis reprise par Giese, en 1889. Elle fut ensuite développée sous une forme un peu différente par Riecke, Drude, J. J. Thomson. Le courant électrique est aujourd'hui regardé par la plupart des physiciens comme un transport d'électrons.

Nous allons tracer sommairement les grandes lignes de cette théorie.

Tout métal renferme à l'état libre des électrons. Ces électrons proviennent de la dissociation temporaire de quelques atomes. Le corps de l'atome dépourvu ainsi d'un de ses électrons devient un ion à charge positive. L'électron libre est animé de mouvements de même nature que les particules gazeuses dans la théorie cinétique. Quand il rencontre un ion, il se recombine avec lui.

Ainsi chaque atome subit une dissociation et une recombinaison, et ces phénomènes très rapides se reproduisent une série de fois par seconde. Ils sont spontanés, indépendants de toute influence extérieure.

La théorie devait expliquer pourquoi les électrons, libres dans le métal et en agitation continuelle, ne sortent pas du métal. L'explication en est facile. Puisque le métal se trouve constitué par des atomes neutres, par des ions positifs et par un nombre égal d'électrons négatifs, si des électrons s'échappaient du métal, celui-ci prendrait immédiatement le signe + et les actions électrostatiques empêcheraient l'exode des électrons. Au niveau de la surface se forme par suite une double couche d'ions positifs et d'électrons négatifs, ces derniers placés en dehors, et cette double couche constitue comme une barrière empêchant l'exode. Un fait qui semble vérifier ces vues est le suivant : dans le vide, un métal incandescent laisse échapper des électrons qui communiquent des charges négatives à l'espace ambiant, tandis que le métal lui-même prend le signe positif. C'est ce qui se passe autour du filament des lampes à incandescence.

Tel est le point de départ de la théorie électronique des métaux. Que l'on suppose qu'aux deux extrémités d'un fil métallique on établisse une différence de potentiel, on concevra facilement que le champ électrique ainsi créé mobilisera dans une direction déterminée les électrons libres : d'où création de courant.

Nous devons à présent pénétrer un peu plus loin dans l'intimité du phénomène.

27. — Conductibilité électrique et conductibilité thermique. Loi de Wiedemann-Franz.

Nous savons déjà que la théorie cinétique des gaz a été étendue à toutes les particules matérielles. A une température absolue donnée T, l'énergie cinétique des particules est la même et le produit mv^2 est une constante (Voir Tome I. Chapitre VIII).

L'un des points originaux de la théorie électronique est d'avoir appliqué la même loi aux particules électriques, aux électrons libres; et de fait, tous les phénomènes connus sont d'accord avec cette conception. La constante d'énergie moléculaire $\alpha = \frac{1}{2}\frac{mv^2}{T}$ conviendrait ainsi aux électrons comme aux molécules matérielles.

Or la suite de cette étude nous apprendra que des raisons diverses doivent nous faire considérer l'électron comme possédant une masse 2.000 fois plus petite environ que celle de l'atome d'hydrogène, le plus petit de tous les atomes connus. Si nous admettons que la vitesse moyenne de la molécule d'hydrogène est de 1.840 mètres par seconde à la température 0 centigrade, celle de l'électron à la même température serait voisine de 115 kilomètres.

Le libre parcours moyen de l'électron doit être d'ailleurs excessivement faible puisqu'il rencontre à tout moment les ions et atomes métalliques beaucoup plus gros.

Cela posé, reprenons le cas de notre fil métallique aux extrémités duquel nous avons établi une différence de potentiel de manière à y créer un courant électrique. A quoi correspond ce phénomène dans la théorie électronique?

Cette question se ramène au problème suivant : que deviennent les mouvements d'agitation des électrons libres dans un champ électrique? Or on comprend d'intuition, et on démontre par le calcul, que l'effet du champ électrique est de superposer à la vitesse d'agitation en tous sens une vitesse de translation parallèle au champ. Les électrons qui se meuvent dans le sens des lignes de force seront en effet retardés, le sens conventionnel des lignes de force étant dirigé du pôle positif vers le négatif et la charge de l'électron étant négative. Au contraire, les électrons qui se meuvent en sens opposé seront accélérés. Chaque mouvement oblique sur cette direction pourra être décomposé de telle façon qu'en fin de compte nous aurons un transport d'électricité négative en sens inverse du champ.

Ce mouvement général se fait à une vitesse proportionnelle à l'intensité de ce champ et à la durée du libre parcours moyen de l'électron (1).

Comme le libre parcours moyen ne change pas sensiblement avec les variations du champ, la durée de ce libre parcours moyen peut être regardée comme variant simplement en raison inverse de la vitesse moyenne d'agitation de l'électron, si bien que la vitesse de translation varie en fin de compte proportionnellement à l'intensité du champ électromoteur, et d'une façon inversement proportionnelle à la vitesse d'agitation propre qui est une fonction de la température.

Dans ces conditions, l'intensité du courant produit doit forcément être proportionnelle au nombre des électrons libres par unité de volume du métal (2) et à la

(1) Si l'on appelle H le champ électrique, e la charge de l'électron, m sa masse, λ son libre parcours moyen et u sa vitesse d'agitation moyenne, on a pour la vitesse du mouvement général de translation

$$v = \frac{He}{2m} \frac{\lambda}{u}.$$

On voit d'ailleurs que $\frac{\lambda}{u}$ est la durée du libre parcours moyen, e et m sont des constantes, la charge de l'électron et sa masse ne variant pas dans les conditions physiques ordinaires.

Cf. Drumaux. *Théorie corpuscul. de l'élect.*, 1911, p. 155.

(2) Plus exactement l'intensité i est égale à nev (n nombre d'électrons par centimètre cube, e charge de l'électron, v vitesse générale

vitesse de translation dans la direction du champ. Le nombre d'électrons libres varie suivant le métal ; c'est lui qui définit le coefficient de conductivité et c'est pour cela que l'intensité du courant varie en raison directe de la conductivité, ou ce qui revient au même en raison inverse de la résistivité du métal (Voir la note). La vitesse de translation dans la direction du champ est, nous venons de le voir, fonction de l'intensité du champ et fonction inverse de la vitesse propre d'agitation, c'est pour cela que l'intensité varie en fonction de la différence de potentiel et pour cela aussi que la résistance des métaux, d'une façon générale, varie avec la température.

La théorie électronique rend donc un compte exact de tous les caractères de la conductibilité éléctrique des métaux. En même temps, elle explique la conductibilité thermique. Si l'on chauffe l'extrémité d'une barre de fer à une température T, on sait que la châleur se propage de proche en proche. Dans la théorie que nous développons, cette conductibilité thérmique est due aux mouvements des électrons libres transmis de proche en

de translation) et comme v est proportionnel au champ (Cf. note de la page précédente), on a :

$i = \frac{ne^2 H\lambda}{2mu}$. Or : $\frac{ne^2\lambda}{2mu}$ dépend du métal considéré, c'est la conductibilité électrique du métal. On sait d'ailleurs que $\frac{mu^2}{2}$ est la constante d'énergie cinétique de l'électron à la température considérée ; elle est égale à αT produit de la constante universelle α par la température absolue ; de sorte que la conductibilité γ ou $\frac{1}{\rho}$ (inverse de la résistivité) peut s'exprimer par :

$$\gamma \text{ ou } \frac{1}{\rho} = \frac{ne^2\lambda u}{4\alpha T}.$$

proche par chocs successifs et est par conséquent proportionnelle à la vitesse moyenne des électrons, à leur libre parcours et à leur nombre par unité de volume.

Le calcul montre (1) que le rapport de la conductibilité thermique à la conductibilité électrique doit être fonction de la température absolue. Ainsi sommes-nous amenés par voie déductive aux termes mêmes de la loi bien connue qui a été formulée par Wiedemann et Franz. C'est là un exemple entre mille des preuves indirectes sur lesquelles est assise la théorie électronique. La dynamique de l'électron conduit par le raisonnement aux lois que l'expérience a établies par la mesure directe.

La théorie électronique explique par cela même ce fait que les métaux les plus conducteurs de la chaleur sont en même temps les meilleurs conducteurs de l'électricité.

28. — Vitesse de translation dans les métaux.

Lorsqu'on soumet les électrons libres d'un métal à l'action d'un champ magnétique extérieur, on conçoit que leur régime d'agitation soit modifié et par suite que leur déplacement général sous l'action d'une force électromotrice (courant électrique) subisse aussi un changement. La charge, la masse, la vitesse moyenne des

(1) L'expression de la conductibilité calorifique, d'après la théorie cinétique serait $K = \alpha \frac{u\lambda n}{3}$ de sorte que le rapport des deux conductibilités $\frac{K}{\gamma}$ serait $\left(\frac{K}{\gamma} = \frac{4}{3} \frac{\alpha^2}{e}\right) T$; (V. la note précédente); α et e étant des constantes, ce rapport est simplement proportionnel à la température absolue.

électrons étant des données connues aujourd'hui, l'action d'un champ magnétique sur le mouvement de translation générale devient calculable. Or l'expérience permet, dans certaines conditions, d'observer les modifications subies par un courant électrique quand on soumet le conducteur parcouru à l'action d'un champ magnétique transversal. Le bismuth se prête particulièrement à ce genre d'observation. Sa résistance augmente d'une fraction très appréciable dans un champ magnétique transversal. De ces résultats expérimentaux, on peut ainsi tirer la valeur absolue de la vitesse de déplacement total de l'ensemble des électrons pour un champ électrique d'une unité CGS (1). Mais nous restons étonnés devant le nombre trouvé, extraordinairement faible. La vitesse de translation générale est de 0 cm, 00007 par seconde, ou si l'on veut 0 μ,7 par seconde.

On peut aller encore plus loin dans les appréciations numériques. La conductivité γ du bismuth étant connue (0,0000075 CGS), la charge e de l'électron l'étant aussi ($1,13 \times 10^{-20}$ CGS) et la vitesse v de translation sous l'action d'un champ électrique d'une unité étant 0μ,7 comme nous venons de le voir, on peut tirer de là la valeur de n nombre d'électrons libres par centimètre cube de métal, sachant que l'on a $\gamma = nev$.

On trouve que le nombre d'électrons libres est de 10^{19} par centimètre cube, soit 10 trillions de groupes de 1 trillion chacun. La théorie cinétique nous a appris que les gaz renferment environ 70×10^{22} molécules par

(1) V. Drumaux. *La théorie corpusculaire de l'électricité*, Gauthier Villars, édit., 1911 et J. J. Thomson, *Congrès Intern. physique* 1900, t. III, p. 145).

$22^l,4$ de gaz ou 3 à 4×10^{10} par centimètre cube; on voit que ces chiffres sont du même ordre de grandeur.

On voit d'autre part que si 1 centimètre cube de ce métal renferme 10^{19} électrons libres, la charge de l'électron étant évaluée à $1,13 \times 10^{-20}$CGS, la charge électrique négative libre par centimètre cube doit être voisine de $\frac{1}{10}$ CGS ou 1 coulomb. En un mot, il y aurait environ 1 coulomb d'électrons libres dans 1 centimètre cube de bismuth et la même charge positive sur les ions correspondants.

Tels sont les premiers résultats de cette théorie remarquable, et il faut que nous nous arrêtions à ces chiffres qui, de prime abord, heurtent nos idées et sur le mode de propagation de l'électricité dans les fils et sur ce que nous avons appelé la capacité statique des conducteurs.

29. — Apparente contradiction entre la lenteur de translation des électrons et la rapidité de transmission des perturbations électriques.

On sait qu'une perturbation électrique se transmet le long d'un fil avec une vitesse de l'ordre de celle de la lumière : or, voici que le calcul, appuyé sur les données de la théorie électronique, nous dit que les électrons du bismuth mobilisés par un champ électrique d'une unité cheminent avec une vitesse de l'ordre du millième de millimètre, ce qui signifie qu'un courant de 100 ampères, circulant dans un fil de bismuth de 1 centimètre carré de section, donnerait une vitesse des électrons ne dépassant pas 1 mètre par seconde et que cette vitesse serait encore plus faible pour les autres métaux.

Cette contradiction n'est qu'apparente. Il faut dans toutes les transmissions de phénomènes distinguer la vitesse de transmission de ce phénomène de la vitesse propre de l'agent vecteur. Supposons qu'un fil quelconque réunisse deux points distants de plusieurs kilomètres, et qu'à un bout de ce fil, on opère une traction pour transmettre un signal. A part un léger retard dû à l'inertie des molécules du fil et à l'élasticité des liens qui les unissent, la transmission sera quasi instantanée. Cela signifie-t-il que les molécules vectrices du mouvement ont parcouru plusieurs kilomètres en un temps voisin de zéro? Evidemment non. Chaque molécule a pu parcourir un petit espace de quelques millimètres durant le temps qu'a duré le signal, et c'est tout.

Considérons de même la transmission, par l'air, des ondes sonores; ces ondes cheminent avec la vitesse de 340 mètres par seconde environ, mais cela signifie-t-il que les molécules d'air ont franchi en une seconde cette distance de 340 mètres? Pas du tout; s'il en était ainsi les moindres bruits de la nature déchaîneraient des tempêtes pires que les cyclones de l'Océan.

La vitesse de transmission d'une perturbation peut être très grande; elle peut être voisine de l'instantanéité, si le milieu est voisin de la rigidité infinie, sans que pour cela les éléments vecteurs subissent des déplacements très rapides.

C'est ce qui arrive ici.

Les électrons répartis dans toute la longueur du fil, agités en tous sens avec une rapidité fonction de la température absolue, subissent-ils l'action électromotrice d'une différence de potentiel établie aux extrémités de ce fil, immédiatement les mouvements d'agitation subissent une inflexion dans le sens du champ, si bien qu'une translation s'opère. Cette translation est lente, nous le savons. Mais ce qui est rapide, ce qui est de l'ordre de la vitesse de la lumière, c'est la propagation de cette perturbation causée par le champ électrique qui infléchit les mouvements des électrons dans le sens du champ.

Cette perturbation se propage à la manière d'un front d'onde sonore dans la matière.

Il peut même arriver que les électrons subissent sur place des inflexions de mouvements en sens contraire; il n'y a alors pour ainsi dire aucun transport d'électrons et pourtant le courant électrique se transmet avec la même vitesse de plusieurs milliers de kilomètres par seconde : c'est le cas des courants alternatifs de haute fréquence.

30. — Apparente contradiction entre l'énormité de la charge totale des électrons libres et la petitesse ordinaire de la capacité électrostatique des corps.

Nous avons dit que la charge totale des électrons libres par centimètre cube de métal paraît être voisine de 1 coulomb, et nous savons d'autre part que 1 coulomb d'électricité déposé sur une sphère de 1 mètre de rayon, prend la tension formidable de 9 milliards de volts (§ 16). Nous pouvons dès lors nous demander comment il se peut qu'un coulomb d'électrons se trouve libre à tous moments dans un centimètre cube de métal sans manifester sa présence. La raison en est que cette liberté n'est que relative. Chaque électron, tout libre qu'il est, a sa charge de nom contraire conjuguée sur un ion métallique correspondant. Ce n'est pas à dire que chaque électron appartienne à un ion positif conjugué; la perpétuelle agitation des électrons les fait certainement passer indéfiniment de l'un à l'autre, mais l'égalité de nombre des électrons négatifs et des ions positifs est parfaite et assure ce que nous appelons l'état neutre. Les forces répulsives qui créeraient l'énormité du potentiel électrostatique de notre coulomb d'électrons sont exactement annulées par les forces attractives qu'exerce sur lui la charge antilogue. Mais, que par une cause quelconque, des électrons soient soutirés au dehors, ou que des électrons étrangers soient surajoutés, nous assistons alors à la création de ces différences de potentiel électrostatique énormes que nous avons constatées.

Cette tendance des atomes métalliques à expulser un électron n'est-elle confirmée par aucun autre fait dans le domaine des sciences physiques ou chimiques? Ne l'admettons-nous que pour les besoins de la cause dans l'explication de la conductibilité électrique? Mais rappelons-nous seulement le phénomène de la dissolution des composés métalliques et celui de l'électrolyse. Ne savons-nous pas que quand une molécule de sel, d'acide, ou de base se dissout dans l'eau, elle se dissocie en deux ions? Or de ces deux ions, l'un porte une charge électrique positive, l'autre une négative, et cette charge est la même pour toutes les molécules; elle est égale à la charge unité, à l'électron. On constate un électron déplacé par valence des radicaux dissociés, si bien que l'électron paraît être l'agent immédiat, le lien essentiel qui constitue la valence chimique. Eh bien, dans ce phénomène, l'atome qui toujours tend à perdre un électron, c'est l'atome métallique, tandis que l'atome de métalloïde tend à le prendre à son actif. Tout se passe en somme comme si un atome de métal pour être électriquement à l'état neutre devait posséder un ou plusieurs électrons de plus que ne l'exige son équilibre cinétique : aussi, en toute occasion, tendrait-il à expulser ce supplément architectural. Mais aussitôt les phénomènes électrostatiques entreraient en jeu et la séparation ne pourrait être définitive sans que se manifestent ces effets formidables des potentiels électrostatiques propres aux charges libres. La théorie électronique des métaux apporte en même temps un peu de lumière à la conception de l'état neutre et des charges de nom contraire, et au problème que nous n'avons fait qu'énoncer au § 25. Bientôt, nous verrons comment ces considérations ont amené certains physiciens, et en particulier lord Kelvin, à imaginer l'atome de tous les corps simples comme constitué uniquement par des électrons en équilibre cinétique. Chaque atome serait comme un minuscule système planétaire : des relations mathématiquement définies entre les vitesses de rotation, le régime de répartition et le nombre des unités électroniques détermineraient un équilibre stable tel que le champ électrique alentour serait nul dans l'éther. La soustraction d'un électron à ce système, sans altérer la stabilité du système, le transformerait en un ion monovalent électro-positif. Nous reviendrons sur ces conceptions que nous ne faisons qu'ébaucher ici pour faire comprendre la possibilité de ces charges conjuguées énormes dans des espaces si restreints.

31. — Explication par la théorie électronique de l'effet Joule.

On sait que lorsqu'un courant électrique chemine le long d'un fil métallique, ce fil s'échauffe. Ce phénomène a été étudié spécialement par Joule qui a établi la loi suivante : la quantité de chaleur dégagée par un courant dans un conducteur donné est proportionnelle au temps de passage du courant et au carré de son intensité.

Elle varie proportionnellement à la résistance quand on passe d'un conducteur à un autre. D'une façon générale, la quantité de chaleur produite dans un conducteur de résistance r par un courant d'intensité i pendant un temps t est égale, si on la mesure en unités d'énergie, c'est-à-dire en joules, à

$$Q = ri^2t.$$

On aurait le nombre de petites calories correspondant en multipliant ce nombre de joules par 0,24. Un courant de 1 ampère, circulant pendant une seconde dans un circuit dont la résistance est de 1 ohm, dégage, sous forme thermique, une énergie de 1 joule.

On peut par suite donner la définition suivante de l'unité de résistance : l'ohm est la résistance électrique d'un conducteur dans lequel un ampère dégage en une seconde une énergie thermique de 1 joule, ou dans lequel 1 coulomb mobilisé par une force électromotrice de 1 volt dégage cette énergie thermique de 1 joule.

Reprenons notre théorie électronique des métaux. Considérons un conducteur métallique d'une résistance de 1 ohm. Ce conducteur renferme à l'état libre un certain nombre de coulombs d'électrons. Appliquons à ses extrémités une différence de potentiel de 1 volt, pendant 1 seconde; il va y avoir convection de l'ensemble des électrons, et au bout de cette seconde 1 coulomb aura franchi une section donnée quelconque du conducteur.

Or, à ce déplacement en masse de l'ensemble des électrons pendant lequel un coulomb se déverse en aval et un coulomb rentre en amont, correspond une mutation d'énergie; l'énergie dépensée au générateur pour créer la force électromotrice se retrouve sous forme thermique dans le conducteur. Un joule d'énergie mécanique est devenu un joule d'énergie thermique.

Quel est donc le mode de mutation de l'énergie dans ce phénomène? Quel est l'agent qui opère la transformation? La théorie électronique permet de se représenter assez clairement ce phénomène. La convection en masse des électrons provoquerait des chocs de ceux-ci contre les atomes fixes. De ces chocs résulterait une accélération des mouvements d'agitation propre. Il y aurait mutation de l'énergie de translation en énergie d'agitation par suite des chocs : c'est-à-dire mutation de l'énergie électrique de courant en énergie thermique, la chaleur, on le sait, étant constituée objectivement par l'état d'agitation des particules, électrons, ions, atomes ou molécules.

32. — Lumière apportée par cette théorie au problème de l'échauffement de la matière par cause mécanique. Transformation inverse de la chaleur en travail et interprétation du principe de Carnot-Clausius.

Lorsqu'on tire une balle de carabine dans une plaque métallique, la balle et la plaque s'échauffent.

La force vive de la masse de plomb brusquement arrêtée se retrouve sous forme de chaleur.

Lorsqu'on frotte deux corps l'un contre l'autre, l'énergie mécanique consommée se retrouve sous forme de chaleur dans l'élévation thermique subie par les corps frottés.

D'une façon générale, toutes les fois qu'une certaine quantité d'énergie mécanique, de force vive, de mouvement disparaît, une quantité équivalente de chaleur se retrouve quelque part.

Faut-il voir là une équivalence mystérieuse entre des formes de l'énergie qui n'ont rien de commun; faut-il dire que 1 joule équivaut à 0,24 calorie, comme une pièce de 0 fr. 05 équivaut à un petit pain, pour employer une comparaison souvent répétée; ou bien y a-t-il une mutation continue d'une forme de l'énergie en une autre forme de l'énergie?

Ce que nous venons de dire de la mutation de l'énergie électrique en chaleur nous dispense de longues explications. On conçoit que lorsqu'une cause mécanique déplace brusquement les atomes d'un corps comme le choc d'une balle d'arme à feu, ou lorsqu'elle soumet les atomes à des mouvements forcés de vibration, glissements, etc., comme le frottement d'une lime, d'une surface rugueuse, il se produit un phénomène analogue à celui que nous venons d'étudier, mais inverse; les chocs des atomes accélèrent la vitesse des électrons qui les rencontrent. Une certaine quantité de force vive passe des atomes perturbés aux électrons mobiles; il y a changement de siège d'une même dose d'énergie mécanique, et dès lors que cette énergie mécanique se manifeste par l'accélération de l'agitation électronique et des mouvements thermiques des atomes, elle nous apparaît, nous le savons, sous l'aspect de chaleur.

Dès à présent on conçoit pourquoi la chaleur est l'aboutissant général de presque toutes les mutations de l'énergie, et pourquoi aussi il est si difficile de récupérer sous une autre forme l'énergie ainsi fixée dans l'anatomie intime d'un système.

Un corps chaud supposé isolé dans l'espace possède en lui une certaine somme d'énergie thermique et la conservera indéfiniment s'il ne peut la dissiper ni sous forme de rayonnement, ni par conduction, en l'abandonnant à des corps plus froids. Or, ce n'est qu'au cours de ces transports, de ces changements de siège que nous pouvons opérer la transformation inverse de chaleur en énergie mécanique ou électrique. La chaleur n'est utilisable que quand l'énergie thermique subit une chute de tension en passant par un mode quelconque de transmission d'un corps plus chaud à un corps plus froid. Ce dernier est le siège d'une accélération imprimée à la vitesse d'agitation particulaire, et cette accélération est, dans certains cas, la cause de mouvements mécaniques extérieurs (changement d'état des corps, force expansive, etc.), mouvements mécaniques qui deviennent la source d'un travail utilisable.

Ainsi la quantité de chaleur qui passe d'un corps à l'autre provoque, d'une part, l'échauffement de ce dernier et d'autre part un travail mécanique, produit immédiat de l'accélération de l'agitation particulaire.

On voit dès lors qu'il ne faut pas songer à produire

thermiquement un travail mécanique sans demander ce travail à l'échauffement d'un corps plus froid; le principe de Carnot-Clausius devient ainsi une évidence, et si l'on n'avait en présence que des corps à la même température, fussent-ils à la température de volatilisation des métaux les plus fixes, il serait impossible de tirer parti de la somme colossale d'énergie thermique emmagasinée dans leur substance. Ces considérations nous seront d'un grand secours quand nous étudierons les mutations de l'énergie en général et la deuxième loi de l'énergétique en particulier (Cf. § 150 ssq).

33. — Explication par la théorie électronique des effets Peltier, Seebeck, Thomson.

Nous avons vu que lorsqu'un courant circule dans un circuit formé de deux conducteurs différents, chaque soudure ou zone de contact des deux métaux est le siège d'un dégagement ou d'une absorption de chaleur. Le phénomène s'inverse, si l'on inverse le courant : la soudure, qui tout à l'heure s'échauffait, se refroidit; celle qui tout à l'heure se refroidissait, s'échauffe. C'est l'effet Peltier.

Nous avons vu aussi que si l'on chauffe l'une des soudures et si l'on refroidit l'autre, en l'absence de toute force électromotrice étrangère, il se produit un courant : c'est l'effet Seebeck; nous avons ainsi constitué une pile thermo-électrique.

Nous avons vu enfin que, si l'on chauffe une partie d'un conducteur homogène en maintenant plus froide une autre partie, ce conducteur devient le siège d'une différence de potentiel : c'est l'effet Thomson.

Ces phénomènes reçoivent une explication très satisfaisante, grâce à la théorie électronique. Tout d'abord rappelons que si l'on met en contact deux métaux, tels que le cuivre et le zinc, une différence de potentiel s'établit entre les deux. Ce fait découvert par Volta est difficile à interpréter si l'on n'a pas recours à la théorie électronique. Au contraire, l'hypothèse de l'électron lui a donné une explication naturelle (1). En effet, les métaux, suivant leur nature, présentent par unité de volume un nombre variable d'électrons libres. Si on approche au contact deux métaux dont la densité électronique est différente, on conçoit qu'au niveau de la zone de contact il s'opère une diffusion des électrons du métal le plus riche, vers le moins riche, les électrons ayant tendance à se distribuer uniformément (Lorentz). Mais les attractions électrostatiques limitent aussitôt cette diffusion, et le mouvement s'arrête dans un équilibre stable dès qu'il est ébauché. A cet équilibre correspond une différence de potentiel électrique entre les deux métaux, puisque des électrons manquent au métal le plus riche qui prend le signe +, tandis que le deuxième métal en a un excédent et prend par conséquent le signe —. Il est facile de démontrer que si l'on forme une chaîne de plusieurs métaux dont les extrêmes sont constituées par le même métal, la somme des forces électromotrices est égale à

(1) Cf. Riecke. *Ann. der Phys.*, 1899, p. 66, 1900, p. 2 et 835. *Jahrb. der Radioaktiv.* 1906, p. 3 et 24. — Drude. *Annalen der Physik.* T. I, 1900, p. 566 et t. III, 1900, p. 369. Traduct. de Langevin, in Ions, Corpusc., Electrons. *Soc. Phys.*, p. 162. — J. J. Thomson. *Rapp. au Congrès de Phys.* 1900, Paris. — Lorentz, *K. Ak. v. Wetenschappen*, Amsterdam. Proc. Sect. of Sc. 7.438.585.684. — 1905.— Battelli, Occhialini, Chella. *La Radio-activité*, Gauthier-Villars, 1910.

zéro, et il n'y a aucune différence de potentiel aux deux extrémités de la chaîne. On peut la fermer de manière à en faire un anneau; il n'y aura aucun courant.

Considérons le cas le plus simple d'un anneau bimétallique (fig. 12) formé par la soudure de deux demi-anneaux de métaux différents. Admettons que le métal P présente une densité électronique supérieure à celle du métal Q; le métal P prendra le signe + et le métal Q le signe —; cependant aucun courant n'aura lieu, parce que les différences de potentiel créées aux deux soudures seront égales. Mais il faut pour cela que la vitesse d'agitation des électrons soit la même à ces deux soudures. Si la vitesse est plus grande à la soudure *a* qu'à la soudure *b*, la diffusion se produira avec plus d'intensité en *a* qu'en *b*, la différence de potentiel en *a* sera supérieure à la différence de potentiel en *b*. L'extrémité *a* du demi-anneau Q sera plus électro-négative que l'extrémité *b*, et l'extrémité *a* du demi-anneau P plus électro-positive que l'extrémité *b*. Un mouvement d'électrons tendra ainsi à se produire de P vers Q, en passant par la soudure chaude, et de Q vers P, par la soudure froide. C'est alors l'effet Seebeck.

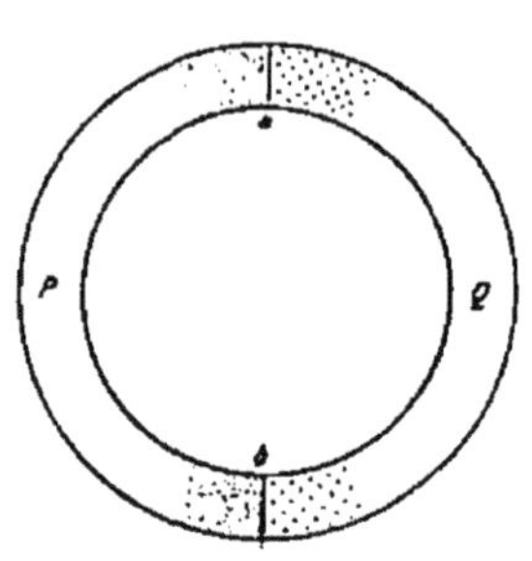

Fig. 12. — Schéma de l'effet Seebeck.

Pour que l'effet Seebeck se produise, il est nécessaire que la conductibilité thermique n'égalise pas les vitesses électroniques en *a* et *b*, autrement dit, il faut que la chaleur absorbée en *a* et non utilisée à mobiliser les électrons soit dissipée sous forme de rayonnement ou autrement, sans être transmise par conduction jusqu'en *b*.

Ici encore on retrouve donc une application du principe de Carnot-Clausius, puisque l'expérience prouve que dans cette transformation de l'énergie thermique en énergie électrique, il n'y a qu'une partie de l'énergie thermique transformable en mouvement, je veux dire en courant électrique.

Le calcul montre que la différence de potentiel qui donne lieu à l'effet Seebeck est fonction de la densité électronique relative des deux métaux ou plus exactement de l'expression $\log \frac{N_q}{N_p}$ dans laquelle N_q et N_p représentent le nombre d'électrons par unité de volume dans chaque métal.

Un raisonnement analogue montre que, quand un courant circule dans une pareille chaîne, il développe une quantité de chaleur dont une partie, la plus importante, est due à l'effet Joule et reste égale à elle-même, quel que soit le sens du courant, et dont une autre partie est fonction de $\log \frac{N_q}{N_p}$ et varie suivant le sens du courant, d'où l'effet Peltier.

Quant à l'effet Thomson, ce que nous avons dit au début de cet article montre assez que si une région d'un conducteur présente un accroissement de la vitesse d'agitation électronique par échauffement, il y aura de part et d'autre tendance à la diffusion, et la partie échauffée, ayant tendance à se trouver en déficit d'électrons, prend le signe + par rapport aux parties voisines.

34. — Explication par la théorie électronique de la production du courant dans les piles.

Nous avons déjà au § 20 énoncé la théorie de Nernst pour expliquer la création d'une force électro-motrice au contact d'un métal et d'un liquide. Nous devons, à présent que nous connaissons la théorie électronique des métaux, approfondir un peu plus cette question.

Nernst, nous le savons, avance l'hypothèse que les métaux en présence d'un liquide émettent des particules chargées positivement. Le métal resterait par suite chargé négativement. Ce sont donc les ions fixes qui diffuseraient ainsi dans le liquide, alors que les électrons resteraient enfermés dans les limites du métal. L'exode des ions se trouverait limité par les forces électrostatiques s'exerçant entre le métal négatif et les ions solubles positifs.

L'hypothèse de Nernst est certainement hardie. Cependant comme elle répond à une conception très plausible des phénomènes électro-chimiques, nous devons l'avoir toujours présente à l'esprit. D'ailleurs, qu'on l'admette ou non, le phénomène qui se déroule au contact d'un métal, tel que le zinc, et d'une solution électrolytique, telle que la solution SO^4H^2 des piles, est très accessible à notre esprit. En effet on se représente assez bien, au niveau de la surface de contact du zinc et du liquide, d'une part des ions métalliques zinc électro-positifs, peu mobiles, doués de toute l'affinité chimique que possèdent les atomes dont une ou plusieurs valences sont à satisfaire, et d'autre part, dans le liquide, des ions électro-positifs hydrogène, et des électro-négatifs acides, ces derniers tendant à se combiner avec les ions zinc de la surface.

Dès que cette combinaison est accomplie, il reste un excédent d'électrons libres dans le zinc et des ions H dans le liquide. Si l'on réunit le zinc et le liquide extérieurement par un fil métallique, l'excédent d'électrons s'écoule par le fil et, par contre, au niveau de l'électrode positive inattaquable, l'excédent d'électrons libres servira à faire passer les ions H de l'état d'ions à l'état de molécules ou de les faire entrer en combinaisons variées (réduction, etc.).

On comprend aussi que, entre certaines limites de concentration, la force électromotrice soit fonction du nombre relatif des ions électrolytiques de la solution et des ions zinc fixes de l'électrode en présence par unité superficielle. Comme le nombre des ions zinc ne varie pas quand varie la concentration du liquide, la force électromotrice ne dépend, entre ces limites, que de la concentration ; elle se trouve ainsi liée à la tension osmotique.

35. — L'électrisation par frottement et la théorie électronique.

Si l'on entrevoit sans beaucoup de difficulté ce qui se passe dans l'électrisation par frottement, si l'on conçoit assez facilement qu'en frappant un bloc de résine avec un morceau de drap, des électrons pris au morceau de drap passent à la résine, d'où la charge positive prise par le drap, et la charge négative prise par la résine, on ne peut guère, dans l'état actuel de la science, dire pourquoi les électrons passent plus volontiers de tel corps sur tel autre quand on les frotte. Faut-il voir là simplement un fait de densité électronique, quelque chose d'analogue à ce qui se passe entre deux métaux mis en contact? Si l'on imagine que le frottement a pour effet de créer des contacts et des ruptures instantanées et très répétées, on peut concevoir que, à chaque rupture, des électrons sont emportés par le corps le moins dense électroniquement. Mais alors comment expliquer qu'en frottant du verre dépoli avec du verre lisse, il se crée là encore une différence de potentiel, le verre dépoli se chargeant négativement? Faut-il admettre une densité électronique superficielle, variable suivant l'état des surfaces? Faut-il aller chercher dans la configuration même des atomes et dans leur différence de volume la raison de ce phénomène? Il est assez difficile de donner une réponse précise à cette question. Mais c'est ici qu'il y a lieu de faire connaître les idées de certains physiciens, et en particulier de lord Kelvin (W. Thomson) sur la structure de l'atome. Nous verrons ensuite quelle explication paraît ressortir de ces données pour nous rendre compte de ces phénomènes.

SECTION II. — *L'électron, la matière et l'éther. Le champ magnétique.*

36. — Application de la théorie électronique à la connaissance de la matière. Structure de l'atome.

Jusqu'ici nous n'avons pas encore cherché à pénétrer la structure de l'atome. Nous avons pu nous en passer, il est vrai, pour interpréter beaucoup de phénomènes naturels ; cependant certains d'entre eux, et non des moindres, nous ont fait toucher du doigt la muraille irritante où nous nous sommes heurtés sans la franchir : le problème de l'affinité chimique, des valences atomiques, celui de la conductibilité électrique et thermique des métaux, celui de la génération de l'électricité par réaction chimique ou par frottement ne nous ont-ils pas mis en présence de faits où l'électron paraît être une pierre fondamentale, une véritable clef de voûte de l'édifice atomique.

Tâchons donc à présent de pénétrer plus loin et commençons par faire la synthèse des connaissances acquises.

Nous savons que l'atome ne prend une affinité chimique, n'est capable d'entrer en combinaison avec un autre atome, que s'il possède une ou plusieurs valences. Or les phénomènes électrolytiques nous enseignent que l'atome monovalent transporte une charge électrique unité, l'atome bivalent deux de ces charges, l'atome trivalent, trois, etc. ; de sorte qu'une valence équivaut à une unité d'électricité en plus ou en moins.

Un atome qui perd un électron devient un ion électro-positif monovalent ; s'il en perd deux, il devient un ion électro-positif bivalent, et ainsi de suite ; c'est le cas des métaux.

Un atome qui acquiert un électron en plus devient un ion électro-négatif monovalent ; il sera bivalent s'il en acquiert deux, etc. ; c'est le cas des métalloïdes.

Un atome qui ne serait apte à acquérir ni à perdre aucun électron serait un atome sans affinité chimique ; c'est le cas des atomes d'hélium, de kripton, d'argon, etc.

Nous savons aussi que pour la plupart des corps l'ionisation ne se produit guère qu'à l'état de solution. L'état solide ne se prête pas aux combinaisons chimiques. Cependant, certaines réactions de contact, certains phénomènes de diffusion solide et surtout la conductibilité électrique des métaux nous indiquent que même à l'état solide l'atome n'est pas stable. Des électrons peuvent se mouvoir, s'agiter à l'état libre, pendant que des ions demeurent en déficit de ces électrons.

Ces données nous dévoilent un peu de la vie des atomes, mais là s'arrêtent nos investigations et nous pénétrons dans le domaine des hypothèses dès que nous cherchons à nous représenter leur stucture intime. Cependant certaines théories émises paraissent si bien répondre à la synthèse des faits que nous nous y arrêterons un moment. Parmi elles, la théorie de lord Kelvin est certainement l'une des plus originales et des plus séduisantes.

37. — Structure de l'atome d'après lord Kelvin. Séries de Mendeleieff.

Lord Kelvin suppose l'atome formé de corpuscules négatifs répartis dans tout l'espace sphérique constituant l'atome. Ces électrons se repoussent, mais ils sont attirés vers le centre par l'électricité positive qu'il admet uniformément distribuée dans toute l'étendue de la sphère. Un équilibre s'établit entre les forces qui les sollicitent. On arrive à une conception peu différente en supposant, comme Lorentz et Larmor, un centre positif autour duquel évoluent les électrons. Le travail de Thomson consiste surtout à avoir montré les lois de répartition dans un plan des corpuscules ainsi soumis aux forces attractives et répulsives (1). Il a montré que s'il y a 5 corpuscules en présence ou moins, ils se disposent en un seul anneau et cet anneau est stable. S'il y en a plus de 5, la stabilité n'est assurée que s'il y a des électrons dans l'intérieur de l'anneau. Le nombre de corpuscules intérieurs peut varier, mais l'anneau est d'autant plus stable que ce nombre est plus élevé. Thomson est arrivé à établir la caractéristique numérique des états stables pour des degrés de complexité de plus en plus grande. On conçoit dès lors que la répartition des électrons non plus dans un plan, mais dans un volume géométrique, puisse être variable et que la stabilité puisse correspondre à différents états d'équilibre.

Bien que dans la réalité, il soit difficile d'envisager une répartition égale d'électricité positive dans tout l'espace occupé par les électrons, et que d'autre part, il soit impossible de passer directement de l'anneau plan à la sphère, on conçoit que la stabilité puisse dépendre de l'arrangement des électrons d'après leur nombre, et qu'en considérant la série des atomes réels, groupés avec des nombres croissants d'électrons, on puisse retrouver périodiquement dans la série le plus ou moins d'aptitude à perdre un, deux, trois... électrons, ou à les acquérir. Mendeleieff a dressé d'après l'étude des valences atomiques une liste de corps simples qui forment une série remarquable.

(1) Cf. Lord Kelvin, *Phil. Mag.* 3, 257, 1902, in Battelli, Occhialini Chella. *La radio-activité et la constitution de la matière.* Trad. de Mme Battelli. Paris, Gauthier-Villars.

Voici cette liste :

I	II	III	IV	V	VI	VII	VIII	IX
He	Li	Be	B	C	N	O	Fl	Ne
Ne	Na	Mg	A	Si	Ph	S	Cl	Ar
Ar	K	Ca	Sc	Ti	As	Se	Br	Kr
Kr	Rb	Sr	Y	Zr	Sb	Te	J	Xe

La série V renferme les éléments tétra-valents. De part et d'autre se trouvent les corps ayant 3, 2,1 valences : ainsi IV et VI sont trivalents, mais IV est électro-positif (perte de trois électrons) et VI électro-négatif (gain de trois électrons). De même III et VII sont bi-valents, III étant électro-positif et VII électro-négatif; II et VIII sont monovalents; et I et IX n'ont pas d'affinité chimique, pas de valences, les atomes sont stables, sans aucune tendance à prendre ni à perdre un électron.

Thomson a été conduit par son hypothèse même, quand il s'agit de passer de la stabilité de l'anneau plan à celle de la sphère, à introduire le facteur *vitesse de rotation*. Ceci est parfaitement conforme aux déductions de la science d'observation et en particulier à l'étude des radiations, ou des corps radio-actifs. Au ralentissement progressif du mouvement de rotation correspondraient des ruptures d'équilibre, des explosions avec émission de particules comme cela se produit dans les ions radio-actifs.

Il a été conduit aussi à une autre conclusion; c'est la suivante : quand deux atomes pénètrent réciproquement leur sphère d'électricité positive, si l'un d'eux est plus volumineux que l'autre, un électron placé dans la région commune subira une attraction plus forte de la part de la petite sphère, et si l'on sépare brusquement les deux atomes, l'électron pourra ainsi être arraché du plus gros et passer sur le plus petit.

De là, à expliquer pourquoi du verre rugueux frotté avec du verre lisse se charge négativement, il n'y a qu'un pas, le verre se composant d'atomes de grosseurs variées et la friction ayant pour résultat de désagréger les petits et les gros atomes des aspérités.

Mais il serait oiseux de chercher à rendre compte de tous les phénomènes observés par une image hypothétique de l'atome. Les interprétations que nous venons de donner de phénomènes connus n'ont d'autre but que de montrer la possibilité de rattacher à une théorie générale de plus en plus assise des faits qui jusqu'à présent défiaient la raison humaine.

38. — L'électricité statique est constituée par un excédent ou un déficit d'électrons.

Il nous est plus facile de répondre à présent à la question que nous avons posée au § 35, à savoir : quel est le mécanisme de l'électrisation par frottement, qu'est-ce que la charge statique?

Dans un métal à l'état neutre, les électrons négatifs libres et les ions positifs ou atomes privés momentanément d'un ou plusieurs électrons se font équilibre au point de vue électrique. Un métal allongé sous forme de fil conducteur peut être le siège d'une convection d'électrons libres, en nombre considérable, sans présenter de charge électrique capable de produire des effets électrostatiques appréciables. Ainsi un conducteur de 2 ohms réunissant les deux pôles d'un accumulateur est le siège d'un courant de 1 ampère, c'est-à-dire que chaque section du conducteur est traversée, en une seconde, par 1 coulomb d'électricité, par 1 coulomb d'électrons; or autour de lui ne se manifeste aucun phénomène électrostatique grossièrement appréciable. Nous savons déjà que si nous pouvions recueillir ce coulomb d'électrons débité en une seconde et le mettre sur une sphère métallique de 1 mètre de rayon, cette sphère serait chargée à un potentiel de 9 milliards de volts. D'autre part, nous savons, § 30, que l'on peut évaluer à 1 coulomb la charge électrique portée par les électrons négatifs libres contenus dans un volume de métal de l'ordre du centimètre cube. Autrement dit, dans les conditions de l'expérience, la quantité d'électricité déversée en une seconde serait à peu près la quantité d'électrons libres comprise dans 1 centimètre cube du conducteur; ces électrons étant, bien entendu, remplacés au fur et à mesure par ceux de la source.

Nous arrivons donc à cette conception que 1 centimètre cube de métal peut renfermer à l'état d'électrons libres 1 coulomb d'électricité, à condition que tous ces électrons appartiennent à des ions présents dans le métal, à condition que tous ces électrons aient leurs ions conjugués. Dans ces conditions, les actions électrostatiques extérieures sont nulles, les ions électropositifs et les électrons électro-négatifs détruisant mutuellement leurs effets (§ 30).

Si maintenant à ce morceau de métal de 1 centimètre

cube nous voulons ajouter des électrons supplémentaires, ou bien si nous voulons en retirer de lui, nous nous apercevons aussitôt que nous sommes très limités dans cette opération. La capacité électrostatique des conducteurs est faible. Il suffit de moins de 1 milliardième de coulomb pour porter notre sphère de 1 centimètre cube à un potentiel de 1.000 volts.

C'est de cette considération qu'il faut partir pour comprendre la différence de grandeur des unités électrostatiques et des unités électrodynamiques, et pour expliquer la facilité d'obtenir statiquement de hautes tensions, et dynamiquement de grands débits. La théorie électronique en nous donnant une représentation facile du « fluide électrique » nous rend accessibles ces données que le raisonnement abstrait ou les équations de Maxwell mettent en lumière seulement pour les esprits très entraînés dans ces études.

39. — Quelques réserves sur la nature de l'électricité positive.

Dans ce qui précède nous avons supposé implicitement que pour obtenir un ion positif, il suffisait de retrancher un électron à un atome neutre. L'électricité positive est-elle bien cela? Faut-il la concevoir comme un état de l'édifice atomique privé d'un de ses éléments constituants ou bien a-t-elle une existence propre ; y a-t-il un corpuscule positif comme il y a un corpuscule négatif.

Si ce n'était pas devancer l'ordre des matières de notre étude, nous aurions ici à envisager le problème des électrons positifs : nous verrons plus loin que dans les tubes à vide soumis au passage d'un courant électrique on constate, d'une part, la présence des électrons négatifs toujours pareils à eux-mêmes, quel que soit l'atome dont ils proviennent, et d'autre part la présence d'ions positifs variables suivant leur origine matérielle; or, on a observé que dans certaines conditions les ions paraissent avoir une individualité uniforme et constitueraient ainsi une véritable unité électrique. Bien plus, l'existence même d'électrons positifs de même grandeur que les négatifs est regardée comme probable par un grand nombre de physiciens.

Ainsi nous nous retrouvons une fois de plus en présence de cette double hypothèse : ou bien il y a une unité positive et une négative, ou bien l'électron négatif est la seule unité d'électricité.

Si nous admettons une double unité fondamentale, comment nous faire une idée de cette dualité? Puis, partant de là, faut-il ensuite concevoir l'atome matériel comme formé par un arrangement de ces deux ordres d'unités? Faut-il attribuer aux électrons positifs un rôle dans le phénomène du courant électrique? Faut-il au contraire les laisser dans l'ombre toutes les fois qu'on peut se passer d'eux et ne les faire intervenir que quand les électrons négatifs sont insuffisants? Autant de questions auxquelles nous ne pouvons répondre pour le moment et que nous devrons laisser à peu près sans solution, après même que nous aurons terminé l'étude des radiations et de la radio-activité.

Si, au contraire, nous admettons qu'il n'y a qu'une unité d'électricité, l'électron négatif, comment concevoir la sphère positive de l'atome où évoluent les unités de lord Kelvin, comment concevoir le centre positif de

Lorentz, de Larmor, autour duquel évoluent, telles les planètes autour du soleil, les électrons en révolution? Vouloir préciser des hypothèses non contrôlables serait contraire à l'esprit scientifique : les découvertes se précipitent avec une rapidité telle que nous pouvons faire crédit à l'avenir et ne pas conclure dans l'incertain.

Pour le moment, il ne répugne en rien à la raison de s'en tenir aux conclusions provisoires suivantes : la plupart des phénomènes électriques s'expliquent par l'électron négatif. L'électron négatif paraît entrer dans la constitution de l'atome matériel et probablement l'atome est-il réductible en dernière analyse à un agglomérat d'électrons en mouvement. Le régime de ce mouvement, en rapport avec le nombre et l'architecture des électrons constituants, assure la stabilité de l'atome. Cet atome tout en restant stable peut perdre ou accaparer un ou plusieurs électrons ; dans le 1er cas, il nous apparaît comme chargé positivement ; dans le second comme chargé négativement. De même quand un conducteur est pris à l'état neutre et que par un artifice quelconque on lui soutire des électrons, il se présente à nous comme électrisé positivement ; si on lui en ajoute, il se présente comme chargé négativement. Tous les phénomènes électrostatiques d'influence, de répartition des charges etc., s'expliquent aussi bien dans l'hypothèse d'un fluide unique que dans l'hypothèse de deux fluides.

Que l'on admette ou non l'existence d'un électron positif, on en arrive donc à concevoir l'état neutre comme un état d'équilibre. L'adoption de deux unités ne nous apprendrait rien de plus sur sa nature.

Mais si nous voulons concevoir cet équilibre, nous

sommes forcés de faire entrer en jeu une donnée nouvelle : la notion des liens du corpuscule d'électricité et de l'éther. C'est à cette notion que nous allons consacrer les pages qui vont suivre.

40. — L'électron considéré dans ses relations avec l'éther qui l'entoure.

Nous avons dit § 10 que toute charge électrique isolée dans l'espace est entourée d'un champ électrique ; réduite à un point, elle peut être regardée comme le centre de divergence de lignes de force qui vont radialement à l'infini.

Si nous considérons non plus une charge quelconque telle que celle que nous donnerions statiquement à une sphère idéale de rayon infiniment petit, mais la charge parfaitement définie de l'électron, nous nous représentons facilement qu'un électron ε isolé dans l'espace rayonne tout autour de lui des lignes de force, qu'il est entouré d'un champ électrostatique.

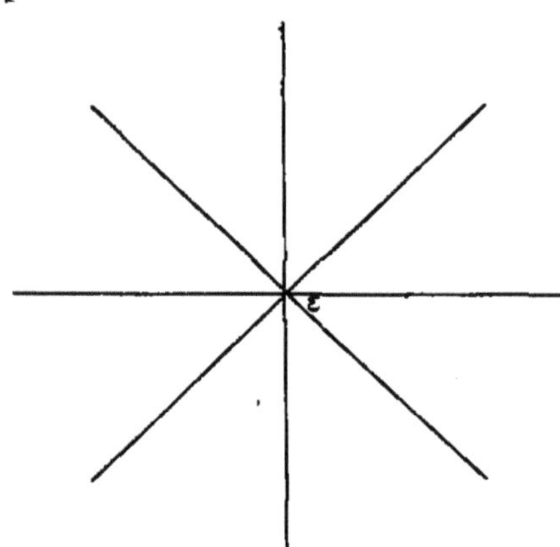

Fig. 13. — Les lignes de force de l'électron.

Pour se faire une idée plus précise de la charge électronique on peut provisoirement s'imaginer l'électron comme sphérique, et de la notion de sa masse et de sa charge tirer celle de son rayon (1). Ce rayon serait environ égal à deux millioniè-

(1) Le calcul indique que dans un milieu dont la perméabilité magnétique est égale à l'unité, l'énergie due au mouvement d'une

mes de $\mu\mu$ (le $\mu\mu$ est la millionième partie du millimètre), celui de l'atome étant de l'ordre de grandeur du dixième de $\mu\mu$. Nous reviendrons d'ailleurs sur ces données quand nous aurons étudié les radiations. Nous ne faisons que les énoncer ici pour fixer l'esprit sur l'ordre des grandeurs que nous envisageons.

Mais tout de suite l'esprit se heurte à une difficulté imprévue, le rayon de l'électron étant si petit et la charge étant relativement très grande (1,55. 10^{-20} *u. e. m*), si l'on admettait que la charge constituant l'électron fût composée d'éléments se repoussant les uns les autres comme nous sommes habitués à voir se repousser les éléments des charges électriques en général, on arriverait à cette

charge q distribuée à la surface d'une sphère de rayon a se mouvant avec une vitesse v est égale à $\frac{q^2v^2}{3a}$. Si la sphère possède en outre une masse matérielle m, elle a une énergie cinétique de $\frac{1}{2}mv^2$ Son énergie totale est donc :

$$\frac{1}{2}\left(m + \frac{2}{3}\frac{q^2}{a}\right)v^2.$$

C'est-à-dire qu'à la masse matérielle m s'ajoute une masse électromagnétique dont l'expression, tout au moins pour les petites vitesses, est $\frac{2}{3}\frac{q^2}{a}$. Les travaux d'Abraham ont permis de calculer la grandeur de la masse électromagnétique par rapport à la masse totale (masse matérielle et masse électromagnétique) d'un électron : elle lui est égale, et la masse matérielle est négligeable. L'électron nous apparaît ainsi comme dépourvu de masse matérielle. Cela posé et sachant que le rapport de la charge à la masse $\frac{q}{\mu}$ tiré de l'étude des rayons cathodiques est pour l'électron :

$$\frac{q}{\mu} = 1{,}878 \times 10^7$$

si l'on admet que la charge q est $1{,}55 \times 10^{-20}$ comme on le tire de l'étude des rayons β, on trouve pour rayon de l'électron :

$$a = 1 \text{ cm. } 94 \times 10^{-13}$$

(ce rayon serait $a = 2$ cm. 33×10^{-13} si l'on admettait que la charge se répartit non en surface sur l'électron, mais en volume).

conclusion que pour concentrer $1{,}55.\,10^{-20}$ *u. e. m.* environ sur une sphère dont le rayon est de l'ordre du millionième de $\mu\mu$, il faudrait une force de 5.10^{31} dynes-centimètres carrés ou 5.10^{22} tonnes-centimètres carrés (1)!

Cette difficulté tombe d'elle-même si l'on considère l'électron comme une unité réelle, indivisible, et si l'on explique les actions répulsives d'électron à électron comme résultant, non pas de forces inhérentes à la substance de l'électron, mais bien des rapports de l'électron avec le milieu qui l'entoure.

Dès lors que nous touchons à cette question, nous pénétrons dans un domaine nouveau. Nous allons être obligés de parler de ce milieu où s'agite l'électron, du milieu qui transmet l'énergie radiante et la gravitation à travers ce que nous appelons le vide absolu, le vide intersidéral, le vide artificiellement obtenu par les moyens mécaniques les plus parfaits. Nous allons aborder le problème de l'éther et nous allons être amenés à nous demander d'une part quelles sont les relations de l'électron avec l'éther ambiant, et d'autre part si l'électron est quelque chose d'indépendant de cet éther, ou bien s'il n'en est qu'un point particulier, une région différenciée par une manifestation de l'énergie, par le mouvement.

Mais si la première de ces questions est résolue par les découvertes de la science, par celles de la radiologie en particulier, la seconde est encore du domaine de la métaphysique, et quand nous parlons de région différenciée de l'éther, nous ne disons rien de plus que

(1) Cf. Drumaux. *Théorie corpusculaire de l'électricité*. Gauthier-Villars.

la philosophie ancienne quand elle dissertait sur les atomes crochus.

Les relations de l'électron et de l'éther se présentent à nous sous deux aspects différents; c'est d'une part, l'induction électrostatique et électromagnétique; c'est d'autre part, l'énergie radiante. Tel est le sujet à l'étude duquel nous allons consacrer le deuxième livre de ce volume, mais auparavant nous devons préciser une notion que nous n'avons rappelée que sommairement au § 19, c'est celle du champ magnétique que nous appliquerons aux révolutions particulaires de la matière. Cette notion est indispensable si nous voulons nous faire une représentation claire des phénomènes électromagnétiques dont nous allons aborder l'étude.

41. — Comment la notion de l'électron explique le magnétisme de la matière. Rappel de la théorie d'Ampère.

On sait qu'un solénoïde parcouru par un courant électrique est assimilable à un aimant avec son pôle nord et son pôle sud. La partie de l'espace comprise entre ses spires est le siège de lignes de force magnétique parallèles à son axe; ces lignes s'épanouissent au dehors et se ferment sur elles-mêmes à travers le milieu ambiant.

Or si l'on place dans l'intérieur de ce solénoïde un barreau de fer doux, il s'aimante lui-même et présente un pôle nord là où se trouve aussi le pôle nord du solénoïde et un pôle sud du côté opposé. L'intensité de son aimantation augmente d'ailleurs jusqu'à une certaine limite, puis reste constante. On dit alors que le fer est aimanté à saturation.

Quand le courant magnétisant disparaît, l'aimantation ne disparaît pas complètement, mais un simple choc, une aimantation inverse, ou diverses causes physiques font disparaître ce magnétisme rémanent. L'acier au contraire conserve presque indéfiniment l'aimantation acquise; pour la lui faire perdre, il faut créer un champ magnétique inverse très puissant. On sait qu'on appelle force coercitive, la force avec laquelle le fer ou l'acier s'opposent à la désaimantation, ou si l'on veut l'intensité du champ inverse qu'il faut créer pour détruire le magnétisme rémanent.

Le nickel et le cobalt présentent des propriétés analogues à celles du fer, mais à un degré beaucoup plus faible. Un grand nombre d'autres corps ne manifestent que d'une façon à peine perceptible les propriétés magnétiques (corps paramagnétiques).

Ce qui caractérise les substances ferro-magnétiques et paramagnétiques, c'est la tendance qu'elles ont à prendre la polarité magnétique du champ où on les place, de sorte que si l'on met l'un au bout de l'autre deux barreaux de fer par exemple dont l'un est déjà aimanté, le second s'aimante de même façon, c'est-à-dire que les pôles voisins de ces deux aimants sont de signe contraire et s'attirent.

Or, il y a des substances qui sont repoussées par les aimants. Le bismuth en est le type. Ces substances placées dans un champ magnétique s'aimantent en sens contraire du champ. Un barreau de bismuth placé au bout d'un barreau d'acier prend un pôle homologue en regard du pôle le plus voisin de celui-ci, de sorte que ces deux pôles se repoussent et le barreau de bismuth s'il est mobile autour de son centre de gravité, s'oriente perpendiculairement à la direction du champ.

Le bismuth et les corps analogues (plomb, antimoine, zinc, cuivre, sel marin, soufre, eau, substances organiques) sont dits diamagnétiques.

Voici comment Ampère expliqua le magnétisme. Autour de chaque molécule des corps, il admit l'existence de courants circulaires fermés sur eux-mêmes. Les plans de ces courants sont quelconques, quand la substance n'est pas aimantée, de sorte que la résultante extérieure est nulle.

Sous l'action d'un champ magnétique, ces petits solénoïdes élémentaires s'orientent et prennent une position d'équilibre de manière que leur axe est parallèle au champ. Le corps influencé devient ainsi un faisceau de solénoïdes dont les axes sont parallèles, sauf vers les extrémités, où par suite de la répulsion des pôles homologues, ils deviennent obliques vers l'extérieur et donnent l'aspect de lignes divergentes (fig. 14) (Jamin). Le résultat de cette particularité, c'est qu'un barreau ainsi composé de petits solénoïdes élémentaires a ses pôles à une petite distance des extrémités, tandis qu'un solénoïde de fil de cuivre a ses pôles aux extrémités de son axe. C'est bien ce qu'on observe dans la réalité : on sait que les pôles ne sont pas situés tout à fait aux bouts des aimants fixes.

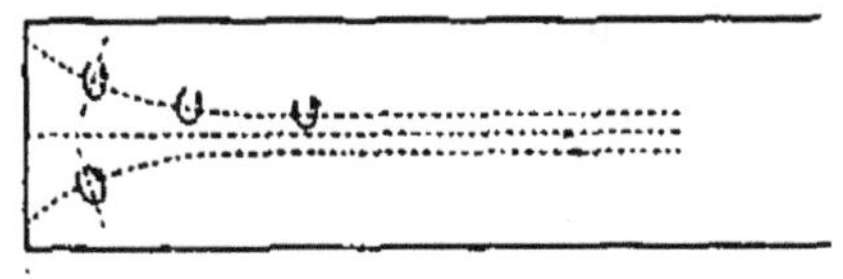

Fig. 14. — Aimant naturel.

La saturation magnétique s'explique d'elle-même par cette théorie : une fois que tous les petits solénoïdes sont orientés, il n'y a plus rien à gagner à augmenter la force orientante ou courant magnétisant.

C'était là une ébauche d'une théorie particulaire du magnétisme. Bien qu'hypothétique et presque fantaisiste, bien qu'impuissante à expliquer tous les faits observés, elle préparait le terrain à l'éclosion de la théorie qui devait prendre corps plus tard. Les travaux de Curie ont donné une base solide à cette théorie nouvelle que Langevin a formulée en 1905 et qui a reçu une expression d'une originalité toute spéciale avec le magnéton de P. Weiss.

42. — Les travaux de Curie sur les propriétés magnétiques de la matière.

Toutes les fois qu'on veut pénétrer le secret d'un phénomène ayant pour siège les particules dernières de matière, c'est-à-dire les molécules, les atomes ou les électrons, il est un problème qui se pose généralement. C'est le suivant : est-ce l'électron en révolution dans l'atome, ou bien est-ce l'atome ou la molécule en mouvement dans la substance considérée qui est la cause première du phénomène?

Or il est un critérium bien simple qui nous permet de différencier ces deux origines. Les mouvements de révolution intra-atomique de l'électron sont insensibles ou à peine sensibles aux variations de température (Cf. § 83). Au contraire, les mouvements atomiques et moléculaires sont fonction de la température absolue; ou si l'on veut, la température absolue n'est que l'expression de ces mouvements, mesurés par une unité conventionnelle.

Les propriétés magnétiques des corps sont-elles dues aux mouvements des électrons intra-atomiques ou aux mouvements des atomes et des molécules? La réponse se trouvera certainement dans l'étude des propriétés magnétiques des corps à diverses températures. Cette étude a été poursuivie par Curie avec une rigueur scientifique remarquable avant que les théories cinétiques de l'électron aient pris naissance, et à la veille du jour où la découverte des corps radio-actifs allait en préparer la genèse. Ses conclusions n'en ont peut-être que plus de poids, puisqu'elles n'étaient pas guidées par l'idée directrice d'une hypothèse séduisante.

Curie divise les corps en : *Diamagnétiques*; ce sont les corps simples ou composés les plus nombreux;

Ferro-magnétiques (ou fortement magnétiques); ce sont : le fer, le nickel, le cobalt, la magnétite Fe^3O^4, l'acier, la fonte, etc.

Faiblement magnétiques; ce sont : l'oxygène, le bioxyde d'azote, le palladium, le platine, le manganèse, les sels des corps ferro-magnétiques.

Mais, fait très important, on peut passer par transitions successives des corps ferro-magnétiques aux corps faiblement magnétiques; il suffit de chauffer le fer pour le rendre faiblement magnétique, comme l'a montré Faraday. Au contraire, aucun lien de passage, aucune transition n'existe entre les corps magnétiques (ou paramagnétiques) et les diamagnétiques.

Ainsi nous nous trouvons en présence de deux propriétés de la matière qui paraissent ressortir à des causes différentes. Les lois qui régissent la première ne s'appliquent pas à la seconde, et si nous recherchons la nature des phénomènes observés il faudra certainement ne pas fusionner leurs caractères respectifs.

43. — Diamagnétisme et Paramagnétisme d'après les travaux de Curie.

Curie a étudié les coefficients d'aimantation d'un nombre considérable de corps diamagnétiques ou paramagnétiques dans des champs d'intensité variable et à des températures variables depuis 0 à 1.400° environ. Ses résultats ont établi des différences fondamentales entre ces deux catégories de substances.

I. — Corps diamagnétiques. — Plucker avait déjà observé que le diamagnétisme de la stéarine, du soufre, du mercure est indépendant de la température et que celui du bismuth diminue quand elle s'élève. Les travaux de Curie ont établi d'une façon certaine que, pour l'eau, le sel gemme, le chlorure de potassium, le sulfate et l'azotate de potasse, le quartz, le soufre, le sélénium, le tellure, le brome, l'iode, le phosphore, le coefficient d'aimantation est le même à toutes les températures.

Il est le même aussi, quel que soit le champ magnétique entre 50 et 1.350 unités, c'est-à-dire que le rapport de l'intensité d'aimantation à l'intensité du champ magnétique est constant pour toute intensité de ce champ.

Ces corps ne présentent pas de magnétisme rémanent.

A ces lois nous devons apporter quelques restrictions. L'antimoine et le bismuth ont des coefficients d'aimantation variant avec la température.

Ainsi le bismuth à 20° a un coefficient de	$1{,}35.10^6$
— à 273°	$0{,}957.10^6$
et après fusion de 273° à 405°	$0{,}038.10^6$

On voit par ces chiffres un autre fait remarquable : le coefficient du bismuth devient 25 fois plus faible par la fusion, alors que la fusion est sans action pour l'iode, l'azotate de potasse, le soufre, etc. Le passage d'une forme allotropique à une autre est ordinairement sans influence : témoin le soufre prismatique et la fleur de soufre, qui ont le même coefficient que le soufre octaédrique. Cependant il n'en est pas toujours ainsi : le coefficient d'aimantation du phosphore blanc est différent de celui du phosphore rouge et l'antimoine électrolytique est moins diamagnétique que l'antimoine ordinaire.

A part ces exceptions, on peut dire que les substances diamagnétiques ont un coefficient d'aimantation spécifique indépendant de la température absolue.

II. — Corps ferro-magnétiques et paramagnétiques. — Wiedemann, puis Plessner avaient déjà observé que le coefficient d'aimantation diminue quand la température augmente, et que la variation est la même pour tous les sels magnétiques. Rowland, Bauer, Berson, Ledeboer, Hopkinson avaient établi que pour des champs magnétiques faibles, il y a d'abord en général une augmentation du coefficient d'aimantation avec la température, puis une diminution, plus ou moins brusque, suivant les cas.

Les travaux de Curie ont établi en premier lieu que les corps faiblement magnétiques, de même que les diamagnétiques, ont un coefficient d'aimantation indépendant de l'intensité du champ pour des champs compris entre 100 et 1.350 unités.

Ils ont établi en second lieu que le coefficient d'aimantation K de chacun de ces corps diminue quand la température augmente de telle façon que le produit KT est une constante pour chacun d'eux, T étant la température absolue. Autrement dit, le coefficient d'aimantation est inversement proportionnel à la température absolue.

Cette loi se vérifie pour l'oxygène, le palladium, les sels de fer, de nickel, de cobalt, de manganèse, etc.; et pour le fer lui-même entre 9.250° et 12.800°, c'est-à-dire quand, par l'élévation de température, il est passé du groupe ferro-magnétique au groupe faiblement magnétique. D'après MM. Dubois et Houda, la plupart des corps simples donnent des écarts à cette loi (1).

Lorsqu'on chauffe un corps ferro-magnétique, on constate des variations brusques du coefficient d'aimantation correspondant certainement à des bouleversements moléculaires et si l'on élève suffisamment la température, le coefficient d'aimantation arrive à une valeur très basse de l'ordre de grandeur des corps faiblement magnétiques; à ce moment, il varie en raison inverse de la température absolue, comme chez ces derniers.

Ainsi le fer présente son point de transformation magnétique vers 745°. Son coefficient d'aimantation baisse subitement dans des proportions considérables. Il continue ensuite à s'abaisser rapidement jusqu'à 925° environ. Puis entre 925° et 1.280°, le fer se comporte comme un corps faiblement magnétique.

M. Langevin a illustré par une image matérielle les conclusions de Curie sur la nature différente du para magnétisme et du diamagnétisme.

(1) *Proc. Ac.* Amsterd. T. XII, p. 596, 1910.

44. — Théorie cinétique du diamagnétisme et du paramagnétisme de Langevin. Le magnéton de P. Weiss.

Le diamagnétisme, d'après M. Langevin, est une propriété atomique générale de la matière ; il a sa cause dans l'influence du champ magnétique extérieur sur les révolutions de l'électron dans l'atome. Il n'est pas influencé par l'agitation des atomes et des molécules et est par conséquent indépendant de la température absolue.

Le phénomène de Zeemann que l'on regarde aujourd'hui comme tout à fait général n'en est qu'une manifestation (Cf. § 79).

Quant au paramagnétisme, il l'explique de la façon suivante : chaque atome renferme un grand nombre d'électrons gravitant autour de son centre. Chaque électron, en tant que charge électrique, donne ainsi lieu à un champ magnétique et son orbite, comme une bobine plate, présente un moment magnétique.

La combinaison des moments magnétiques des électrons dans l'atome peut donner une résultante différente de zéro. Autrement dit, l'atome ou la molécule peuvent avoir un moment magnétique global. En ce cas, un champ magnétique aura prise sur lui; on se trouvera en présence du paramagnétisme. Si au contraire la symétrie des orbites électroniques dans l'atome donne une résultante égale à zéro, le champ magnétique extérieur n'aura aucune prise sur l'orientation moléculaire ; son action se bornera à influencer les orbites électroniques : on se trouvera en présence du diamagnétisme.

Ainsi, d'après M. Langevin, le paramagnétisme est constitué par l'existence d'un moment magnétique atomique ou moléculaire, résultante des moments élémentaires.

Avec M. P. Weiss, nous allons plus loin. En étudiant les moments magnétiques atomiques d'un grand nombre de corps ferro-magnétiques ou paramagnétiques, cet auteur a en effet observé que si le même atome ne possède pas un moment magnétique unique, les valeurs de ces divers moments ont entre elles des rapports rationnels : on peut trouver entre elles une partie aliquote commune. De plus, si on compare ces sous-multiples des moments magnétiques de métaux différents, on trouve qu'ils sont représentés par le même nombre : c'est le sous-multiple commun à tous les atomes. Il appelle magnéton-gramme la partie aliquote commune aux moments magnétiques des atomes-grammes, et en divisant cette quantité par la constante d'Avogadro $68{,}5 \times 10^{22}$, on obtient le moment magnétique de l'aimant élémentaire ou *magnéton*.

Les magnétons seraient donc un élément constituant de l'atome magnétique, et probablement de tous les atomes, même diamagnétiques. On conçoit qu'il puisse se révéler dans des circonstances d'orientation particulière et pas dans d'autres par des propriétés magnétiques globales de la molécule ou de l'atome.

Cette conception du moment magnétique élémentaire pourra un jour éclairer des phénomènes encore très mystérieux. Si les valences chimiques nous apparaissent comme liées à la présence ou au déficit d'un ou plusieurs électrons, en plus ou en moins dans l'édifice le plus stable d'un atome, l'essence même de l'affinité atomique nous échappe. Les forces chimiques, dit

P. Weiss, ne seraient-elles pas des attractions d'aimants élémentaires? Ne savons-nous pas déjà, en effet, que les valences sont vraisemblablement une fonction électronique?

Malgré toute l'obscurité qui entoure encore la conception de l'atome et de la molécule, agrégat d'électrons en révolution perpétuelle sur leurs orbites, malgré la difficulté qu'il y a à se représenter le moment magnétique atomique comme la somme algébrique des moments élémentaires de quelques électrons et non comme la résultante composée suivant les lois de la mécanique des moments de tous les éléments constituants, les nouvelles données de la théorie cinétique du magnétisme semblent devoir ouvrir des voies nouvelles à la connaissance de la matière. N'est-ce pas elle qui nous éclairera bientôt sur la question que nous avons forcément laissée en suspens tout à l'heure : la conception de l'état neutre des atomes stables. Tous ces grands problèmes sont solidaires. La prudence scientifique nous commande de différer la solution prématurée de l'un jusqu'à ce que la lumière se répande à la fois sur tous les autres.

Tous ces problèmes ont fait converger nos préoccupations vers ce milieu impondérable et mystérieux où s'extériorisent les forces élémentaires de la matière. C'est là que nous devons avant tout pousser une reconnaissance ; c'est à l'étude des phénomènes de l'éther que nous devons nous consacrer à présent.

LIVRE II

L'ÉTHER ET LES RADIATIONS

CHAPITRE PREMIER

L'éther.

45. — L'existence de l'éther.

Tout le monde sait que la lumière, et en général toutes les radiations, se propagent à la vitesse de 300.000 kilomètres environ à travers les espaces vides de matière.

Elles s'y propagent par un mécanisme que la science expérimentale nous dit être une vibration, une oscillation qui s'exécute perpendiculairement à la direction de la propagation.

Si une étoile du ciel venait à disparaître, les vibrations lumineuses déjà lancées dans l'espace continueraient à se propager, si bien que l'étoile serait encore visible des mois, des années, des siècles, après son extinction, pour un observateur placé comme nous le sommes à quelques trillions ou à quelques centaines de trillions de lieues. Autrement dit, alors que la cause produisant la lumière aurait disparu, les oscillations qui la constituent, se propageraient encore jusqu'à l'infini, comme à la surface de l'eau qu'a frappée une pierre existent encore des ondes circulaires quelque temps après que la cause perturbatrice a cessé d'agir.

Or pour qu'une oscillation existe dans les espaces vides, pour que dans certains cas on constate son existence alors même que la cause qui l'a produite a cessé d'agir, il faut quelque chose qui oscille, ce quelque chose, ce milieu impondérable, siège des ondes lumineuses, c'est l'éther des physiciens.

On sait aujourd'hui que les forces électromagnétiques se propagent à travers l'éther et que les radiations n'en sont qu'un cas particulier. On sait que les forces électromagnétiques se révèlent comme étant des états de tension de l'éther distribués suivant les lignes de force, et que l'on ne peut guère définir l'unité élémentaire de charge électrique autrement que comme le lieu singulier, la région particulière de l'espace d'où divergent ces lignes de force.

La gravitation elle-même, cette force plus mystérieuse que toutes les autres et qui, plus qu'elles, échappe encore à nos procédés d'investigation, paraît avoir son siège dans l'éther, et ainsi, avec les progrès de la science, l'éther nous apparaît comme le milieu universel, source et siège de toutes les énergies, le milieu d'où surgissent par suite de certains phénomènes dynamiques ou cinétiques, l'unité d'électricité, puis l'unité de matière et où retournent ces unités quand l'équilibre énergétique nécessaire à leur existence individuelle a disparu.

Sans aller trop loin dans ces conceptions, sans franchir les limites de la science positive et sans risquer de tomber dans les hypothèses nébuleuses de la métaphysique, nous pouvons aujourd'hui pénétrer la mécanique de l'éther. Nous arrivons ainsi à ce résultat qui peut paraître inconcevable à première vue : nous arrivons à déterminer les propriétés et les lois d'une chose dont l'existence est hypothétique, dont l'existence tout au moins ne peut être directement prouvée.

L'éther ne tombe pas sous nos sens, l'éther échappe à toute représentation objective, parce que l'esprit humain ne peut se représenter objectivement que ce qui est matière. Il ne se révèle que par des propriétés et par des phénomènes dont il est le siège. Mais il faut avouer que ceux-là mêmes qui refusent à l'éther une existence objective, sont obligés d'admettre des forces sillonnant le néant; il est difficile de voir la différence entre des mots que l'on ne peut définir : l'idée d'un éther, siège de mouvements, ou celle du néant rempli de lignes de force s'offrent à nous avec le même caractère : l'inaccessible, l'incompréhensible.

Dès lors qu'on cherche à appliquer à l'éther les principes de la mécanique matérielle, dès lors qu'on cherche à assimiler les propriétés de l'éther à celles de la matière, on se trouve entraîné à des inconséquences. Quand on raisonne sur les propriétés de l'éther, il faut, a dit un de nos grands physiciens contemporains, s'habituer à « penser en éther », et pour cela il faut d'abord étudier ses propriétés, telles qu'elles nous sont accessibles. La connaissance des propriétés et des lois accessibles est un commencement d'intelligence.

Il est utile avant tout de voir comment cette idée de l'éther est née dans le cerveau humain.

46. — L'idée de l'éther dans l'histoire de la science. La théorie de Newton.

Ce n'est guère antérieurement à l'époque newtonienne qu'on peut faire remonter la notion physique de l'éther. Si les anciens avaient conçu parfois quelque chose d'extrêmement fluide et impondérable, un feu éthéré comme substratum et âme de la matière, ce n'est pas dans ces conceptions vagues qu'il faut chercher les bases de la théorie actuelle. Tout au plus peut-on trouver dans l'antiquité l'origine du mot que les physiciens des trois siècles derniers ont adopté.

La genèse de la théorie rationnelle de l'éther est intimement liée à celle de la notion de la lumière regardée comme une chose immatérielle ou un phénomène dynamique. D'après L. Bloch (1), ce serait Léonard de Vinci, le peintre de la *Joconde* et de la *Cène*, célèbre aussi comme sculpteur, comme musicien, et non moins grand physicien pour son époque, qui aurait le premier émis l'hypothèse ondulatoire de la lumière (1452-1519). Antoine de Dominis et Marcus Marci dans la première partie du XVIIe siècle, soutinrent cette idée que la lumière est quelque chose d'indépendant de la matière, mais capable de se concentrer en la touchant et en la pénétrant, d'où les phénomènes de réfraction et même de couleur, la couleur résultant d'après Marcus Marci de son plus ou moins grand degré de concentration; puis Galilée, reprenant la thèse de Léonard de Vinci, chercha à démontrer, par les effets mécaniques de la lumière, sa nature ondulatoire et lui attribua une

(1) L. Bloch, *La philosophie de Newton*, Alcan, 1908.

vitesse de propagation supérieure à celle du son (1564-1642).

A partir de ce moment, la théorie ondulatoire de la lumière se précise de plus en plus, et, au commencement de la deuxième moitié du XVIIe siècle, on commence à savoir que les phénomènes de diffraction, c'est-à-dire les alternances d'ombre et de lumière qui se produisent quand un rayon lumineux traverse une fente étroite, sont assimilables aux interférences du son (Grimaldi). Hooke, s'appuyant sur ces données, admet que le monde est composé de matière et de mouvement, et regarde le mouvement comme pouvant être l'origine de la matière. Il ramène ce mouvement à une ondulation d'un milieu uniforme. Mais la théorie ondulatoire de la lumière reçut de Huyghens sa première formule précise (1629-1697). A ce moment se produisit le conflit fameux de cette théorie avec celle de l'émission. Le problème de l'éther était posé.

Si l'idée de l'éther est née surtout de l'étude de la lumière, elle sortit en partie aussi de celle de la gravitation. La gravitation a suscité l'idée d'un milieu reliant les zones matérielles de l'univers : Kepler (1571-1630) regarde l'attraction planétaire comme due à des liens très ténus traversant les espaces vides; et Borelli discute deux hypothèses qu'il met en parallèle : selon la première, les planètes seraient entraînées par des courants d'éther tourbillonnant autour du soleil; selon la deuxième, il n'y a rien dans les espaces vides que des attractions à distance et des mouvements dont le siège unique est la matière tangible.

C'est avec Newton (1642-1727) que l'hypothèse de

l'éther prend réellement corps, et l'on ne connaît pas assez, en général, les idées de ce savant dont est restée surtout célèbre la controverse avec Huyghens et Hooke, sur la nature de la lumière. On sait que Newton est regardé comme le partisan irréductible de l'émission, tandis que Hooke et Huyghens soutenaient la théorie ondulatoire. Si l'on se bornait à cette notion historique, on ferait volontiers de Newton le premier adversaire sérieux de la théorie du milieu ondulant, de *l'éther*, alors que c'est à lui que revient l'honneur d'avoir édifié sur des bases solides la conception de cette théorie (1).

Newton, en effet, a écrit deux sortes d'ouvrages; les uns présentent une rigueur mathématique absolue et ne font entrer en ligne de compte aucune hypothèse. D'autres, d'allure plus philosophique, pénètrent la nature des choses et l'on peut trouver dans ses *Quæstiones opticæ*, l'exposé de toute la théorie de l'éther telle qu'il la conçoit; bien plus, on y voit que Newton devient de plus en plus partisan de la théorie ondulatoire, et il admet que les corpuscules de matière projetés par les corps incandescents et constituant la *substance de la lumière* peuvent provoquer des ondulations de l'éther; c'est par ces ondulations, précédant la particule matérielle, que Newton explique les phénomènes d'interférence et rend compte du remarquable phénomène des anneaux.

Pourquoi Newton a-t-il conservé l'idée corspusculaire,

(1) L'histoire de Newton est des plus instructives. L'étude qu'en a faite L. Bloch (*La philosophie de Newton*, Alcan, 1908) est à lire si l'on veut avoir une idée exacte de la genèse de la théorie de l'éther et de l'état de la science à cette époque. Nous n'en donnons ici qu'un aperçu.

l'idée d'émission, alors qu'il était obligé d'avoir recours à l'ondulation simultanée de l'éther? C'est d'abord, parce qu'il ne voyait que ce moyen pour expliquer la propagation rectiligne; c'est ensuite qu'il ne concevait pas que la théorie ondulatoire à elle seule pouvait nous rendre compte des modifications subies par la lumière quand elle rencontre des particules matérielles.

Newton se représente l'éther comme pénétrant tous les corps; l'éther au voisinage de la matière est déformé, et sa densité est variable d'un corps à l'autre. Il place dans cette densité variable la cause de la cohésion moléculaire, de l'élasticité, etc. C'est l'éther qui fait la rigidité de la matière. C'est lui qui fait les attractions électriques et magnétiques. C'est lui qui est le siège de la gravitation. L'éther, d'après Newton, est moins dense dans la matière qu'à l'état libre; il est moins dense tout près des astres que loin d'eux : étant d'autant plus dense qu'il est plus éloigné des masses planétaires, il pousserait, en vertu d'un principe rappelant celui d'Archimède, la matière à se concentrer vers les centres des masses (pesanteur) et les astres à s'attirer (gravitation). Newton va plus loin. De la comparaison de la vitesse du son avec celle de la lumière 700.000 fois plus considérable, il conclut que la force élastique de l'éther est à celle de l'air comme le carré de 700.000 est à l'unité. Il admet donc que l'éther a une force élastique considérable en même temps qu'une viscosité presque nulle, ce qui lui fait croire qu'il se compose de particules excessivement ténues se repoussant avec une force considérable.

47. — La conception de l'éther depuis Newton.

L'étude des radiations, puis celle des phénomènes électromagnétiques, a fait remanier plusieurs fois la conception de l'éther. Mais ce qui domine les vicissitudes de cette conception, c'est que nous ne pouvons nous imaginer les attributs de l'éther qu'en faisant appel aux propriétés connues de la matière, et ces comparaisons nous amènent à des contradictions telles que beaucoup de physiciens préfèrent refuser toute existence objective à l'éther et se bornent à exprimer par des formules les phénomènes dont il est le siège ou dont il paraît être le substratum, sans se préoccuper d'autre chose que de la rigueur mathématique de leurs formules. L'éther devient alors inutile à leur avis. Et, d'après eux, s'il est vrai que, la lumière étant une ondulation, il faut quelque chose qui ondule, l'éther n'aurait de raison d'être que de fournir « un sujet au verbe onduler », comme le dit lord Salisbury dans son adresse présidentielle à l'Association britannique à Oxford!

De fait, dès qu'un physicien formule une opinion sur la viscosité, l'élasticité, la rigidité, la densité de l'éther, ou sur une propriété quelconque rappelant une propriété de la matière, il est assuré de rencontrer un contradicteur.

Quoi qu'il en soit, depuis les travaux mémorables de Newton, et en moins de deux siècles, l'éther a fait son chemin. Sous l'impulsion des Thomas Young, des Fresnel, de la pléiade des physiciens qui s'attachèrent à la théorie ondulatoire de la lumière d'une part, et d'autre part grâce aux découvertes des Faraday, des Ampère, qui préparaient l'éclosion de l'électromagnétisme, une synthèse inattendue allait devenir possible. Le siècle suivant allait offrir à l'intelligence humaine la conception d'un éther universel, siège des champs électriques et magnétiques; les variations de ces champs allaient expliquer les actions électriques à distance et les phénomènes lumineux : Maxwell publiait sa théorie électromagnétique de la lumière, et mettait « l'éther en équations »; Hertz donnait une preuve expérimentale frappante de l'exactitude de cette théorie.

Nous allons à présent étudier le problème de l'éther sous les deux aspects qui le rendent accessible à la science expérimentale; nous envisagerons d'abord l'éther comme agent transmetteur des radiations vraies; nous l'étudierons ensuite comme siège des champs électrique et magnétique et des phénomènes d'induction; et nous montrerons comment le génie de Maxwell a établi le lien qui unit ces différents phénomènes.

48. — L'éther, véhicule de l'énergie radiante. Radiations vraies. Radiations d'émission.

On sait aujourd'hui qu'il existe dans la nature deux espèces de radiations : les radiations vraies constituées par la transmission d'un mouvement ondulatoire et les radiations d'émission qui sont les trajectoires de particules électrisées cheminant avec une vitesse moins grande que celle de la lumière, mais du même ordre de grandeur.

Les radiations vraies les plus importantes, celles qui nous sont connues de toute mémoire d'homme, celles qui sont perçues par l'œil humain comme par l'œil de la plupart des animaux, ce sont les radiations lumineuses. Nous savons déjà qu'il n'y a guère que deux siècles que la science est fixée sur leur véritable nature. L'hypothèse de l'émission n'a cédé le pas à celle de la vibration qu'après les grandes controverses du siècle de Newton. Actuellement, l'observation de certains faits et, en particulier, de la pression qu'exerce un rayon lumineux sur les surfaces matérielles qu'il rencontre, fait admettre un certain déplacement dans le sens du rayon, et ce déplacement de quelque chose évoque dans une certaine mesure la vieille doctrine de l'émission : les duels d'idées, dans la science, ne laissent jamais le vaincu tout à fait désarmé.

A côté des radiations lumineuses prennent place parmi les radiations vraies, les rayons infra-rouges, les rayons de Rubens, les rayons hertziens de la télégraphie sans fil, qui s'échelonnent en deça du rouge; les rayons ultra-violets et très probablement les rayons X et les rayons γ du radium, qui s'échelonnent au-delà du violet.

Si nous disons que ces radiations variées *s'échelonnent*, formant comme une vaste gamme, c'est qu'un de leurs caractères, le plus important de tous, permet de les classer ; c'est leur *longueur d'onde*. Il faut que l'on ait bien présente à l'esprit la notion de longueur d'onde, si l'on veut comprendre la diversité d'effets des radiations variées.

L'image matérielle la plus simple qu'on puisse en donner est celle de la propagation des oscillations transversales imprimées à une corde tendue. Donnons un coup de canne sur cette corde perpendiculairement à son axe; nous voyons une ondulation se propager depuis le point frappé jusqu'à l'extrémité. Chacun des points matériels de la corde, considéré individuellement, oscille donc autour de sa position d'équilibre. Chacun d'eux exécute son oscillation complète dans le même temps, et c'est ce temps qu'on appelle la période de l'oscillation. Chacun d'eux l'exécute un peu en retard sur le point matériel qui le précède immédiatement, de sorte que tel point, placé à quelques millimètres du point frappé ne commence son mouvement que quelques fractions de seconde après le point frappé et ne revient à sa position d'équilibre que quelques fractions de seconde après celui-ci. Tout le long de la corde, les points matériels qui la composent se trouvent ainsi, à des moments différents, à des phases différentes de leur mouvement oscillatoire. Une fois le mouvement établi, on trouve donc forcément, à des intervalles réguliers, des points matériels qui sont à la même phase de leur oscillation. On trouve en particulier des points, séparés par cet intervalle caractéristique, qui sont à la position ini-

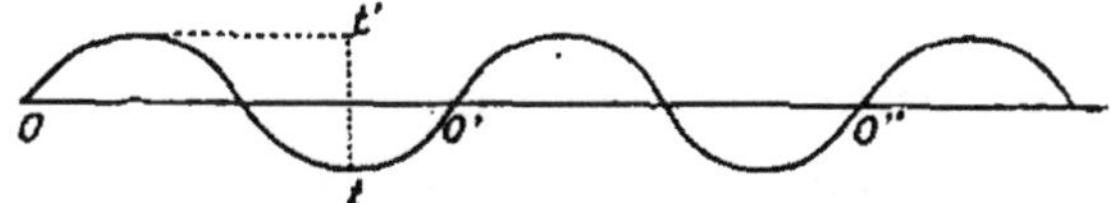

Fig. 15. — Image de la propagation d'un mouvement oscillatoire.

tiale d'équilibre, et si l'on prenait un instantané de la corde au moment où le premier point frappé O repasse par sa position d'équilibre, on aurait une image rappelant la courbe représentée par la figure 15. Les points O'O", repassent au même moment que O et dans le même sens par la position d'équilibre. Les distances égales OO′, O′O″,... etc., sont ce qu'on appelle *les longueurs d'onde*. Le temps que met chaque point tel que *t*, pour passer de *t* en *t′* puis de *t′* en *t*, est ce que nous avons appelé ci-dessus *la période*.

Sans rien préjuger de la nature de l'éther et en se gardant bien de matérialiser l'image que nous allons donner d'une radiation, on peut se représenter l'éther, ainsi que tout milieu élastique d'ailleurs, comme formé de points singuliers pouvant se déplacer les uns par rapport aux autres, mais tendant à reprendre leur position d'équilibre. Si l'on se figure une file de points singuliers suivant l'axe de la radiation, ces points singuliers peuvent être assimilés aux points matériels de notre corde.

A un bout de la file, il y a une perturbation rythmique qui entretient le mouvement, comme si à l'extrémité de notre corde on donnait des coups de canne sur cette corde d'une façon synchrone à l'oscillation *tt′*. Cette perturbation rythmique, c'est, d'après les données nouvelles de la science, la perturbation des champs électriques et magnétiques occasionnée par les oscillations des électrons liés aux atomes matériels.

Les longueurs d'onde mesurées le long de la file de points singuliers sont de $0^{\mu},4$ à $0^{\mu},8$ depuis le violet jusqu'au rouge, et les périodes *tt′* sont environ $\frac{1}{375}$ de la trillionième partie d'une seconde pour le rouge et $\frac{1}{750}$ pour le violet, la durée d'une oscillation étant le quotient de la longueur d'onde par la vitesse de la propagation.

Il y a peu de temps encore on ne connaissait que ces radiations de la gamme lumineuse dont les longueurs d'onde sont comprises entre 0μ,4 et 0μ,8. Aujourd'hui l'infra-rouge, les rayons de Rubens et les rayons hertziens ont étendu la gamme presque sans lacune depuis 0μ,8 jusqu'à plusieurs centimètres, plusieurs mètres, plusieurs kilomètres. Quand on arrive ainsi aux grandes longueurs d'onde, on entre d'emblée dans le domaine des phénomènes d'induction électrique. D'autre part, l'ultra-violet a complété la gamme en haut, et les radiations nouvelles : les rayons X, les rayons γ du radium, qui pourraient bien n'être constitués que par une pulsation unique, extrêmement rapide, imprimée à l'éther, prendraient place bien au-delà de l'ultra-violet.

Telles sont les radiations vraies.

Quant aux radiations d'émission, elles sont représentées par les rayons α et β du radium et des corps radio-actifs, et par les rayons cathodiques et les rayons-canaux des tubes à vide.

Les rayons β et les rayons cathodiques sont constitués par des particules chargées négativement, plus précisément par *des électrons* cheminant avec des vitesses variables, mais de l'ordre de celle de la lumière, quoique toujours inférieures à elle.

Les rayons α et les rayons-canaux sont constitués par des particules chargées positivement, probablement par des ions, ou atomes matériels privés d'un ou plusieurs électrons, et cheminant à une vitesse moins grande que les électrons. Nous savons déjà que dans certaines conditions expérimentales, les rayons positifs paraissent constitués par des unités de l'ordre de grandeur des électrons et que le problème de l'unité positive d'électricité reste encore sans solution rigoureuse.

En résumé, voici le tableau des radiations connues actuellement :

Radiations vraies (Oscillations transversales de l'éther).		*Radiations d'émission* (Projection de particules électrisées).	
Rayons γ......	λ de l'ordre du $\mu\mu$	Rayons β	à charge négative.
Rayons X.....		R. cathodiques	
R. ultra-violet.	$\lambda < 0 \mu 4$		
R. visibles.....	$\lambda = 0 \mu 4$ à $0 \mu 8$		
R. infra-rouge.	$\lambda > 0 \mu 8$	Rayons α	à charge positive.
R. de Rübens..	$\lambda < 60 \mu$	R. canaux de Goldstein.	
R. hertziens....	$\lambda > 5$ m/m		

Nous allons voir combien l'étude de ces deux groupes de radiations a été féconde, et combien elle a apporté d'éléments précieux à la solution du problème de la matière. Mais avant d'aborder cette étude, nous devons préciser les raisons pour lesquelles les radiations vraies, les radiations lumineuses en particulier sont regardées comme un mouvement vibratoire, et pourquoi de ce fait elles conduisent à la théorie de l'éther.

49. — Raisons pour lesquelles on regarde les radiations vraies comme une ondulation transversale de l'éther. Première raison : Réfraction de la lumière.

Pourquoi les radiations vraies, et en particulier les radiations lumineuses, sont-elles aujourd'hui regardées comme une ondulation de l'éther? Plusieurs raisons ont fait rejeter la théorie de l'émission et ont fait adopter l'hypothèse ondulatoire. Nous allons voir les principales : la première est tirée de l'étude de la réfraction.

1° On sait que quand un rayon lumineux passe de l'air dans l'eau, il change de direction ; il se rapproche de la normale. Après avoir suivi la direction AB dans l'air, ou en général dans le milieu le moins dense, il prend la direction BC dans l'eau, ou en général dans le milieu le plus dense, et l'on sait que, quelle que soit l'inclinaison de AB, quel que soit l'angle incident i, la direction du rayon réfracté est toujours parfaitement définie par rapport à celle du rayon incident.

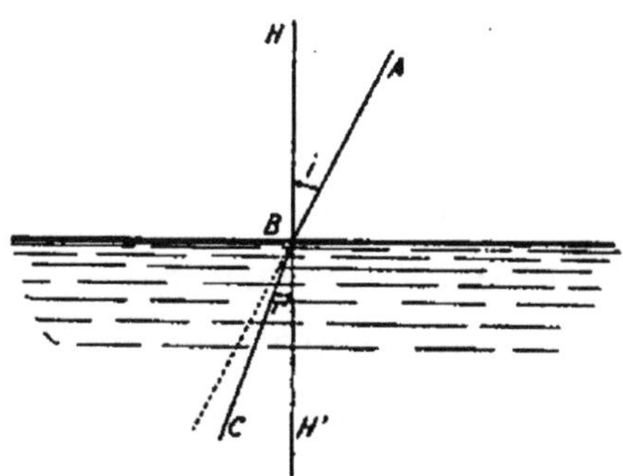

Fig. 16. — Réfraction.

Le rayon réfracté reste dans le plan normal du rayon incident, et l'angle de réfraction r est lié à l'angle d'incidence i par une relation que Kepler avait imparfaitement exprimée par la formule $\frac{i}{r} = constante$. et à laquelle Descartes donna son expression exacte :

$$\frac{\sin i}{\sin r} = \text{constante}.$$

Cette constante est caractéristique de chaque couple de milieux, et si l'on prend conventionnellement pour milieu le moins dense l'air atmosphérique ou le vide, le rapport $\frac{\sin i}{\sin r}$ est ce qu'on appelle *l'indice de réfrac-*

tion du deuxième milieu par rapport à l'air, ou l'indice absolu (par rapport au vide).

Si la lumière n'était pas un mouvement ondulatoire, si l'hypothèse de l'émission était exacte, l'angle r ne pourrait qu'être supérieur à l'angle i, si la densité de l'éther est, comme cela semble établi, supérieure dans les corps transparents à ce qu'elle est dans le vide, et l'indice de réfraction $\frac{\sin i}{\sin r}$ devrait être plus petit que l'unité.

Dans la réalité, c'est toujours le contraire qui a lieu, et nous allons voir que la théorie ondulatoire rend parfaitement compte de ce fait.

Tout d'abord, nous devons nous bien représenter ce qui se passe quand une ondulation rencontre une surface séparant deux milieux élastiques de densité différente.

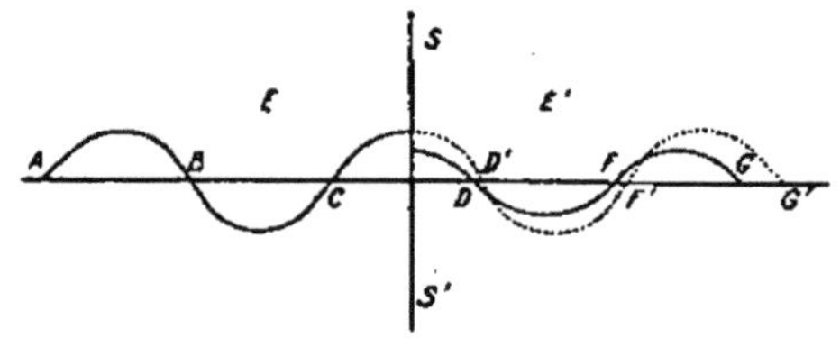

Fig. 17.

ABC. Mouvement ondulatoire incident.
DFG. Mouvement ondulatoire dans le 2e milieu.
D'F'G' la courbe que donnerait le mouvement, si les milieux E et E' étaient identiques.

Soit le mouvement ondulatoire ABC (fig. 17) se propageant de gauche à droite et rencontrant normalement la surface SS' de séparation des milieux E, moins dense, et E', plus dense. Considérons le moment où la demi-onde CD rencontre la surface de séparation SS' au niveau de sa protubérance (c'est-à-dire de son ordonnée maxima) ; une partie de l'onde revient en arrière, est réfléchie ; l'autre partie se continue dans le milieu E'.

Dire que cette autre partie se continue dans le milieu E', c'est dire que les points singuliers du milieu E' vont être mis en vibration de proche en proche comme l'étaient ceux du milieu E. Leurs oscillations ne pourront qu'être en résonnance avec celles du 1er milieu sans quoi, s'il n'y avait pas synchronisme, le mouvement ne saurait être entretenu. Donc la période oscillatoire sera la même dans les deux milieux. Mais le milieu E' étant supposé plus dense, cela implique que les points singuliers de ce milieu sont plus serrés que ceux du milieu E ; donc la longueur d'onde sera plus petite et la vitesse de propagation du mouvement ondulatoire sera plus faible aussi. C'est ce que confirme l'expérience.

Il suffit donc d'admettre que l'éther est inégalement dense dans les corps matériels et qu'il est d'une façon générale plus dense dans la matière qu'en dehors d'elle pour que le phénomène du changement de vitesse devienne intelligible. Diminution de vitesse de propagation de la lumière en passant du vide dans les corps transparents implique plus grande densité de l'éther dans ces corps, ce que confirme l'étude du pouvoir inducteur spécifique en électricité.

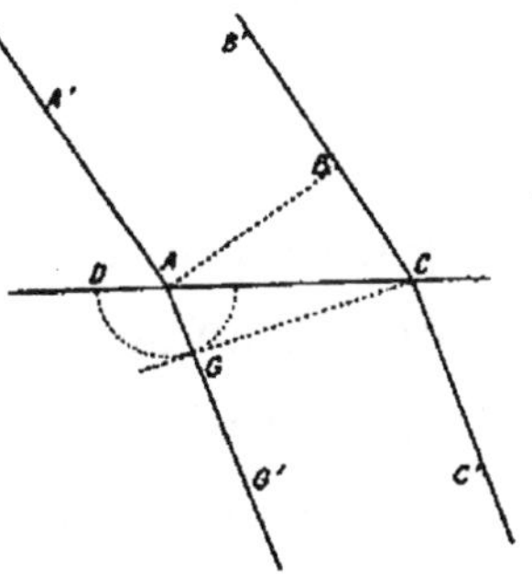

Fig. 18. — Explication du changement de direction du rayon réfracté.

Cela posé, allons plus loin. Supposons qu'une onde

lumineuse au lieu de tomber normalement sur la surface de séparation tombe obliquement sur elle (fig. 18).

Si le centre de perturbation est très éloigné de la surface, on peut considérer comme plane une petite fraction AB du front de l'onde sphérique qui se propage dans toutes les directions de l'espace, et si nous figurons graphiquement une tranche de ce faisceau conique, les rayons A'A, B'B qui la limitent peuvent être regardés comme parallèles.

Si, comme nous l'avons fait jusqu'ici, nous nous représentons ces rayons comme des files de points singuliers de l'éther oscillant transversalement, les points A et B des deux files AA' BB' sont à tout moment à la même phase de leur oscillation. Par conséquent tandis que le mouvement oscillatoire de la file B'B se transmettra de B en C dans le 1er milieu, le mouvement de A'A parcourra dans le même temps un certain espace du 2e milieu, et cet espace sera inférieur à BC, la vitesse y étant plus faible. La distance parcourue sera par exemple égale à la longueur AD. Traçons une circonférence avec A pour centre et AD pour rayon ; le front d'onde passera à la fois par un point de cette circonférence et par C au même moment : ce sera la ligne CG qui représentera le front d'onde. Toutes les files de points singuliers du 2e milieu qui nous donnent l'image du rayon linéaire seront perpendiculaires à CG. On voit dès lors que AG' et CC' seront plus rapprochées de la normale que A'A et B'B.

Vitesse diminuée et *angle de réfraction plus petit que l'angle d'incidence* sont donc les corollaires de *densité plus grande du second milieu.*

Dans l'hypothèse de l'émission, il faudrait qu'on ait

densité plus faible, d'où vitesse plus grande, ce qui est contraire aux déductions des différentes branches de la science (1).

50. — Les autres raisons de la théorie ondulatoire. Polarisation. Interférences. Diffraction.

On sait que si l'on fait tomber un faisceau de lumière monochromatique, un faisceau jaune par exemple, sur certains cristaux, tels que la tourmaline, on recueille à la sortie un faisceau qui, à première vue, ne diffère pas du premier, mais qui, à un examen plus approfondi, se présente comme totalement différent. En effet, si l'on place sur son trajet une seconde tourmaline, suivant son orientation, elle le laisse passer ou l'éteint.

Le Professeur G. Weiss, dans ses cours de la Faculté de médecine, a employé souvent une image pittoresque pour faire comprendre ce phénomène. « Supposez, dit-il à ses élèves, que vous ayez une canne en main et que, la tenant par la poignée, vous fassiez décrire à son extrémité les oscillations les plus désordonnées : balancement de droite à gauche, de haut en bas, rotation en

(1) Notons en passant que les chemins parcourus BC et AG sont dans le rapport :

$$\frac{BC}{AG} = \frac{V}{V'}$$

V et V' étant les vitesses dans le 1er et dans le 2e milieu, or (fig. 18 *bis*).

$BC = d \sin i$ et : $AG = d \sin r$

d'où la relation fondamentale :

$$\frac{\sin i}{\sin r} = \frac{V}{V'}$$

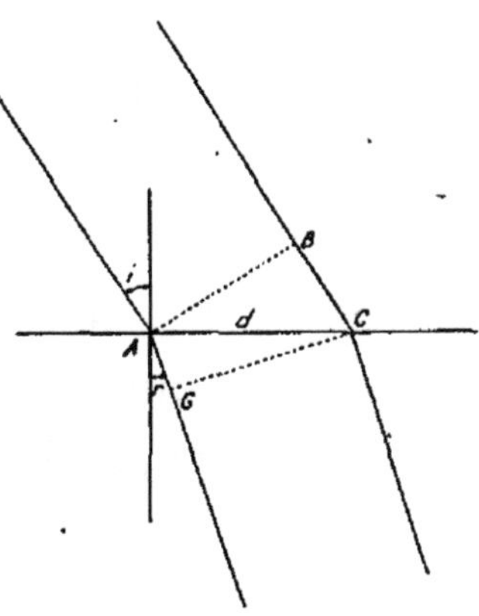

Fig. 18 *bis*.

cercle, en ellipse, etc. Rien ne s'oppose à vos mouvements. Supposez maintenant qu'on place devant vous une grille à barreaux serrés et verticaux et que votre canne s'engage entre ces barreaux : vous ne pourrez plus effectuer d'autre mouvement que des oscillations verticales, mais dans ce sens-là vous aurez la même liberté qu'auparavant. Supposez enfin qu'on approche de cette grille une seconde grille semblable : si les barreaux sont parallèles aux premiers, vous ne vous apercevrez même pas de la superposition, mais si l'on tourne la 2e grille à 90° vous serez bloqués, votre canne sera immobilisée, les mouvements seront éteints ».

Mais si au lieu d'agiter la canne dans tous les sens transversalement, on lui imprimait des mouvements de va-et-vient longitudinaux parallèlement à son axe, rien de pareil ne se produirait.

Il en est de même des cristaux de tourmaline pour la lumière. Le premier joue le rôle d'une grille qui oriente les oscillations, qui les polarise. Le deuxième les arrête suivant la direction de ses « barreaux ». Les barreaux sont ici représentés par l'anisotropie du milieu (1).

Fresnel s'est appuyé avant tout sur ce phénomène remarquable de la polarisation pour affirmer que la lumière est due à une oscillation *transversale* de l'éther, et non à une oscillation *longitudinale*. Ce que nous venons de dire montre assez la justesse de ses vues.

Le rapprochement des phénomènes de polarisation et d'interférence, la fameuse expérience d'Arago sur la non-

(1) Nous verrons plus loin que le phénomène de polarisation est un peu plus complexe que le schéma que nous en donnons ici, mais nous voulons seulement pour le moment faire embrasser au lecteur l'ensemble des preuves qui démontrent la nature ondulatoire de la lumière.

interférence des rayons polarisés à angle droit, apportaient au raisonnement de Fresnel une indiscutable confirmation. Nous rappellerons brièvement les notions fondamentales relatives à l'interférence des rayons lumineux.

Si l'on prend deux sources de lumière monochromatique S′ et S″ très voisines et parfaitement synchrones, telles qu'on peut les obtenir avec le dispositif des miroirs de Fresnel, M et M′, qui donnent de la source lumineuse S les deux images S′ et S″, tous les points de l'espace situés sur la droite OH, pour laquelle les deux sources sont symétriques, sont soumis de la part de ces deux sources à des forces ondulatoires qui s'ajoutent. En particulier, le point H équidistant de S′ et de S″ reçoit des deux sources, à chaque moment donné, des impulsions qui s'additionnent : les protubérances des mouvements oscillatoires s'ajoutent, et en H existe une bande, parallèle à l'intersection des miroirs, et très éclairée.

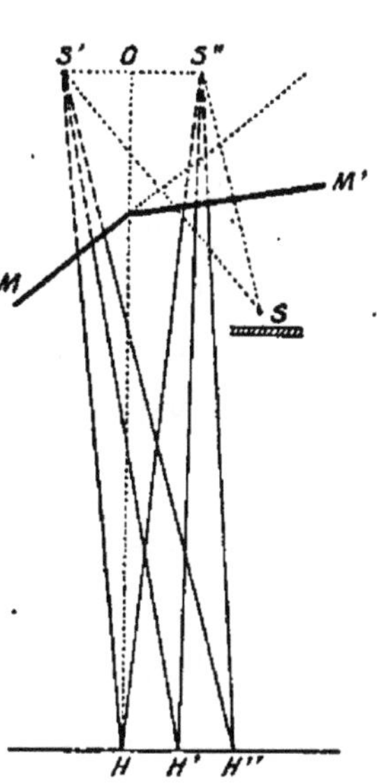

Fig. 19 — Les miroirs de Fresnel.

Si nous considérons maintenant un point H′ tel que la longueur S′H′ diffère de la longueur S″ H′ d'une demi-longueur d'onde, les mouvements vibratoires partis de S′ et S″ arriveront en H′ en opposition de phase ; ils s'annuleront, et là se produit ce phénomène qui a pu paraître étrange, à une certaine époque de l'histoire de la science, que « de la lumière ajoutée à de la lumière peut produire de l'obscurité ». Incompréhensible avec la théorie de l'émission, l'extinction des deux rayons l'un par l'autre devient une notion toute simple avec la théorie ondulatoire.

Si, dépassant le point H', nous considérons maintenant un point H'' tel que S'H'' et S'' H'' diffèrent d'une longueur d'onde, nous aurons le même phénomène qu'en H, c'est-à-dire une zone brillante.

Ainsi, de part et d'autre de H, nous verrons des franges alternativement claires et sombres : ce sont les franges d'interférence.

Eh bien, si l'on imagine que chacune de ces sources S' et S'' émette des rayons polarisés, c'est-à-dire des rayons dont les oscillations s'exécutent non pas en tous sens autour de l'axe du rayon, mais dans un plan unique (plan de vibration, plan perpendiculaire à ce qu'on appelle le plan de polarisation), ces deux rayons n'interfèreront que si les plans de polarisation sont parallèles. La théorie et l'expérience concordent ici pour établir sur des bases solides la théorie ondulatoire et le caractère transversal des oscillations.

Enfin, nous ajouterons un mot encore pour compléter

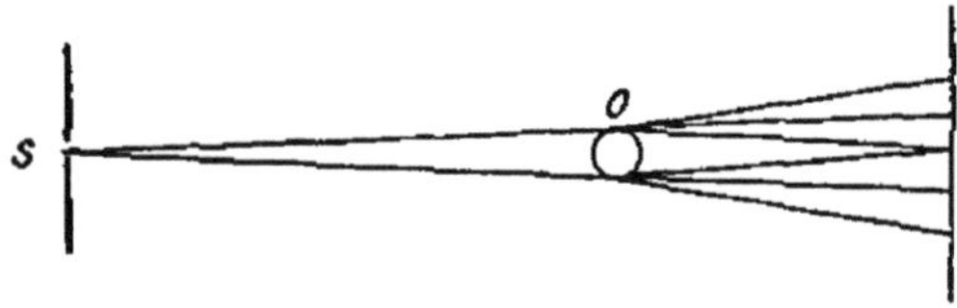

Fig. 20.

ce cortège de preuves imposantes : nous rappellerons en quoi consiste le phénomène de la diffraction.

Lorsqu'on place devant une source ponctiforme de lumière monochromatique un objet très petit, comme une aiguille O (fig. 20), ou bien un écran E percé d'une fente F très petite (fig. 21), les rayons lumineux ne suivent pas rigoureusement une marche rectiligne.

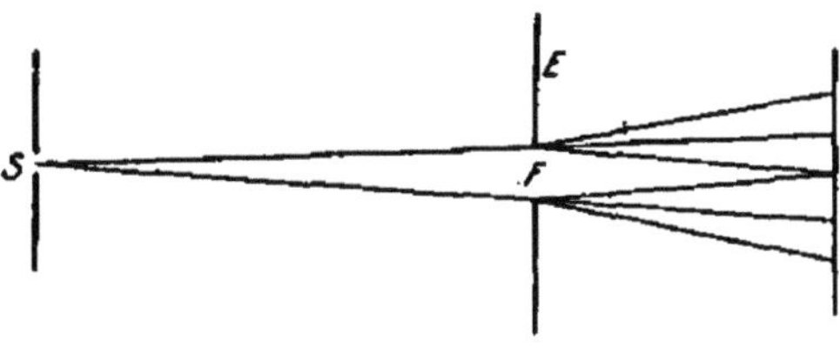

Fig. 21.

Tout se passe comme si les points extrêmes du corps opaque limitant les cônes d'ombre ou de lumière devenaient des centres d'émission. De plus, on voit des franges d'interférence dans toute l'étendue du champ éclairé par les rayons ainsi déviés de leur route rectiligne et appelés rayons diffractés.

Ce phénomène de diffraction s'explique facilement par la théorie ondulatoire. En effet, la propagation de la lumière se fait, nous le savons, par ondes sphériques; si l'on considère un front d'onde en M, (fig. 22), chaque point singulier de ce front d'onde joue le rôle d'un centre de perturbation et tend à devenir le centre d'une nouvelle onde sphérique, mais comme chaque point voisin se comporte de même, les mouvements partis de chacun d'eux se composent forcément. Tous s'annulent sauf dans la direction radiale, ce qui est la cause de la propagation rectiligne des radiations. Mais, si l'on annule par l'écran E les centres de perturbation du front d'onde du côté M', l'espace ABC reçoit des rayons

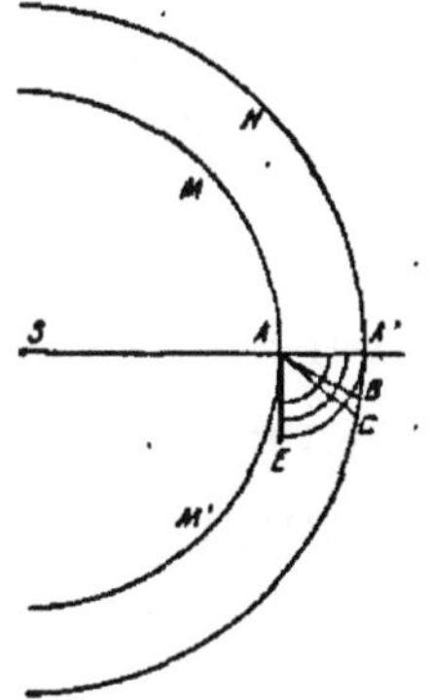

Fig. 22.

diffractés et si l'objet E est assez petit, les rayons diffractés par les deux bords interfèrent et donnent les franges observées. De là, la décomposition spectrale d'un faisceau par les fentes fines et les réseaux de traits gravés sur verre.

51. — Origine matérielle des radiations vraies. L'éther n'est que l'agent de transmission, et nous apparaît comme immobile en l'absence de matière.

Il n'est pas d'exemple de phénomènes lumineux ni électromagnétiques prenant naissance en dehors de la matière. Il faut de la matière pour produire les perturbations origine des radiations ou origine de l'induction électrique.

Les radiations de grande longueur d'onde, les radiations hertziennes, sont produites par des oscillations de charges électriques qui ont leur siège *dans la matière* des conducteurs.

Les radiations infra-rouges, lumineuses, ultra-violettes, sont produites par *la matière* chauffée à des températures croissantes ou par des phénomènes matériels spéciaux, tels que la luminescence de causes mécanique, chimique, etc.

Les rayons X et les rayons γ du radium sont dus aux changements brusques de vitesse de centres *quasi-matériels*, d'électrons chargés négativement.

En un mot, partout où il y a production de radiations, il y a de la matière, et sans la matière, l'éther nous apparaîtrait comme un milieu immobile que ne solliciterait aucune perturbation, ni la gravitation, ni les forces électromagnétiques, ni les radiations d'aucune sorte.

C'est ce qui a fait dire que si la matière s'anéantissait subitement, l'éther serait une sorte de Nirvâna final et le champ de l'éternel repos. Mais hâtons-nous d'ajouter que si la science n'observe aucune production de radiations sans matière, elle n'observe jamais non plus l'anéantissement d'une seule parcelle d'énergie, et nous entrevoyons d'ores et déjà que l'évanouissement de la matière tel que les déperditions radio-actives nous en donneront une idée, n'est pas un acheminement vers ce néant final, mais une mutation des formes matérielles du mouvement en formes énergétiques : quand une parcelle de substance radio-active disparaît, l'énergie rayonnée se propage à travers les espaces infinis avec la vitesse de la lumière jusqu'à ce qu'elle rencontre d'autres parcelles de matière où elle s'emmagasine sous la forme ordinaire d'élévation thermique. Si l'on suppose qu'elle puisse s'amortir dans l'éther, il faut admettre du même coup que l'éther est capable d'emmagasiner directement l'énergie radiante qui le traverse. Cette conception sur laquelle nous aurons à revenir exclut l'idée du Nirvâna inerte dont nous parlions tout à l'heure.

D'ailleurs, dès que nous sortons du système fini où la science a son champ d'observation, il devient téméraire d'étendre à l'univers entier les déductions scientifiques. Quand nous disons que la connaissance humaine ne nous révèle aucune énergie radiante ou électromagnétique qui n'ait sa source dans la matière, cela n'implique pas forcément que le milieu immatériel ne possède aucune énergie et que la matière seule est l'éternel réceptacle de tous les mouvements. Nous verrons au contraire que les tendances actuelles de la science nous portent à voir dans la matière une forme transitoire de l'énergie et à regarder l'unité de matière, l'électron, comme formé à partir de l'éther qui lui fournit sa substance et son mouvement, sa masse et sa force vive. Notre logique répugne à concevoir cette force vive née de rien et finalement on se trouve acculé à cette nécessité de regarder l'éther ou bien comme un milieu perpétuellement agité par le rayonnement des forces d'une matière impérissable, ou bien comme la matrice, le réceptacle de toutes les énergies, où s'élabore l'unité matérielle et où la matière peut retourner un jour par amortissement de l'énergie radiante ou électromagnétique dissipée.

Si nous voulons rester dans les limites de la science, nous devons purement et simplement constater que dans le champ restreint de nos observations, toute radiation est produite par la matière ; une fois produite, elle est transmise sans déperdition appréciable sous forme d'ondulations de l'éther ; ces ondulations, à leur tour, peuvent affecter la matière qu'elles rencontrent en s'y amortissant et en faisant apparaître quelque nouveau phénomène matériel dont la valeur énergétique est l'équivalent de l'énergie radiante absorbée.

Nous allons passer brièvement en revue les différentes radiations vraies que nous répartirons en trois groupes : 1° Groupe des radiations électriques, rayons hertziens ; 2° Groupe des radiations visibles, infra-rouge et ultra-violet ; 3° Groupe des radiations nouvelles : rayons X, rayons γ du radium.

CHAPITRE II

Les rayons Hertziens et l'induction électrique.

52. — Les rayons Hertziens de la télégraphie sans fil.

Un courant électrique variable, un courant alternatif en particulier, crée autour de lui un champ magnétique variable. Un conducteur électrique indépendant placé dans ce champ variable est le siège d'une force électromotrice induite, d'un courant induit.

Tel est le phénomène de l'induction.

Si l'on considère l'espace situé entre le circuit inducteur et le circuit induit, cet espace est le siège de variations de champ qui se propagent du premier vers le second à travers l'éther.

De même dans un bassin d'eau, si l'on plonge doucement un corps solide, tout autour du corps immergé, il se produit un déplacement des molécules liquides; des objets légers flottant aux environs subissent un faible mouvement de bas en haut au moment où l'onde de compression passe sous eux.

Si alternativement nous plongeons et nous sortons notre corps solide, nous produisons une série d'ondes entretenues et les objets légers subissent des oscillations synchrones.

Nous assistons ainsi à la transmission d'un mouvement pendulaire du corps solide aux objets flottants par le *déplacement* sous forme d'onde, du milieu liquide.

L'éther transmet de même sous une forme qui rappelle le déplacement du milieu liquide, l'énergie électromagnétique. A chacun de ces déplacements correspond un mouvement d'électricité dans le circuit induit. Si ces déplacements sont pendulaires, oscillants, c'est un courant alternatif qui prend naissance. Si les ondes de déplacement sont produites par un courant alternatif de très grande fréquence, le courant alternatif induit est aussi un courant de très grande fréquence, puisque le synchronisme des oscillations s'étend à tout le système.

Pour parler le langage de la théorie électronique du courant dans les métaux, nous dirons que si dans un circuit une force électromotrice fait osciller les électrons libres suivant l'axe du conducteur de manière à produire un courant alternatif, les électrons libres du circuit induit reçoivent par l'intermédiaire des ondes de déplacement de l'éther une oscillation synchrone.

Bien plus, il se passe ici ce qui se passe pour les oscillations mécaniques. On sait que les diapasons ont une période d'oscillations propres, fonction de certaines constantes (longueur et section des branches, élasticité, etc.); on sait aussi que si deux diapasons sont placés à quelque distance l'un de l'autre, il suffit d'ébranler l'un d'eux pour que l'autre tende à osciller aussi sous l'impulsion des ondes de déplacement du milieu qui les sépare, comme nos petits corps flottants tendaient tout à l'heure à suivre tous les mouvements pendulaires du corps que nous plongions dans l'eau. Mais si nos deux diapasons ont des périodes propres d'oscillation qui ne peuvent se synchroniser, leur mouvement ne fait que s'ébaucher. Si, au contraire, les deux diapasons ont des hauteurs de son égales, le deuxième se met à vibrer à l'unisson du premier et rend un son sans qu'on l'ait directement excité : il y a là ce qu'on appelle un phénomène de résonnance.

Un phénomène analogue se passe dans l'oscillation des électrons. Deux causes principales entrent en jeu pour déterminer la période d'oscillation propre à un circuit : sa capacité et son coefficient de self-induction.

On peut définir grossièrement la période propre T d'un circuit en fonction du coefficient des elf-induction L et de la capacité C par la relation approchée :

$$T = 2\pi \sqrt{LC}$$

Si le circuit inducteur et le circuit induit sont en résonnance, c'est-à-dire ont la même période propre, le circuit induit devient le siège d'un courant d'autant plus énergique qu'on se rapproche du synchronisme.

Que l'on veuille bien réfléchir un moment à ces phénomènes : voici deux diapasons synchrones (fig.23) séparés par un espace d'air. L'un est excité et rend un son; l'autre, aussitôt, se met en mouvement et rend un son pareil. De l'un à l'autre, il n'y a rien comme agent de transmission que des ondes de déplacement du milieu interposé.

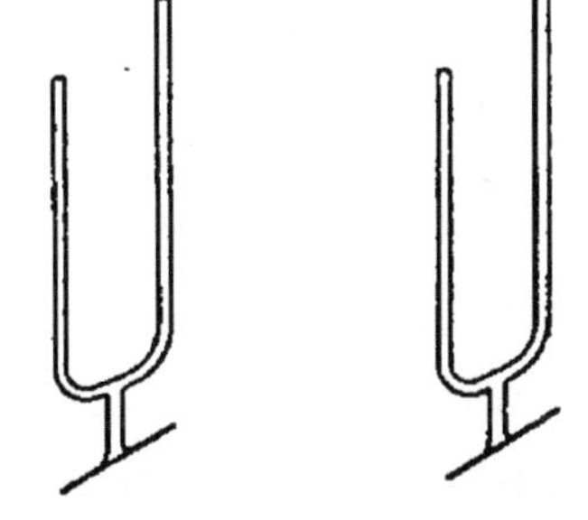

Fig. 23. — Diapasons ou résonnateurs sonores.

Voici maintenant deux fils métalliques formant chacun quelques spires concentriques (fig. 24).

Dans l'un d'eux nous faisons osciller les électrons libres avec une fréquence de un million de périodes à la seconde par exemple; immédiatement nous voyons des phénomènes d'induction se produire dans l'autre. Entre les deux il n'y a pas de communication électrique, il n'y a de l'un à l'autre, comme agent de transmission, que les ondulations de l'éther interposé.

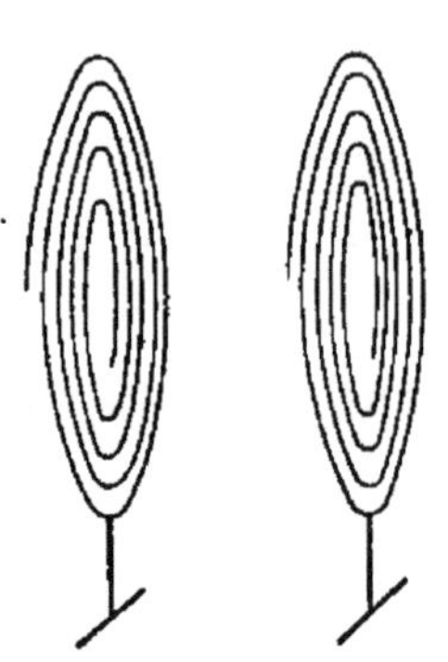

Fig. 24. — Résonnateurs électriques.

Disposons ces deux circuits très loin l'un de l'autre; l'induction électrique ne s'en produira pas moins, et l'énergie ainsi transportée de l'un à l'autre par les ondulations de l'éther constitue les rayons hertziens, les rayons de la télégraphie sans fil.

53. — Quelques mots sur la production pratique des rayons hertziens et des champs oscillants de haute fréquence.

Il n'y a pas de limites précises entre la télégraphie sans fil et l'induction électromagnétique. Quand, à l'aide d'une bobine inductrice parcourue par le courant d'une pile périodiquement interrompu et d'une bobine induite placée à une petite distance ou engaînée plus ou moins sur elle, on excite les muscles par les ondes faradiques secondaires, on fait de la *télé-excitation sans fil*, puisque le circuit induit ne touche pas l'inducteur.

Les courants alternatifs sont tous capables de produire à distance des phénomènes d'induction. Le professeur Rathenau put transmettre par ce procédé des signaux à plusieurs kilomètres; et, depuis lors, beaucoup de physiciens songèrent à employer l'induction comme agent de transmission. Mais on ne put réellement surmonter les difficultés d'application que quand on connut les courants alternatifs à périodes très courtes.

Déjà, il y a 70 ans, le physicien américain Henry s'apercevait que les décharges d'une bouteille de Leyde, placée dans une pièce de sa maison, faisaient apparaître de petites étincelles dans un circuit éloigné placé dans une autre pièce, et l'on a reconnu, dès cette époque, que l'induction par des ondes électriques très rapides, pouvait se produire à des distances considérables.

D'autre part, Feddersen démontra expérimentalement que, dans certaines conditions, la décharge des bouteilles de Leyde peut être oscillante. Etudiant l'étincelle de décharge à l'aide d'un miroir concave tournant, il put même établir une relation entre la période oscillatoire et les deux constantes du circuit : self et capacité. Les photographies données par le miroir tournant montrent en outre que chacune des extrémités de la coupure, entre lesquelles éclate l'étincelle, est successivement positive et négative, les particules arrachées à la pointe positive étant plus brillantes, plus incandescentes et facilement distinguées de celles de la pointe négative.

Mais c'est au génie du célèbre physicien et mathématicien Hertz que la science est surtout redevable de la télégraphie sans fil. Enlevé à ses travaux par une mort prématurée, ce savant ne put jouir du fruit de ses découvertes, et il n'en prévit nullement les applications pratiques, mais son nom reste, à côté de celui de Clerk Maxwell, inscrit au premier rang parmi les champions des nouvelles théories de l'éther électromagnétique et lumineux.

Hertz se proposa d'obtenir des oscillations extrêmement rapides. Pour cela, il fallait diminuer la capacité et la self induction du circuit, tout en mobilisant des masses électriques assez considérables. Hertz arriva à ce résultat de la façon suivante : il prit deux sphères métalliques CC′ réunies par un conducteur CEC′ discontinu, c'est-à-dire présentant une coupure en E (fig. 25). Les sphères CC′ sont mises en communication avec une source à haut potentiel S (bobine d'induction ou machine électrostatique). Le rôle de la coupure E est des plus importants. En effet, il permet aux sphères CC′ de se charger à une différence de potentiel suffisante pour que, au moment où la résistance du diélectrique E est vaincue, les forces électromotrices mobilisent avec assez d'énergie une quantité suffisante d'électricité pour produire des effets appréciables.

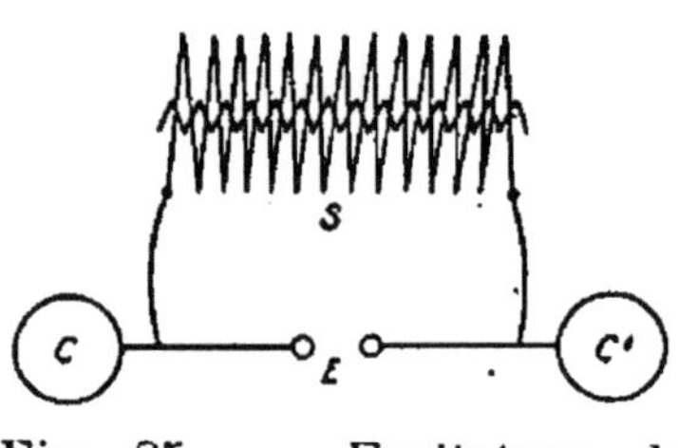

Fig. 25. — Excitateur de Hertz.

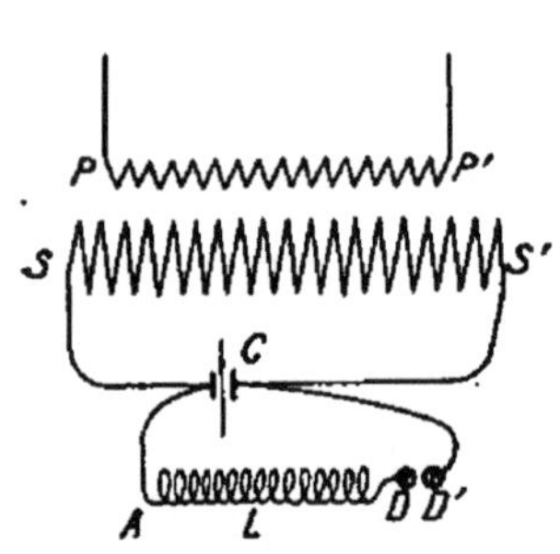

Fig. 26. — Dispositif de Tesla.

Au lieu de deux sphères, on peut employer deux armatures de condensateur C (fig. 26), et si l'on met en circuit la self L on arrive au dispositif bien connu de Tesla.

Si l'on emploie deux bouteilles de Leyde C, C′ (fig. 27), au lieu d'une, c'est le dispositif de d'Arsonval.

Quel que soit l'appareillage employé, on retrouve toujours les organes suivants :

1° Des capacités ou réservoirs où s'emmagasinent temporairement la masse des électrons mobilisés.

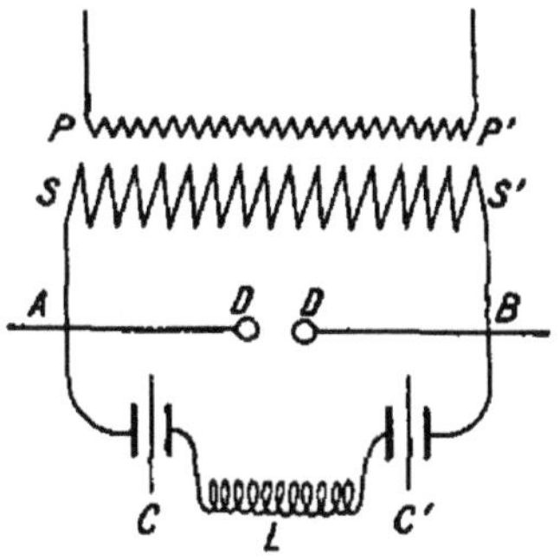

2° Un générateur capable d'établir une différence de potentiel entre ces capacités, ou si l'on veut, capable de vider un réservoir et d'emplir l'autre pour les déniveler.

Fig. 27. — Dispositif de d'Arsonval.

3° Un conducteur réunissant les deux capacités et le long duquel s'opèrent les oscillations électriques, ou, si l'on veut, un large canal réunissant les deux réservoirs.

4° Un connecteur automatique qui est l'étincelle : elle éclate en E quand la charge est suffisante; c'est l'étincelle oscillante de Feddersen.

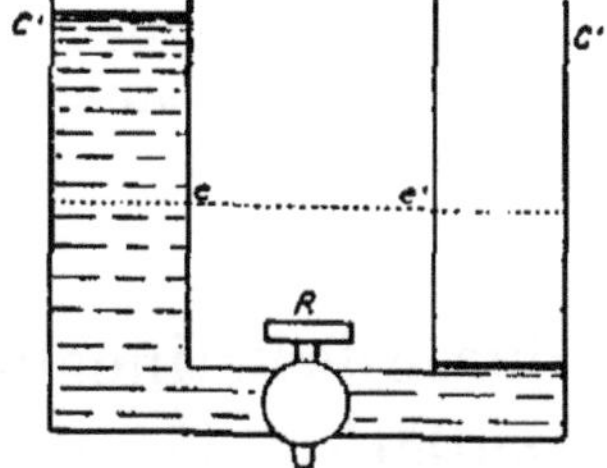

Fig. 28. — Image des oscillations électriques.

Si l'on voulait matérialiser le phénomène et en donner une image de comparaison, on ne pourrait mieux faire que de choisir l'exemple des vases communicants. Etablissons une dénivellation (fig. 28) entre les vases CC′, puis brusquement ouvrons le robinet R. Si le robinet R est ouvert largement, le liquide de C se précipitera vers C′, dépassera le niveau d'équilibre, reviendra en arrière et, après une série d'oscillations amorties, le niveau d'équilibre *ee'* s'établira. Si l'on traçait la courbe du phénomène en portant les différences de niveau en ordonnées et les temps en abscisses, on aurait une courbe de la forme représentée par la figure 29, qui est précisément celle des oscillations électriques de haute fréquence. Si au lieu d'ouvrir le robinet R en grand, nous ne laissions couler qu'un filet d'eau, le niveau d'équilibre s'établirait sans oscillations. De même si nous réunissions les deux capacités électriques par un conducteur de grande résistance ohmique, nous n'aurions pas d'oscillations (il suffit pour cela que la résistance soit supérieure au terme $\sqrt{\frac{4L}{C}}$).

Donc toutes les fois qu'une étincelle éclate en E (fig. 25 à 27), le conducteur qui réunit les capacités est parcouru par un courant alternatif de haute fréquence et de haute tension dont la courbe est celle de la figure 29, de sorte que si l'on établit le diagramme du phénomène dont ce conducteur est le siège, on a la courbe de la figure 30. θ étant la durée de l'étincelle E, durée pendant laquelle s'effectue l'oscillation de courant, θ_1 étant la période de silence

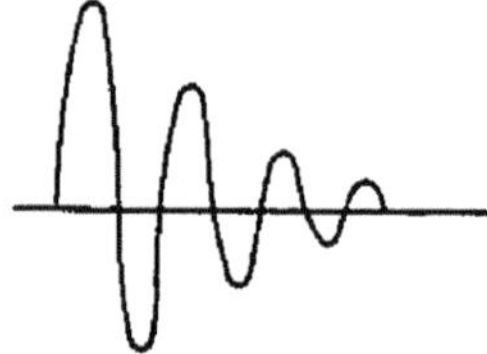

Fig. 29. — Courbe des oscillations de haute fréquence.

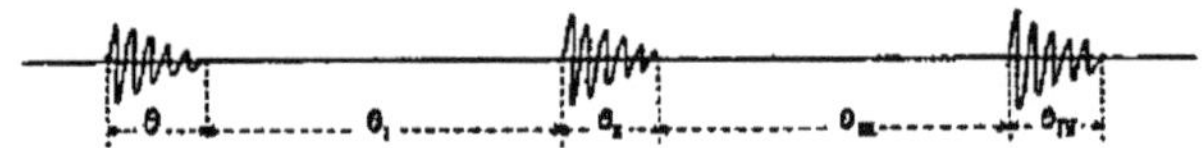

Fig. 30. — Les trains d'ondes et les silences.

pendant laquelle les capacités prennent progressivement leur charge, θ_2 étant la seconde étincelle, et ainsi de suite.

Autour du conducteur, chaque fois qu'a lieu le phénomène θ,θ_2... l'éther est le siège de déformations, de déplacements qui se transmettent de proche en proche et revêtent la forme d'ondulations synchrones aux oscillations électriques ; ce sont les courants de déplacement de Maxwell, les variations pendulaires du champ magnétique, les rayons hertziens.

54. — Théorie de Maxwell. Courants de déplacement dans les diélectriques.

L'image que nous venons de donner des courants de haute fréquence, si elle est exacte, doit entraîner certaines conséquences. Si l'on fait passer ces courants à travers une solution électrolytique, c'est-à-dire à travers une solution composée d'un solvant non conducteur et de molécules dissociées, d'ions, suspendus dans ce milieu diélectrique, on peut se demander si les charges électriques pourront être véhiculées par convection comme les charges apportées par un courant continu. Il est en effet à prévoir que l'inertie des ions liquides sera trop grande pour qu'ils puissent en un temps de l'ordre du billionième de seconde subir un déplacement efficace, alors que la phase suivante et la phase précédente sollicitent des déplacements contraires. Que va-t-il donc se passer quand on intercalle une solution électrolytique dans un circuit de haute fréquence? Le courant passe; c'est la première constatation qu'on fasse; les appareils thermiques le montrent. Mais les phénomènes ioniques propres à la conductibilité des électrolytes ne se produisent pas. Le corps humain, cet électrolyte complexe si sensible aux actions des courants électriques, peut être soumis à des courants de haute fréquence de plus de un ampère sous des milliers de volts, sans aucun dommage.

L'explication de ce phénomène est des plus simples, grâce à la théorie électronique. Il suffit de rappeler la conception de Maxwell relativement aux diélectriques. Constituons un circuit à l'aide d'un fil métallique; interposons dans ce circuit un condensateur formé d'une lame de verre et de deux feuilles d'étain appliquées sur ses deux faces; puis mettons en circuit une pile : la lame diélectrique du condensateur, nous le savons, empêche le courant de passer, mais elle ne joue pas le rôle d'un obstacle inerte; l'influence de la nature du diélectrique sur la capacité des condensateurs le prouve bien. Il se passe quelque chose dans cette lame, mais quelque chose de tout différent de ce qui se passe dans le conducteur métallique. Dans ce dernier, l'électricité, les électrons, se déplacent, et, une fois déplacés, rien ne tend à les ramener en arrière (abstraction faite de la self qui tend à créer un contre-courant momentané, mais que nous pouvons négliger ici). Au contraire, dans le diélectrique, il y a aussi, d'après l'idée de Maxwell, un déplacement, mais un déplacement qui se fait de la même manière qu'un ressort se bande. Dès que la cause déformante cesse d'agir, le déplacement est détruit.

Qu'est-ce qui se déforme, qu'est-ce qui se déplace dans le diélectrique? C'est l'éther. Les électrons provenant du circuit et des armatures ne peuvent le traverser; ils s'accumulent sur sa surface, bandant d'autant plus le ressort que le pouvoir inducteur spécifique du diélectrique est plus grand, ou, si l'on veut d'autant plus que la densité de l'éther y est plus grande. Remarquons ce propos que la science électrique comme la science optique convergent vers cette même conclusion que l'éther a une densité plus grande dans la matière que dans le vide et que cette densité varie d'un corps à l'autre. On conçoit par suite qu'il existe une relation dans la série des corps entre le pouvoir inducteur spécifique et l'indice de réfraction.

Quand la force électromotrice cesse d'agir, le ressort se débande; la déformation, le déplacement dont le diélectrique a été le siège disparaît; les charges électriques reviennent en arrière. Aucune charge n'a passé et cependant il y a eu double mouvement d'électricité.

Si, au lieu de mettre une pile dans le circuit, on mettait une source de courant alternatif telle qu'une dynamo à courants sinusoïdaux, le ressort serait bandé dans un sens à chaque phase paire et dans le sens opposé à chaque phase impaire; il y aurait dans le diélectrique des ondes de déplacement, de telle sorte que le long du fil conducteur, un mouvement d'électricité serait possible, bien que le circuit renferme un diélectrique arrêtant le courant. Ce mouvement d'électricité est capable de produire des effets thermiques ou mécaniques, et tout le monde sait aujourd'hui que l'interposition de condensateurs dans les circuits alternatifs n'empêche pas le transport de la force par cet agent : phénomène qui a paru paradoxal au début.

Une comparaison ne sera pas inutile pour faire bien comprendre ces phénomènes.

55. — Théorie de Maxwell (*Saile*). Une comparaison avec l'hydraulique.

Supposons une conduite d'eau ouverte à son extrémité devant une turbine : l'eau s'écoule ; la turbine tourne. La force vive de la masse d'eau écoulée se retrouve partiellement dans le travail fourni par la turbine. Telle est l'image du courant continu : l'électricité qui s'écoule peut faire tourner un moteur; la force vive de la quantité d'électricité mobilisée se retrouve partiellement dans le travail du moteur.

Mais fermons à présent notre conduite d'eau, en ménageant cependant à son extrémité un petit espace clos rempli d'air. Cet air, par son élasticité, permettra des mouvements limités du liquide. Cela posé, laissons l'eau exercer sa pression; le liquide tend à envahir l'espace clos, l'air se comprime jusqu'à une certaine limite, puis à ce moment, le mouvement s'arrête. Il y a eu courant d'eau dans la conduite, mais un courant tout de suite arrêté. Voilà l'image du courant continu arrêté par un diélectrique; le diélectrique a subi une « compression électrique », et le phénomène ne va pas plus loin.

Supprimons maintenant la hauteur de chute, la pression d'eau : supposons même que nous puissions abaisser le réservoir de commande au-dessous du niveau de l'espace clos; il y aura mouvement d'eau en sens inverse et décompression dans l'espace clos. Si alternativement nous élevons et nous abaissons le réservoir de commande, nous aurons dans cet espace une série de compressions et de décompressions de l'air qui oscillera autour de la pression normale d'équilibre. L'eau ne s'écoulera pas, mais pourtant si nous placions une turbine dans l'intérieur de la conduite, cette turbine tournerait tantôt dans un sens, tantôt dans un autre et serait capable de produire du travail mécanique, sans écoulement d'eau; le travail dépensé pour le déplacement du réservoir pourrait être partiellement récupéré par l'emploi convenable de cette turbine.

Ceci est l'image du circuit renfermant un condensateur et parcouru par un courant alternatif. Le courant

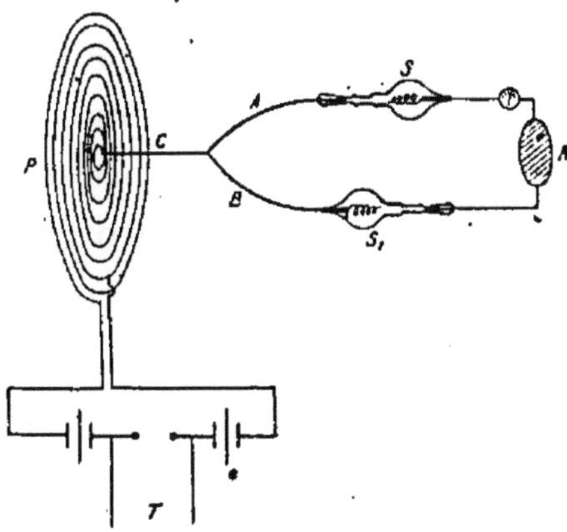

Fig. 31. — Circulation de l'électricité dans la boucle terminale d'un conducteur.

peut faire tourner un moteur placé en circuit; le condensateur joue le rôle de l'espace clos.

A l'appui de ces vues, j'ai réalisé un dispositif qui pourrait à première vue paraître un peu paradoxal (1).

C (fig. 31) est un fil métallique relié à un transformateur de haute fréquence P (résonnateur en hélice de Oudin ou en spirale). Ce transformateur est réglé de manière que le fil C donne à peine d'effluvations pour éviter la

(1) *C. R. Ac. des Sc.*, 3 et 10 décembre 1906.

déperdition dans l'air. Le fil C forme une boucle AB à son extrémité. Si l'on se borne à former ainsi une boucle, et si l'on suppose que le fil ait une capacité nulle, il n'y aura pas de mouvement continu d'électricité dans ce fil, mais seulement des oscillations électriques dues à ce que, d'une part, il existe une certaine déperdition dans l'air, à l'extrémité de la boucle, et d'autre part, à ce que le fil présente toujours une capacité appréciable, grâce à laquelle il prend des charges statiques alternatives. Plaçons maintenant dans cette boucle deux soupapes électriques (soupapes à vide de Villard) SS_1 permettant la circulation des électrons dans le sens BRA, et mettons une capacité en R; immédiatement nous verrons dans la boucle un courant électrique de sens déterminé. Tout se passe comme si, à chaque phase paire, les électrons chassés de P vers R passaient par la branche B pour s'accumuler dans la capacité R, et comme si à chaque phase impaire, un appel d'électrons se faisant de R vers P, ceux-ci passaient par la branche A la seule voie de retour permise par les soupapes. C'est ainsi qu'avec un fil unique, on peut, grâce à une capacité et à un système de clapets, obtenir du courant de même sens dans une boucle terminale.

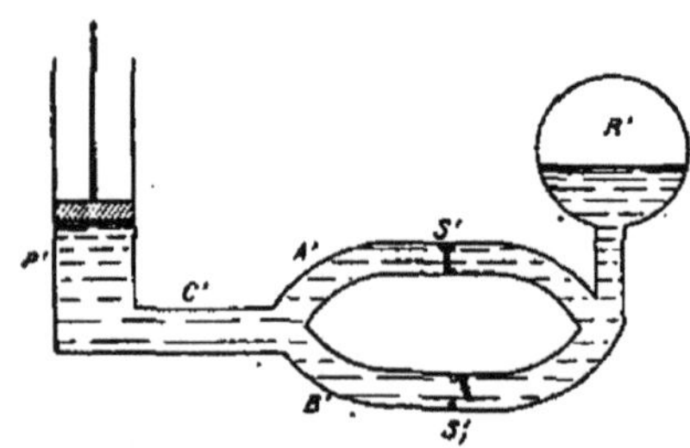

Fig. 32. — Circulation d'eau dans un canal fermé sur lui-même.

On peut obtenir facilement le même résultat en hydraulique.

C′ (fig. 32) est un tube relié à un corps de pompe P′ sans clapet. Le tube C′ forme, à son extrémité, une boucle A'B'. Si l'on se borne à former ainsi une boucle et si l'on suppose que l'eau soit incompressible et la conduite non élastique, il n'y aura aucun mouvement du liquide dans la canalisation. Mais plaçons dans cette boucle deux soupapes S' S'$_1$ permettant le mouvement du liquide dans le sens B' S' S'$_1$ A' et mettons un réservoir d'air en R'; immédiatement nous verrons dans la boucle un courant d'eau de sens déterminé.

Si, dans le dispositif de la figure 31, on coupe la boucle en R et qu'on place deux capacités au bout de chaque extrémité de la coupure, on obtient de véritables collecteurs d'électricité statique. On peut, dans la pratique, employer concurremment cette machine statique d'un nouveau genre et la machine ordinaire.

56. — Théorie de Maxwell (*Suite*). Rôle de la capacité électrostatique des conducteurs; vitesse de propagation du front d'onde.

Dans un système hydraulique, il suffit donc d'un espace clos renfermant un gaz élastique, en un mot, d'une capacité élastique pour permettre ces mouvements du liquide. Il suffit d'un milieu déformable, jouant le rôle d'un ressort qui se bande ou se débande pour permettre ces oscillations. En électricité il suffit, pour produire le même effet, d'une capacité électrostatique. Mais ce qui se déforme alors, le milieu qui se comprime ou se décomprime, le ressort qui se bande ou se débande, c'est l'éther du diélectrique entourant le conducteur, ou, si l'on veut, c'est l'éther périphérique qui donne au conducteur sa capacité. Si ce diélectrique est une lame d'air placée entre deux plateaux, la déformation, le déplacement est d'autant plus considérable qu'on rapproche davantage les plateaux; le ressort est capable de se bander beaucoup plus. Si l'on pouvait augmenter la densité de l'éther de cet espace interposé sans changer la distance des plateaux, on augmenterait aussi la valeur de ce courant de déplacement : or, on peut opérer facilement ce changement en substituant un diélectrique solide, tel que le verre au diélectrique gazeux. Le pouvoir inducteur spécifique est, on le sait, une constante pour chaque diélectrique.

De ces notions résulte un fait important : un courant de haute fréquence lancé dans un circuit fermé correspond à un mouvement de va-et-vient des électrons le long de ce fil; mais en raison de la rapidité des oscillations, il se produit dans chaque partie du circuit une charge électrostatique; si bien que l'on pourrait couper le circuit par un diélectrique, introduire un condensateur en circuit comme nous venons de le voir, le courant n'en existerait pas moins dans le conducteur. Plus la fréquence est élevée, plus ces phénomènes électrostatiques deviennent considérables, plus la capacité électrostatique du circuit prend un rôle important. Mais alors il est à prévoir que les électrons libres, tout en se déplaçant le long du conducteur comme en électrodynamique, tendent à occuper la surface du conducteur comme les charges électrostatiques.

L'observation a donné une confirmation remarquable à cette déduction, vérifiant ainsi dans ses moindres détails la théorie électronique : Bjerknes a constaté qu'un fil de verre recouvert d'une couche de cuivre de 10μ se comporte comme un fil de cuivre de même section totale, et qu'un fil de cuivre recouvert d'une couche de fer de 10μ se comporte comme un fil de fer. Les courants de haute fréquence restent donc confinés à la couche la plus externe des conducteurs, et la résistance ohmique des conducteurs cesse d'entrer en ligne de compte dans l'établissement du courant, selon la loi ordinaire.

De remarquables expériences de Fizeau et Gounelle ont montré que, quand une perturbation électrique de quelque durée est lancée dans un fil métallique, le front d'onde se propage avec la vitesse de la lumière, tandis que la queue d'onde subit un retard, fonction de la résistance ohmique du fil, comme le fait prévoir la théorie (Kirchhoff), de sorte que la vitesse moyenne est inférieure à 300.000 kilomètres. D'autre part, les expériences non moins remarquables de Blondlot ont montré que pour les perturbations très courtes, telles que celles de haute fréquence, ce retard n'a pas lieu, et toute la perturbation chemine à la vitesse de la lumière. Il serait difficile de comprendre ces faits en dehors de la théorie électronique des métaux.

57. — Les courants de déplacement de Maxwell se révèlent à nous par le phénomène de l'induction et par les ondulations hertziennes. Vitesse de propagation de l'induction.

L'idée originale de Maxwell est donc celle-ci : l'éther se déforme autour de tout conducteur chargé. Cette déformation joue le rôle d'un ressort qui tend à reprendre son équilibre, dès que la cause déformante a cessé d'agir. Si les charges du conducteur sont oscillantes, les déformations prennent le caractère d'ondulations, de vagues. Ces vagues existent tout autour des conducteurs parcourus par des courants oscillants et dans les diélectriques interposés dans le circuit.

Un condensateur placé dans un circuit de courant alternatif de basse fréquence permet aux oscillations d'électrons de se produire le long du fil métallique, malgré la coupure de ce fil au niveau du diélectrique condensateur.

Ce phénomène est d'autant plus accusé que la fréquence est plus grande. Quand cette fréquence est très grande, un circuit ouvert peut être le siège d'un courant, et tout autour de ce fil se produisent des vagues de déplacement propagées à distance : ce sont les ondes de la télégraphie sans fil autour des antennes génératrices.

Phénomènes d'induction et ondes électromagnétiques sont donc des courants de déplacement dans l'éther. Voilà la conclusion de Maxwell. Mais alors surgit une question capitale qui va juger la théorie, et qui, en même temps, va remettre en discussion l'hypothèse de l'éther : cette question, la voici :

Si l'induction est due aux vagues de l'éther, sa propagation n'est pas instantanée ; elle doit se propager dans l'éther avec la même vitesse que le front d'une onde électrique le long d'un fil. Si, au contraire, ces vagues n'existent pas, si rien n'ondule entre l'inducteur et l'induit, l'induction doit être instantanée, car l'effet ne pourrait survivre à la cause, et en aucun cas ne pourrait se produire un courant dans l'induit après qu'a cessé la cause productrice dans l'inducteur. Le problème a pu être résolu de la façon suivante : on a comparé la longueur d'onde de courants électriques le long d'un fil à la longueur d'onde de courants de déplacement dans l'air. La longueur d'onde étant le chemin parcouru par le front d'onde pendant une oscillation complète, si ce chemin était le même, c'est que la vitesse était la même. Si l'induction se propageait instantanément, la longueur d'onde dans l'air serait infinie.

La solution se déduit très claire des mémorables expériences commencées par Hertz et reprises par Sarasin et de la Rive, sur les ondes stationnaires produites à la fois le long d'un fil par l'interférence des ondes de retour à partir de l'extrémité, et dans l'air par l'interférence des ondes réfléchies sur un miroir métallique plan. De ces expériences, il résulte que la longueur d'onde est la même : la vitesse des vagues de déplacement, la vitesse de l'induction comme la vitesse du courant est de 300.000 kilomètres à la seconde; elle est égale à celle de la lumière.

58. — Les rayons hertziens sont des oscillations transversales de l'éther analogues aux rayons lumineux polarisés.

Plaçons-nous en un point H situé à une grande distance du circuit parcouru par des courants de haute fréquence, de l'excitateur de Hertz par exemple, entre les deux tiges duquel éclate l'étincelle. En tous points de l'espace situé à cette distance, nous constatons l'existence d'un champ électrique et d'un champ magnétique; mais la direction de ces deux champs n'est pas la même. Si nous la définissons par rapport au plan déterminé par l'axe de l'excitateur AB et par le rayon EH allant de cet excitateur au point considéré, nous constatons que la direction du champ magnétique en H est perpendiculaire au plan EHAB. Elle serait représentée par une droite *mn* perpendiculaire au plan de la figure 33. Au contraire, le champ électrique a pour direction la droite

Fig. 33. — Direction du champ magnétique et du champ électrique.

ab comprise dans le plan EHAB, et perpendiculaire au rayon EH.

Les deux forces électrique et magnétique oscillantes sont donc perpendiculaires l'une sur l'autre, et toutes deux normales au rayon hertzien considéré; leurs oscillations sont transversales comme celles des rayons lumineux par rapport à la direction de la propagation.

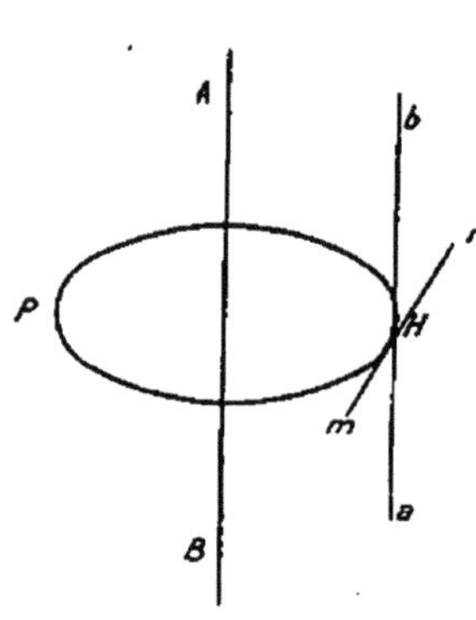

Fig. 34. — Champ électrique et champ magnétique autour d'un conducteur rectiligne parcouru par un courant.

On sait d'ailleurs que, si dans un conducteur AB (fig. 34) on fait passer un courant électrique, ce courant induit autour de lui un champ magnétique et si l'on place une feuille de papier P, saupoudrée de limaille, perpendiculairement au conducteur, on voit les grains de limaille se disposer suivant des cercles concentriques normalement à la direction de chaque rayon, c'est-à-dire, comme *mn*, tangentiellement à chaque circonférence. On sait d'autre part que si l'on dispose en H un second conducteur parallèle au premier *ab*, chaque fois que variera l'intensité du champ magnétique en H, c'est-à-dire chaque fois que variera l'intensité du courant AB, il y aura un courant développé par induction suivant l'axe du deuxième conducteur; il y aura un champ électrique créé et dirigé parallèlement à AB.

Que l'on fasse passer dans le circuit AB des courants alternatifs de très grande fréquence, on retombe dans le cas de la figure 33, et l'on voit tout de suite que là, entre E et H, existent des ondulations du champ électrique dans le plan ABH, et des ondulations du champ magnétique dans le plan perpendiculaire *mn* HE.

Si l'on pouvait augmenter considérablement la fréquence de manière à atteindre celle des rayons lumineux, on dirait que le rayon EH est un rayon polarisé ayant pour plan de vibration le plan ABH et pour plan de polarisation le plan *mn* HE.

59. — Transparence et opacité de la matière aux rayons hertziens.

Quand une radiation hertzienne rencontre une plaque de matière, ou bien elle est arrêtée par elle, ou bien elle la traverse. Les diélectriques se laissent traverser comme s'ils ne présentaient qu'une résistance élastique; les métaux les arrêtent, comme s'ils présentaient une résistance visqueuse. Quand un rayon hertzien rencontre une plaque de métal, sa force vive se transforme en grande partie en chaleur : les électrons libres du métal, sollicités par le champ électrique alternatif du rayon oscillent dans le plan de vibration (plan de l'excitateur et du rayon); la force vive, qui leur est ainsi communiquée, est employée presque tout entière à accélérer leur vitesse d'agitation propre, c'est-à-dire à augmenter leur chaleur. Une autre partie se retrouve sous forme de courants de déplacement, dans le milieu extérieur, sous forme d'un rayonnement hertzien secondaire.

Quand un rayon hertzien rencontre un diélectrique, l'ondulation le traverse, y subissant seulement un ralentissement de vitesse avec une déviation de direction analogue à la réfraction des rayons visibles. Si la transparence est supposée parfaite, la matière n'est pas intéressée dans ce phénomène, l'éther plus ou moins dense, entre seul en jeu. Rien n'indique ici qu'il y ait des électrons mobiles dans le corps transparent, l'énergie radiante n'est pas dépensée à les mettre en mouvement (1).

Mais on peut alors se demander comment il se fait, si les rayons hertziens et les rayons lumineux sont analogues, que tous les diélectriques ne soient pas transparents pour la gamme visible. Nous pouvons dès maintenant en énoncer la raison. Les radiations à très courtes périodes, comme les radiations lumineuses, agissent par un phénomène analogue à l'induction sur les électrons libres ou liés aux atomes matériels, en leur imprimant des mouvements qui ne sont pas indépendants du rythme propre à chaque atome : de même qu'il s'opère des phénomènes de résonnance entre les oscillations du champ hertzien et les oscillations propres des électrons libres

(1) Toutefois il faut rapprocher de ce fait celui que nous avons énoncé § 8 : les diélectriques s'électrisent lentement par influence; cette lenteur même prouve le peu de mobilité des électrons.

dans un fil métallique doué d'une certaine self induction, de même il peut y avoir un certain synchronisme entre les mouvements imprimés aux électrons par une ondulation lumineuse et le rythme des oscillations atomiques ; il peut y avoir résonnance. Dans ce cas, l'énergie radiante s'amortit, s'absorbe dans la matière qui est dite opaque et l'énergie ainsi absorbée se transforme soit pour produire des actions chimiques, soit pour élever le degré thermique.

On comprend dès lors les raisons du radiochroïsme de la matière pour des radiations relativement très voisines comme celles de la gamme lumineuse, depuis le violet jusqu'au rouge. Tout se ramène à une question de rapports de fréquence entre la révolution électro-atomique et la période ondulatoire de la radiation.

60. — Réflexion, réfraction, diffraction, interférence des rayons hertziens.

Toute radiation rencontrant la surface de séparation de deux milieux y subit un phénomène d'onde en retour : si l'orientation des facettes qui la constitue est uniforme, il en résulte une réflexion régulière du faisceau. Si la surface est rugueuse, il y a réflexion en tous sens, c'est-à-dire *diffusion*. Quand la fréquence est peu considérable, la matière n'a pas besoin d'être polie au sens habituel du mot pour produire la réflexion régulière. Quand la fréquence est très grande, quand la longueur d'onde est très petite comme cela a lieu pour les rayons X, la matière est toujours rugueuse. Il n'y a pas réflexion régulière, mais seulement diffusion.

Il est relativement facile de mettre en évidence au

moyen d'un miroir métallique la réflexion des rayons hertziens, si l'on emploie des rayons de courte longueur d'onde, comme ceux donnés par le petit excitateur de Hertz ou mieux encore par les dispositifs de Righi et Bose qui arrivent à des longueurs d'onde de l'ordre du centimètre et même du millimètre (Bose). C'est à l'aide d'un miroir métallique que l'on a pu faire interférer un rayon réfléchi avec le rayon incident et donner lieu à des ondes stationnaires qui ont permis de comparer la vitesse de l'induction à celle des ondes électriques dans un fil (§ 57).

Les rayons hertziens permettent de répéter ainsi à peu près toutes les expériences optiques relatives aux rayons lumineux : à l'aide de deux miroirs métalliques orientés comme dans le dispositif de Fresnel, Righi a pu obtenir deux rayons réfléchis suivant à peu près la même route, et interférant entre eux. Le même physicien a reproduit le phénomène des anneaux colorés de Newton, obtenu par l'interférence des rayons lumineux réfléchis sur les deux faces de lames minces (parois de bulles de savon, par exemple), en employant des lames de paraffine. D'ailleurs ici, étant donné les grandes longueurs d'onde des rayons étudiés, une lame de paraffine de 1 à 2 centimètres est suffisamment mince pour donner ce résultat.

Il est facile de montrer que les rayons hertziens se réfractent comme les rayons lumineux. Les lentilles de soufre, de paraffine agissent comme celles de verre pour les rayons lumineux.

Quand un corps naturellement transparent comme le verre est réduit en poudre, on sait qu'il devient opaque aux rayons lumineux; certains corps à structure granuleuse, quoique vitreux, sont également opaques; ces corps sont transparents pour les rayons hertziens. Mais si, par contre, on essaie de faire traverser à ces rayons une cuve renfermant des fragments de résine concassée, ils sont arrêtés par suite des réflexions multiples qu'ils subissent sur chaque fragment, comme les rayons lumineux le sont par les grains de verre pilé.

Les rayons hertziens présentent aussi le phénomène de la diffraction, qui d'ailleurs est obtenu d'autant plus facilement que la longueur d'onde est plus grande. C'est la diffraction qui explique pourquoi les ondes de la télégraphie sans fil paraissent contourner les obstacles matériels, les montagnes.

61. — Polarimétrie des rayons hertziens. Grille de Hertz. Lumière apportée par la polarimétrie au phénomène de l'absorption des radiations par la matière.

Enfin on peut imiter le phénomène produit par la grille de tourmaline de l'analyseur en polarimétrie en plaçant devant un faisceau hertzien, naturellement polarisé comme nous le savons, une grille de fils métalliques très rapprochés (Hertz) ; les courants développés par induction quand les fils sont parallèles à la direction du champ électrique absorbent toute l'énergie radiante, de sorte que si l'on place la grille parallèlement aux oscillations électriques, on arrête le rayon. Si on la plaçait parallèlement aux oscillations magnétiques, le rayon continuerait sa route.

L'image de la polarisation des radiations éthérées donnée par la grille de Hertz est d'ailleurs très particulière aux radiations hertziennes; elle est aussi particulière que l'image matérielle que nous en avions donnée avec la canne de Weiss (§ 50). En réalité, la polarisation des rayons lumineux par la matière anisotrope correspond à une décomposition plus complexe des ondulations de l'éther et à une recomposition de ces mouvements dans deux plans de vibration déterminés. Mais on conçoit facilement la raison d'être de ces différences si l'on se rappelle ce que nous avons dit tout à l'heure : les rayons hertziens en s'absorbant dans la matière mobilisent les électrons libres dans la direction du champ électrique que transportent leurs ondes; ils les font osciller dans cette direction, ils infléchissent dans cette direction leurs vitesses durant leurs libres parcours, et cela suppose un conducteur placé dans la direction du champ électrique. Au contraire, les ondulations lumineuses, de période beaucoup plus courte ne dévient pas les électrons libres de leurs libres parcours, mais par contre elles provoquent des oscillations d'un rythme différent, d'un rythme si rapide qu'il est de l'ordre des vitesses de la révolution atomique. Avec les rayons hertziens, nous avons affaire à une résonnance électrique, et le diapason intéressé a pour constantes la self et la capacité du circuit; avec les rayons lumineux, nous avons affaire à une autre résonnance : le diapason intéressé a pour constantes les régimes cinétiques intra-atomiques qui varient d'un corps à l'autre. Les directions des mouvements électroniques induits ne sont plus influencées par la forme macroscopique des corps irradiés, mais par leur architecture élémentaire.

Nous ne pouvons aller plus loin pour le moment dans

cette comparaison, mais ce que nous venons de dire montre assez que les radiations hertziennes, malgré ces différences d'effets, s'offrent à nous avec tous les caractères des radiations lumineuses et que vraisemblablement, suivant la théorie de Maxwell, nous pouvons regarder toutes les radiations vraies comme présentant les caractères fondamentaux des rayons hertziens. Nous pouvons donc dès à présent énoncer les propositions suivantes que nous justifierons bientôt plus complètement : toutes les radiations vraies sont constituées par la propagation sous forme d'onde d'une perturbation électromagnétique de l'éther; toutes ont pour origine un changement de régime ou de vitesse de l'électron générateur; toutes agissent sur la matière par l'intermédiaire d'un phénomène électronique : quand la période est longue, c'est l'induction qui produit des phénomènes électriques proprement dits (translation d'électrons libres le long des conducteurs influencés); quand elle est courte, la perturbation causée est liée au régime cinétique des électrons matériels sans translation électrique décelable dans les conditions ordinaires d'observation.

62. — Mutation de l'énergie radiante absorbée quand un faisceau hertzien rencontre la matière. Télégraphie sans fil.

Nous avons dit que les oscillations hertziennes, quand elles s'absorbent dans la matière produisent avant tout des phénomènes d'induction électrique proprement dits; les oscillations du champ électrique qu'elles transportent produisent des oscillations des électrons libres dans les corps irradiés. C'est dire que ces effets sont produits au maximum dans les corps bons conducteurs, dans les métaux. Au contraire, dans les diélectriques, il y a très peu d'absorption, et la petite fraction absorbée se retrouve sous la forme thermique ou sous des formes variées, d'ailleurs imparfaitement déterminées. L'un des réactifs les plus intéressants et les plus délicats à ce point de vue est la matière vivante; mais, dans la complexité des effets observés, il est bien difficile de s'orienter pour démêler l'enchaînement des effets physiques ou chimiques produits. Nous nous en tiendrons ici à l'étude des effets d'induction électrique produits dans les conducteurs.

Nous devons revenir tout d'abord avec quelques détails sur les faits de résonnance électrique que nous avons énoncés plus haut (§ 52) et sur la comparaison que nous avons faite entre les phénomènes hertziens et les phénomènes sonores. Nous savons que si, dans le voisinage d'un circuit parcouru par des courants de H.F., on place un autre circuit, ce circuit est le siège de courants induits. Nous savons aussi que toutes les fois que des électrons oscillent dans un conducteur, il existe une période d'oscillation optima, fonction du coefficient de self induction et de la capacité du conducteur, comme il existe pour un diapason une période propre de vibration, fonction de certains caractères physiques de la lame vibrante. Les phénomènes d'induction se produisent d'autant mieux que la période propre du circuit induit est plus voisine de la période des ondes hertziennes d'excitation d'autant mieux que les deux circuits sont en résonnance. Mais il y a relativement une grande latitude dans le rapport des périodes propres au circuit d'excitation et au circuit induit : l'accouplement du générateur et du récepteur est un accouplement très « lâche », ce qui fait qu'un résonnateur fonctionne quand on l'excite par des radiations de longueurs d'onde très variées, à l'encontre de ce qui se passe pour les vibrations sonores. Il est vraisemblable que l'une des raisons de cette particularité réside dans ce fait que les périodes ne sont pas toutes les mêmes dans le temps et que « les vibrations électriques sont « plutôt comparables à un bruit qu'à un son musical « pur » (H. Poincaré).

Quoi qu'il en soit, retenons que si, dans un champ hertzien, on place un circuit métallique, il subit des phénomènes d'induction et que ces phénomènes sont d'autant plus intenses que la période de ce circuit est mieux en accord avec celle du circuit générateur. Si cet accord n'existe pas, l'induction se produit malgré cela, mais à un plus faible degré.

Elle se produit même dans les conducteurs de très petites dimensions et d'une forme quelconque, toute différente des circuits en spirales ou bobines spécialement appropriées à la production de courants induits. Elle se produit même dans des particules très fines de métaux, dans les particules de limaille placées à grande distance du circuit générateur ; et si alors elle ne se manifeste pas sous l'aspect ordinaire que nous lui connaissons, elle n'en donne pas moins lieu à des phénomènes électriquement décelables. Tout le monde sait quel avenir a eu le tube à limaille de Branly, en préparant la télégraphie sans fil. Nous devons nous arrêter un moment à son étude.

63. — Le tube à limaille de Branly et l'induction hertzienne.

Le tube à limaille imaginé par Branly constitue un détecteur d'ondes hertziennes d'autant plus remarquable qu'il nous fait voir les effets de l'induction électrique sous un aspect que nous n'étions pas habitués à rencontrer dans l'arsenal électrique de la science. Il se compose d'un tube isolant renfermant, bloqué entre deux disques métalliques *ab*, de la limaille de nickel, d'argent ou d'un autre métal (fig.35.) Si entre les deux disques on

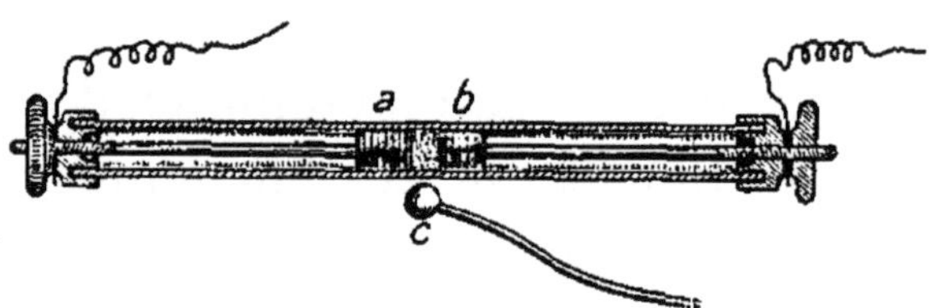

Fig. 35. — Tube à limaille Branly.

cherche à faire passer le courant d'une pile tel que celui d'un ou deux éléments Leclanché, le courant ne passe pas. Mais si l'on place le tube dans un champ de radiations hertziennes, immédiatement il devient conducteur. Sa résistance, qui était pratiquement infinie, devient d'un ordre de grandeur comparable à celle des conducteurs métalliques continus; si bien qu'il suffit de placer un récepteur Morse de la télégraphie ordinaire dans le circuit du tube à limaille pour voir son électro-aimant fonctionner, dès que la radiation hertzienne vient influencer la limaille.

Lorsque la radiation hertzienne s'éteint, la limaille conserve sa conductibilité, mais il suffit d'un petit choc mécanique imprimé à l'appareil, par exemple à l'aide du petit marteau *c*, pour la lui faire perdre, et il reprend alors sa grande résistance initiale. Si donc après chaque passage d'ondes hertziennes, on fait agir un choc mécanique, l'électro-aimant cesse de fonctionner à partir de ce moment et jusqu'à un nouveau passage d'ondes. On conçoit dès lors qu'on ait pu adopter ce dispositif à la transmission de signaux : la télégraphie sans fil était inventée.

Ce qui nous intéresse ici, ce ne sont pas les résultats pratiques de cette mémorable découverte, grâce à laquelle la pensée humaine franchit aujourd'hui les montagnes et les océans, comme l'appel de détresse du navigateur en danger arrive aux ports lointains ou aux navires les plus proches, ce qui nous intéresse, c'est le mécanisme intime de ce phénomène singulier, c'est la raison d'être de cette chute de résistance du tube à limaille sous l'action des radiations hertziennes.

Deux causes peuvent entrer en jeu : la première serait une modification du système formé par les grains de limaille et le diélectrique qui les entoure, modification non sans analogie avec ce qui se passe dans le sélénium lorsqu'il augmente sa conductibilité sous l'action de la lumière. La modification du diélectrique a été invoquée par Branly lui-même, et de cette façon de voir est sortie le nom de *radio-conducteur*, qu'il a donné à son dispositif. La seconde est plus simple : elle a été mise en avant par Lodge; si la limaille n'est pas conductrice, c'est que chaque grain s'entoure d'une couche extrêmement mince d'oxyde isolant, et que les ondes hertziennes, produisant de minuscules étincelles d'induction entre les grains voisins, donnent lieu à la formation de ponts conducteurs, de liens de cohésion, qui persistent ordinairement jusqu'à ce qu'un choc mécanique les détruise : de là, le nom de *cohéreur* donné par Lodge au tube à limaille.

La plupart des physiciens admettent que cette dernière cause est, sinon la seule, du moins la principale. Voici d'ailleurs quelques-unes des raisons qui militent en faveur de cette manière de voir :

1° Pour qu'un tube à limaille fonctionne, il faut que le métal pulvérisé soit légèrement oxydable, sinon le courant passe même en l'absence d'ondes hertziennes. Si l'oxydation est poussée trop loin, le tube est inexcitable : sa résistance se maintient toujours très élevée. C'est pourquoi Lodge a imaginé de faire le vide dans les tubes, lorsque les grains de limaille ont atteint le degré d'oxydation voulue.

Le tâtonnement et la pratique ont montré les meilleures conditions du fonctionnement à ce point de vue ; c'est ce qui explique les avantages de certains mélanges. Ainsi, Marconi, qui a si puissamment contribué à faire pénétrer dans le domaine de la pratique la télégraphie sans fil, a employé un mélange de 96 p. 100 de limaille de nickel et 4 p. 100 de limaille d'argent.

2° Un tube à limaille inoxydable peut fonctionner si les électrodes sont oxydables : il est probable alors que la chute de résistance se fait entre l'électrode et la limaille. D'ailleurs, nous touchons là à la question très générale des résistances de contact : deux ou plusieurs sphères de métal oxydable simplement juxtaposées avec une pression appropriée opposent une résistance variable au passage du courant suivant qu'elles sont ou qu'elles ne sont pas soumises aux ondes électriques et peuvent servir de détecteur du rayonnement hertzien.

3° Différentes causes autres que les ondes hertziennes rendent le tube à limaille conducteur : dès 1884, plusieurs années avant les travaux de Branly, le professeur italien Calzecchi-Onesti avait démontré que la limaille métallique placée dans un tube de verre, entre deux électrodes, devient conductrice sous l'action des vibrations sonores, des courants induits, etc., et perd sa conductibilité sous une perturbation mécanique. D'autre part l'augmentation de pression des électrodes *a* et *b* (fig. 35), rend la limaille conductrice d'une façon permanente. On ne doit, pour obtenir un détecteur d'ondes, exercer une pression ni trop forte ni trop faible : dans le premier cas, la conductibilité serait permanente; dans le second, les ondes hertziennes n'abaisseraient pas la haute résistivité.

4° La permanence de la conductibilité après le passage de la radiation hertzienne peut ne pas exister dans certains cas : ainsi les contacts entre des billes de charbon reprennent leur grande résistance dès que cesse la radiation hertzienne; c'est pourquoi, les cohéreurs au charbon, tels que celui de Tommasina, sont dits *autodécohérents*.

Ce fait doit être rapproché d'une notion établie par Varley, en 1870 : la poudre de charbon a une résistance variable suivant la force électromotrice du courant qui la traverse. Toutefois il faut savoir que certains phénomènes ne sont pas parfaitement expliqués par cette théorie : quand on noie la limaille dans la paraffine par exemple, le cohéreur n'en fonctionne pas moins; or si l'on peut expliquer le passage de la haute résistance à la haute conductance, en disant que les ondes induites créent de petits canaux microscopiques dans la paraffine et que les parois de ces petits canaux sont métallisées, il est moins facile de se rendre compte de la décohésion par choc. D'autre part, il existe ce qu'on appelle des décohéreurs; ce sont des systèmes dont la résistance augmente dans les champs hertziens. On obtient facilement un décohéreur en superposant des plaques métalliques mouillées : leur résistance augmente quand on les place dans un champ hertzien. Il faut admettre dans la théorie de Lodge qu'il y a volatilisation de petits ponts métalliques, d'où une diminution de la conductibilité de contact, ou encore qu'il y a formation d'une petite couche de vapeur au contact des métaux, explications qui renferment une grande part d'hypothèse.

Une partie de ces difficultés disparaît si, avec M. Blanc, on fait en outre intervenir une modification dans la dissymétrie des liens moléculaires des couches superficielles. Tout solide présentant une dissymétrie moléculaire de surface analogue à la tension superficielle des liquides, cette dissymétrie créerait une zone de plus grande résistance électrique que modifierait le rayonnement hertzien (Cf. T. I § 78).

Quoi qu'il en soit, on conçoit que la haute conductibilité prise par le tube à limaille résulte de l'induction électrique produite dans chaque grain de limaille par le champ hertzien; sous l'influence de ces petits courants, une modification se produit dans les rapports des grains de limaille. Actuellement ces modifications ne pourraient être précisées d'une façon absolue.

64. — Autres manifestations de l'énergie hertzienne absorbée par les conducteurs.

La haute conductibilité donnée au tube à limaille et les phénomènes de résonnance qui rentrent dans les lois générales de l'induction, ne sont pas les seules manifestations spéciales par lesquelles se révèle l'énergie radiante fixée dans les conducteurs. Sans parler de l'élévation thermique des métaux placés dans un champ hertzien par suite de l'effet Joule, d'où l'emploi du bolomètre comme révélateur de la radiation hertzienne, il est intéressant de citer ici un détecteur d'ondes curieux imaginé par Marconi. Il repose sur le principe suivant : on sait que dans un champ magnétique oscillant, un barreau de fer doux subit une aimantation alternante, mais l'aimantation du barreau est un peu en retard sur la phase du champ. Ce retard ou hystérésis serait supprimé dans un champ hertzien. Si donc on place ce barreau de fer dans une bobine et qu'on la soumette à un champ magnétique variable, de période assez longue, l'aimantation alternante du barreau sera aussi à longue période et un récepteur téléphonique, placé en circuit, ne rendra aucun son ; mais si un champ hertzien agit soudain sur l'appareil, l'hystérésis immédiatement détruite du barreau lui fera rattrapper brusquement son retard de phase et cette variation brusque d'aimantation induira un courant dans la bobine, d'où un bruit perçu au récepteur téléphonique.

La science de la télégraphie sans fil et de la téléphonie sans fil fait à notre époque des progrès rapides. Parmi les procédés pratiques mis en œuvre, beaucoup sont tenus secrets, soit pour des raisons patriotiques, soit pour des raisons industrielles. Aussi est-il difficile de faire une synthèse complète de tous les faits actuellement connus. Cependant les notions que nous avons données ici suffisent pour faire voir les modes de mutation de l'énergie radiante absorbée par la matière que rencontrent les ondulations hertziennes.

Induction électrique, production de modifications matérielles ou autres qui entraînent des changements de conductibilité des conducteurs discontinus, ou des changements électromagnétiques dans certains corps, tels sont avant tout les effets qui nous frappent et qui se soumettent à l'analyse physique. A côté de ceux là, il y en a d'autres que nous n'avons fait qu'énoncer et qui sont propres aux diélectriques et aux réactifs organiques : de ce côté, le champ est ouvert aux recherches expérimentales et les conclusions sont encore lointaines.

Nous allons voir maintenant sous quel aspect vont se présenter les mêmes phénomènes quand on passe des rayons hertziens aux rayons de la gamme visible ou à ceux qui la prolongent immédiatement en bas et en haut : l'infra-rouge, l'ultra-violet.

CHAPITRE III

Les rayons lumineux. L'infra-rouge. L'ultra-violet.

65. — Origine des rayons lumineux infra-rouges et ultra-violets.

D'après la conception de Maxwell qui aujourd'hui domine la science des radiations, un rayon lumineux est constitué par la propagation d'oscillations électromagnétiques à travers l'éther; ces oscillations ne diffèrent de celles qui constituent les rayons hertziens que par leur fréquence beaucoup plus élevée et par des caractères accessoires. Qu'allons-nous donc trouver à l'origine de ces radiations? Quel va être le phénomène matériel que nous allons rencontrer au point de divergence du champ électromagnétique?

Nous savons déjà que les oscillations d'électrons, créées par des différences de potentiel électrique alternantes dans les conducteurs, ne peuvent dépasser une certaine fréquence, et c'est très péniblement qu'on arrive à obtenir des ondulations hertziennes d'une longueur d'onde inférieure à 10 millimètres, alors que les plus grandes longueurs d'onde de la gamme infra-rouge sont de l'ordre du μ.

Cependant, en raison même de la similitude des diverses radiations et étant donnée la communauté d'origine que nous trouvons à la plupart des phénomènes physiques analogues, il nous est difficile de ne pas chercher, dans l'accélération de l'électron, la cause des ébranlements lumineux; et, dès lors qu'on ne peut invoquer les mouvements de translation des électrons libres dans les conducteurs, on songera volontiers à un mouvement de révolution ou d'oscillation d'électrons évoluant dans la sphère même d'activité atomique.

Un électron oscillant autour d'une position d'équilibre ou tournant autour d'un centre entraîne avec lui ses lignes de force; celles-ci se déplacent dans l'éther suivant un rythme qui est précisément celui du mouvement électronique.

Si l'on considère les lignes de force parties de cet électron vers l'infini dans une direction donnée et que l'on cherche à se représenter les déplacements imprimés par l'oscillation électronique, on ne peut mieux faire que de comparer le système à celui d'une corde tendue infiniment longue dont nous tiendrions un bout et que nous secouerions transversalement par le mouvement rythmique de nos bras. L'électron secoue de mouvements rythmiques les extrémités de toutes les cordes qui rayonnent autour de lui. Nous allons examiner sur quoi est assise cette conception et dans quelle condition l'atome matériel émet des radiations visibles.

66. — L'agitation particulaire, source des radiations lumineuses ou thermiques, n'est pas indépendante des mouvements des électrons dans l'atome. Raisons d'être de cette conception.

Quelle que soit l'idée qu'on se fasse de l'architecture d'un atome, toutes les déductions des faits expérimentaux tendent à y faire reconnaître deux choses : d'abord la présence d'électrons; ensuite le mouvement de ces électrons.

Or lorsque nous jetons les yeux sur la matière, je veux dire sur les corps qui composent notre planète, nous voyons qu'ordinairement ils n'émettent pas de rayons lumineux et ne sont visibles que parce qu'ils nous réfléchissent la lumière de sources étrangères. Si donc comme tout porte à le croire chacun de leurs atomes renferme des électrons en mouvement, ces mouvements électroniques ne sont pas l'origine d'ondulations éthérées. D'ailleurs, s'il en était autrement, il faudrait que de l'énergie soit dépensée continuellement dans la matière qui ne pourrait rester immuable; sans quoi, nous assisterions à un départ constant d'énergie rayonnée sans perte pour le système générateur, ce qui est contraire aux idées les plus fondamentales de la science.

Cependant dans certaines conditions, la matière devient lumineuse. L'incandescence, la luminescence nous montrent que les éléments matériels peuvent devenir le lieu d'émission des radiations visibles. Notre première pensée va être que cette émission est uniquement due à l'agitation thermique des électrons libres, ceux-là même que nous avons mis en scène pour expliquer les phénomènes électriques et thermiques dans les métaux et même dans les diélectriques. Cependant un examen plus approfondi nous fera voir que la matière froide, je veux dire la matière bien au-dessous du point d'incandescence, peut être lumineuse et que dans beaucoup de cas, il existe une relation étroite entre la nature de l'atome lumineux et la longueur d'onde de la radiation émise;

il y a une spécificité atomique dans la production de la lumière comme si l'atome imposait son rythme aux électrons générateurs.

Une série de faits doivent être pris en considération. si nous voulons essayer d'éclairer cette question.

C'est d'abord l'étude des radiations produites par la matière solide ou liquide progressivement chauffée. La quantité d'énergie radiante produite est liée à la température absolue par une relation expérimentale qu'on peut déduire par le raisonnement de la théorie électronique.

C'est ensuite la relation entre la longueur d'onde de la radiation la plus énergique produite par les corps solides ou liquides incandescents avec la température absolue.

C'est enfin la spécificité du spectre d'émission de chaque gaz ou de chaque vapeur soumis à certaines causes ou encore du spectre d'émission des molécules phosphorogènes dans les corps phosphorescents.

Nous allons les passer en revue.

67. — La matière solide ou liquide chauffée à l'incandescence donne un spectre d'émission continu. Ce spectre est le même pour tous les corps quand on les considère comme radiateurs intégraux.

On sait que si l'on fait tomber un faisceau solaire S limité par une fente F (fig. 36) sur un prisme P dont l'arête est parallèle à la fente et qu'on reçoive le faisceau sur l'écran E, on voit en *eé* un spectre présentant les couleurs de l'arc-en-ciel ; il est parfaitement net quand on a pris la précaution de rendre le faisceau lumineux convergent par une lentille L dont le foyer est sur l'écran E.

On sait aussi que l'explication de ce phénomène est simple. La lumière solaire est composée de rayons

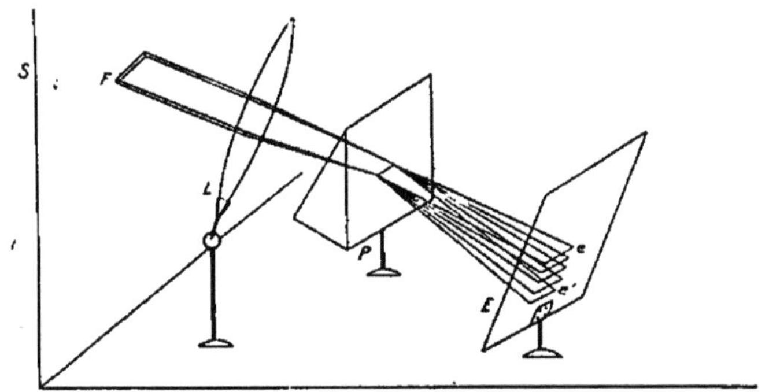

Fig. 36. — Décomposition de la lumière par le prisme.

monochromatiques dont les longueurs d'onde s'échelonnent depuis $0^{\mu},4$ à $0^{\mu},8$ environ. L'indice de réfraction du verre est différent pour chacun d'eux, de sorte que ces rayons sont d'autant plus déviés qu'ils ont une longueur d'onde plus petite. Tout se passe comme si le soleil était un générateur de mouvements électroniques multiples dont les fréquences varieraient graduellement depuis 375 trillions à 750 trillions par seconde, sans lacune dans la gamme des vibrations. Il y a étalement du faisceau S par le prisme et non morcellement en faisceaux distincts comme cela arriverait, par exemple, avec un faisceau formé uniquement de violet et de jaune, ou de rouge et d'indigo, sans trace des couleurs intermédiaires. On trouve bien dans le spectre solaire des bandes noires, mais ces bandes sont dues à l'absorption de radiations composantes, de longueurs d'onde parfaitement déterminées, par l'atmosphère de la terre (raies telluriques) ou du soleil (raies solaires).

Or si l'on étudie le spectre donné non plus par la lumière solaire, mais par la lumière des corps chauffés à l'incandescence, on constate aussi que ce spectre est continu.

Il faut ne pas oublier d'ailleurs que, même à la température ordinaire, même aux basses températures jusque dans le voisinage du zéro absolu, tant qu'il y a encore de l'agitation thermique, tous les corps émettent des radiations obscures que l'on désigne sous le nom de radiations caloriques. Ces radiations ont des longueurs d'onde supérieures à celles du rouge visible.

Si donc on chauffe un corps, au fur et à mesure que sa température s'élève, la fréquence des radiations émises augmente, les longueurs d'ondes deviennent plus petites, et vers 600°, ces radiations commencent à impressionner la rétine; le corps nous apparaît rouge sombre.

L'étude spectrale de ce rayonnement montre un spectre analogue à l'extrémité inférieure du spectre solaire, ne comprenant que le rouge étendu plus ou moins vers l'orangé, suivant le degré thermique. D'ailleurs ici, comme quand on étudie le spectre solaire, il est facile de constater avec le thermomètre que le spectre s'étend en deçà de la région visible, dans l'infra-rouge.

Si l'on continue de chauffer le corps, on voit au fur et à mesure que la température s'élève, le spectre s'étendre vers le jaune, le vert, le bleu, l'indigo, et enfin le violet. A ce moment, la température est voisine de 1.000° et si l'on regarde directement le corps chauffé, on le voit à l'incandescence blanche.

Rien n'est plus facile que d'observer le mécanisme de

ces phénomènes, en étudiant le spectre donné par le filament d'une lampe à incandescence traversé par un courant d'intensité croissante. Lorsqu'il est au blanc incandescent, son spectre est analogue au spectre solaire.

Tous les corps solides et liquides portés *à un même degré thermique* donnent en principe *ce même spectre continu*. En fait, on observe des différences spectrales dues à ce que les corps ne sont pas des radiateurs intégraux (V. § 68) pour employer le terme par lequel Ch. E. Guillaume propose de désigner les corps idéalement noirs. Par un artifice expérimental, on peut se placer dans les conditions du radiateur intégral, en observant ce qui se passe au fond des cavités creusées dans les corps incandescents; là les radiations reçues par réflexion, par diffusion, finissent par être totalement absorbées, comme s'il s'agissait d'un corps idéalement noir, et les radiations émises sont telles que les donnerait un radiateur intégral. Dans ces conditions, *le spectre est le même pour tous les corps portés à une même température*. Les radiations émises paraissent être simplement une fonction de l'état thermique de la matière indépendamment de la nature de cette matière.

68. — Les corps diffèrent entre eux dans la réalité, parce qu'ils ne sont pas des radiateurs intégraux, des corps idéalement noirs. Loi de Kirchhoff.

Tout corps qui n'est pas au zéro absolu rayonne de l'énergie, nous l'avons dit, sous la forme de radiation thermique. Mais ce corps est placé au milieu d'autres corps qui émettent eux aussi de l'énergie radiante. Or, quand une radiation rencontre la matière, nous savons qu'elle s'y absorbe plus ou moins et la partie absorbée provoque une élévation thermique du corps irradié.

A la longue, un équilibre thermique s'établit entre les différents corps, et l'expérience montre que, grâce à cet échange d'énergie radiante, tous les corps de la même enceinte se trouvent à la même température.

Une fois que cet équilibre est atteint, les corps n'en rayonnent pas moins; ils ne reçoivent pas moins l'énergie rayonnante venue des corps voisins, et chacun d'eux la transforme en chaleur, mais sa température propre ne monte pas parce qu'il perd en rayonnant lui-même ce qu'il acquiert par absorption. On voit par suite que le pouvoir émissif doit être égal au pouvoir absorbant : c'est là le principe énoncé par Kirchhoff. On peut en conclure par avance que si l'on considère un corps imparfaitement noir, imparfaitement absorbant, ce corps ne sera pas un radiateur intégral. Si ce corps est inégalement noir, inégalement absorbant pour les différentes radiations, il sera inégalement apte à émettre ces mêmes radiations à une température donnée. Sans cela, on trouverait forcément déséquilibrement des températures entre les corps d'une même enceinte.

Kirchhoff s'est efforcé de démontrer cette constance du rapport entre le pouvoir émissif et le pouvoir absorbant pour chaque espèce de radiation. Ses réactifs principaux étaient le noir de fumée dont le pouvoir absorbant est maximum et égal à l'unité; l'argent poli qui n'absorbe que 1/40 de l'énergie radiante incidente, réfléchit tout le reste et ne transmet rien; et le sel gemme qui transmet presque la totalité, n'absorbe qu'une quantité négligeable et réfléchit moins de 1/12. Il a vérifié le régime d'équilibre thermique de ces corps aux différentes températures. Sa conclusion est devenue l'un des principes les plus importants de cette branche de la physique : *Le pouvoir émissif d'un corps pour chaque radiation et à toute température est égal à son pouvoir absorbant*.

Nous devrons donc forcément apporter une restriction capitale au principe que nous avons énoncé au paragraphe précédent, à savoir qu'un radiateur intégral porté à une température donnée offre un spectre continu le même pour tous les corps. Ordinairement les corps considérés n'étant pas des corps idéalement noirs et ayant un pouvoir absorbant différent pour les diverses espèces de radiation, ont un pouvoir émissif différent aussi; ils sont des radiateurs partitifs; la quantité d'énergie radiante émise est fonction de la température absolue et d'un coefficient spécifique; leur spectre d'émission continu est qualitativement plus ou moins différent, suivant ce qu'on peut appeler par extension le radiochroïsme spécifique de la matière pour les radiations de longueurs d'onde variées.

Remarquons d'ailleurs que la loi de Kirchhoff ne doit pas être étendue au delà des cas où l'émission est purement d'origine calorifique. Quand on considère la lumière de cause chimique, électrique, mécanique (luminescence), ce principe est en défaut ; et, si on l'appliquait à ces cas particuliers, on le détournerait complètement de son sens véritable.

69. — L'énergie rayonnée par la matière est une fonction définie de la température absolue, la même pour tous les corps (loi de Stéfan), quand on considère les radiateurs intégraux. Influence d'un coefficient spécifique dans la réalité.

Si l'on mesure l'énergie thermique de la somme des radiations émises du haut en bas du spectre par un corps chauffé supposé radiateur intégral, cette énergie totale rayonnée est proportionnelle à la 4e puissance de la température absolue. Telle est la loi formulée par Stéfan. Ainsi supposons qu'à une température absolue de 500°, un corps rayonne *n* calories par seconde, à une température 2 fois plus élevée, à 1.000°, il rayonnera un nombre de calories 16 fois plus grand.

Boltzmann a montré que l'on peut déduire directement cette loi de la théorie électromagnétique de la lumière. Il a fait entrer en ligne de compte pour cette démonstration la pression de radiation que nous étudierons plus loin, et l'énergie de radiation contenue dans un centimètre cube. Il montre que *e* pouvoir rayonnant total du corps noir est égal à $\frac{Vu}{6\,J}$, expression dans laquelle V est la vitesse de la lumière, J l'équivalent mécanique de la chaleur et *u* l'énergie de radiation par unité de volume; il montre en second lieu par le calcul que *u* est une fonction de la 4e puissance de la température absolue, d'où $e = \left(\frac{V}{6J}\,K\right)T^4$, expression dans laquelle, on le voit, $\frac{VK}{6J}$ est une constante.

Ce que nous avons dit ci-dessus des corps réels

opposés aux corps idéalement noirs, nous montre naturellement que la loi de Stéfan doit être tempérée par un facteur de spécificité propre à chaque substance.

Suivant que le corps considéré a un pouvoir absorbant plus ou moins différent de l'unité, c'est-à-dire de celui du corps noir idéal, il s'écartera plus ou moins de la loi de Stéfan. D'autre part, nous savons que le pouvoir absorbant des corps réels est une fraction de l'unité variable suivant la qualité de la radiation incidente (radiochroïsme pris dans son sens le plus large); nous voyons par suite que, si la quantité globale d'énergie radiante produite diffère de celle prévue par la loi de Stéfan, comme nous venons de le montrer, sa qualité doit être variable aussi, et le même tempérament doit être apporté à la loi que nous allons envisager à présent : la loi du maximum spectral de Wien.

70. — Le spectre du rayonnement émis par un corps chaud présente un maximum. Ce maximum est seulement fonction de la température absolue (loi de Wien) pour les radiateurs intégraux. Influence d'un coefficient spécifique pour les corps ordinaires.

Si l'on étudie l'énergie des différents faisceaux composant le spectre continu donné par un corps incandescent, on constate que tous n'ont pas la même énergie. On trouve un maximum correspondant à une longueur d'onde bien déterminée pour chaque température. Le maximum se déplace vers les radiations de courtes longueurs d'onde à mesure que la température s'élève, et l'expérience a permis d'établir la loi suivante énoncée par Wien : « Dans le rayonnement d'un corps noir ou

« radiateur intégral, la longueur d'onde de la radiation « qui a le maximum d'énergie est inversement propor- « tionnelle à la température absolue de ce corps. »

Si l'on désigne par λ_x la longueur d'onde de cette radiation caractéristique de la région spectrale d'intensité maximale, et par T la température absolue, on peut écrire : $\lambda_x T =$ Constante.

Cette constante est numériquement égale à 2.940.

Quand du corps idéalement noir nous passons aux corps réels, nous savons déjà que le pouvoir émissif comme le pouvoir absorbant varie suivant la qualité du rayonnement considéré. On conçoit donc que la loi de répartition de l'énergie spectrale à partir du maximum puisse être liée dans une certaine mesure à la nature du corps considéré. Ici encore il faut faire figurer un coefficient spécifique.

Les lois que nous venons d'étudier, relatives aux corps noirs ou radiateurs intégraux, sont donc d'une très haute portée quand il s'agit d'interpréter les mutations de l'énergie, mais il ne faut pas oublier, quand on se propose d'interpréter les propriétés de la matière, que le corps noir idéal n'est qu'une fiction et que la matière met son cachet spécifique, son estampille d'origine sur la radiation qu'elle émet quand on la chauffe. Toutes les lois qui établissent un lien entre la température absolue d'un corps et la quantité ou la qualité de la radiation émise par lui, se trouvent tempérées par un coefficient spécifique d'autant plus important que le corps considéré diffère davantage du radiateur intégral. Nous verrons bientôt combien ces remarques sont importantes.

71. — Les gaz et vapeurs ont un spectre d'émission spécifique et donnent en lumière blanche un spectre d'absorption spécifique.

Les gaz et les vapeurs sont capables dans certaines conditions de devenir lumineux. On constate alors que leur spectre est discontinu. Il est caractérisé par une ou plusieurs raies, c'est-à-dire que les faisceaux composant la radiation émise sont dissociés par le prisme en plusieurs faisceaux, séparés les uns des autres par des espaces vides. Chaque faisceau ainsi isolé, parfois très peu épais, parce que la longueur d'onde des radiations de ce faisceau est rigoureusement la même, forme sur l'écran une raie décelable soit par la vue, si la raie siège dans la zone visible, c'est-à-dire si elle répond à des radiations de $\lambda = 0\ \mu,4$ à $0\mu,8$, soit par le bolomètre ou autres révélateurs thermiques, si elle siège dans l'infra-rouge, soit par la plaque photographique ou autres révélateurs actiniques, si elle siège dans l'ultra-violet.

Quand on veut rendre une vapeur ou un gaz lumineux, on a recours à différents procédés.

Les vapeurs métalliques lumineuses s'obtiennent en volatilisant le métal étudié dans une flamme ou bien au moyen de l'arc électrique qu'on fait jaillir entre deux pointes de ce métal. Les métaux alcalins, tels que le sodium, se volatilisent très facilement dans la flamme d'un brûleur Bunsen.

Pour rendre lumineux les gaz ordinaires, on se sert de préférence d'un procédé électrique reposant sur l'emploi des tubes à vide. Il suffit d'introduire une très petite quantité de gaz dans un tube de verre traversé à ses deux extrémités par une électrode métallique et préalablement vidé, pour voir dans ce tube une luminescence dont l'étude spectroscopique est caractéristique : elle fait voir les raies spectrales du gaz introduit. Ces raies se superposent à celles du gaz sur lequel on a fait le vide, mais par différents procédés, on peut, quand il y a lieu, se débarrasser de ce gaz résiduel. Ce procédé a été employé en particulier par Plücker pour l'étude des gaz rares. Il a conduit à la découverte de gaz nouveaux : du cœsium, du rubidium (Kirchhoff, Bunsen), du thallium (Crookes), etc.

Si ces procédés donnent avec la plus grande facilité une émission de lumière par les particules gazeuses, par contre, il est remarquable de constater qu'un gaz chauffé à une température de 1.500° ou 2.000° n'émet pas de radiations visibles. Cependant il ne faudrait pas regarder cette affirmation comme trop absolue. Tyndall a montré que l'acide carbonique et quelques autres gaz émettent des radiations infra-rouges. Malgré cette réserve, on peut dire que dans la production de lumière par les gaz, il ne s'agit pas d'une mutation de l'énergie thermique en énergie lumineuse; il s'agit d'un phénomène différent : la luminescence.

Nous voilà donc en présence de deux processus générateurs de lumière.

I. — La matière solide ou liquide, chauffée jusqu'à l'incandescence, émet des radiations très complexes où toutes les longueurs d'onde sont représentées, mais où cependant l'une d'elles prédomine et dépend de la température absolue, quel que soit le corps chauffé.

II. — La matière gazeuse chauffée ne donne qu'exceptionnellement des rayons visibles, mais sous divers excitants, soit électriques (tube de Gessler, lampes à vapeur de mercure), soit chimiques (flammes); les molécules gazeuses deviennent des foyers d'émission de radiations. Les radiations produites dans ces conditions, n'offrent pas toute la série des longueurs d'onde; le spectre obtenu n'est pas un spectre continu : quelques longueurs d'onde, bien déterminées, seulement y figurent.

Si cette même matière gazeuse est placée sur le trajet d'un faisceau lumineux à spectre continu, elle absorbe les rayons de ces mêmes longueurs d'onde, donnant ainsi des spectres d'absorption superposables aux spectres d'émission, mais inverses. On aurait tort d'ailleurs de voir dans ce fait une application ou une démonstration de la loi de Kirchhoff. La loi de Kirchhoff se rapporte, comme nous l'avons dit, aux phénomènes thermo-lumineux; elle s'applique aux spectres continus, aux cas où il y a exclusivement mutation de l'énergie radiante en chaleur, ou inversement. Ici, il s'agit d'un fait différent que nous pouvons dès à présent qualifier de fait de résonnance.

Notons d'autre part que si l'on soumet un gaz à une pression croissante, le spectre d'émission *tend à devenir continu* : ses raies s'élargissent progressivement comme si les particules vibrantes perdant de plus en plus leur autonomie se comportaient de plus en plus comme à l'état solide ou liquide.

72. — Les phénomènes de luminescence, fluorescence, phosphorescence constituent un autre cas d'émission spécifique des radiations par la matière. Loi de Stokes.

Certains corps, tels que le phosphore, le sucre, le platinocyañure de baryum, le sulfure de zinc, etc., sont capables d'émettre des rayons lumineux sous des influences variées. Ce phénomène est connu sous le nom générique de luminescence; quand la luminescence ne survit pas à la cause apparente qui la produit, on dit qu'il y a fluorescence; quand elle dure plus longtemps que cette cause, on dit qu'il y a phosphorescence. Si l'on chauffe un corps en état de phosphorescence, il augmente généralement d'éclat, mais radie moins longtemps : la chaleur lui fait rendre plus vite son énergie résiduelle et active ainsi l'intensité du phénomène en diminuant sa durée : c'est la thermo-luminescence.

Les causes capables de provoquer la luminescence sont de diverses espèces.

Souvent il s'agit de causes chimiques : la phosphorescence du phosphore est due à son oxydation dans l'air.

Parfois il s'agit de causes mécaniques (tribo-luminescence) : tel est le cas du sucre qui donne une luminescence très visible quand on en brise un morceau dans l'obscurité.

Enfin, il peut s'agir d'une mutation de l'énergie radiante. Un corps exposé au rayonnement solaire, à l'ultra-violet, aux rayons X, aux rayons cathodiques, etc., peut émettre des rayons de luminescence : tels sont le platinocyanure de baryum, le verre d'urane, soumis aux rayons X, le sulfure de zinc soumis à la lumière ordinaire ou aux rayonnements de longueurs d'onde plus courtes, etc. C'est la radio-luminescence.

L'examen spectroscopique des rayons émis par les corps luminescents prouve qu'il s'agit d'un rayonnement spécifique.

Il est même remarquable de constater que dans les cas où la luminescence d'un corps est produite par un rayonnement incident, tombant sur ce corps, on peut faire varier la nature, la qualité de ce rayonnement incident sans pour cela faire changer la qualité des rayons luminescents émis. Dans cette mutation d'une radiation en une autre radiation, on observe presque toujours que les rayons luminescents sont moins réfrangibles que les rayons incidents : cette observation a été généralisée et formulée par Stokes comme une loi absolue. On lui a donné depuis une expression encore plus générale, quand on a substitué la notion de longueur d'onde à celle de réfrangibilité. *Une radiation luminescente aurait fatalement une longueur d'onde plus grande que la radiation incidente qui la provoque*. La radio-luminescence constituerait un cas particulier de dégradation de l'énergie radiante.

Si l'on prenait à la lettre la loi de Stokes, on serait tenté de perdre de vue le principe que nous énoncions plus haut, à savoir que la luminescence émise par un élément donné est caractéristique de cet élément, qu'elle est spécifique, qu'elle constitue un caractère atomique. En effet, il semblerait que sa qualité soit une fonction de la radiation incidente; qui se dégraderait simplement en rencontrant la matière. Cette interprétation serait fausse, et il y a lieu de limiter l'application de la formule de

Stokes. Il est vrai que les radiations de courtes longueurs d'onde, l'ultra-violet, les rayons X, les rayons γ du radium sont les plus aptes à provoquer la luminescence, mais il ne faut regarder la radiation incidente que comme l'agent provocateur qui fournit l'énergie, comme la fournirait une réaction chimique ou une cause mécanique. La luminescence produite est un phénomène autonome, propre à la substance du corps luminescent. La thermo-luminescence, qui se produit sous l'influence des rayons infra-rouges, suffirait à elle seule à faire perdre à la loi de Stokes sa généralité ; la phosphorescence, qui est une prolongation de la luminescence après l'irradiation, rend aussi difficile à concevoir l'hypothèse de mutation de la radiation incidente en une autre radiation.

D'autre part, MM. Urbain et Bruninghaus ont montré que les substances luminescentes ne sont pas des substances chimiquement pures et c'est ici que nous touchons au point important de la question : la spécificité de longueur d'onde des radiations produites par un corps luminescent est liée à la nature des impuretés phosphorogènes qu'il renferme, la molécule de ces impuretés se comportant dans ce corps comme les molécules des vapeurs et gaz luminescents. Cette notion doit nous arrêter un instant.

Notons d'ailleurs que d'après les travaux de Becquerel la plupart des corps peuvent présenter une fluorescence instantanée. La luminescence serait presque une propriété universelle de la matière.

73. — Les particules du phosphorogène résonnent suivant un rythme propre qui donne à la radiation produite la spécificité de sa longueur d'onde. Travaux d'Urbain et Bruninghaus.

MM. Urbain et Bruninghaus regardent les substances luminescentes comme formées par la solution solide d'une impureté (phosphorogène) dans un diluant qui est le corps, approximativement pur, considéré. Le phosphorogène seul et le diluant seul ne sont pas phosphorescents, et dans le mélange des deux c'est le phosphorogène qui donne sa caractéristique au spectre de la luminescence produite. Ordinairement le même phosphorogène placé dans des diluants différents donne le même spectre, malgré une certaine complexité des phénomènes qui montre bien que l'autonomie du phosphorogène en solution solide, au point de vue de la luminescence, est bien moins grande que l'autonomie des molécules dissoutes en solution liquide, au point de vue de la tension osmotique.

Presque toujours le phosphorogène se trouve en très petite quantité dans le diluant. Le manganèse et le bismuth, par exemple, jouent le rôle de phosphorogène à l'état de traces d'impuretés dans un assez grand nombre de diluants. L'oxyde de chrome donne à l'alumine sa phosphorescence rouge, et Lecoq de Boisbaudran a pu isoler une alumine pure dépourvue de phosphorescence. Il lui a suffi d'ajouter à cette alumine pure 1/100.000 d'oxyde de chrome pour voir apparaître la phosphorescence rouge caractéristique.

On n'est pas fixé sur les liens qui unissent le phosphorogène au diluant. On ne sait pas exactement ce qui caractérise la solution solide. Certaines substances ont besoin de calcinations successives pour devenir phosphorescentes. D'autres ne sont phosphorescentes que quand elles présentent une certaine forme cristalline. Ces faits, et beaucoup d'autres, semblent indiquer qu'une solution solide est une chose complexe qui se produit dans des conditions déterminées. Cette complexité explique les grandes variations du phénomène de luminescence, variations qui échappent à toute investigation chimique.

Quoi qu'il en soit, il ressort de l'étude des deux groupes de sources radiantes que nous venons de passer en revue, je veux dire : les gaz et vapeurs d'une part, et, d'autre part, les substances phosphorescentes, que les particules de matière soumises à certains excitants chimiques, mécaniques, électromagnétiques, sont capables d'entrer en vibration comme des diapasons avec leurs périodes caractéristiques. Quelle est la nature de cette vibration? Cette question ne peut être résolue encore de façon certaine. Avant de chercher à y répondre, nous devons nous demander si l'étude du rayon lumineux lui-même pourra nous apporter quelque document utile.

74. — Structure d'un rayon lumineux, ultra-violet ou infra-rouge. Théorie de Maxwell.

Ce que nous avons dit de la communauté d'origine des radiations lumineuses et des radiations hertziennes nous permet d'induire que, si nous nous plaçons à une grande distance de la source radiante nous constaterons que tout rayon est caractérisé par un champ magnétique oscillant perpendiculaire à la direction du rayon et au plan d'agitation de l'électron, et par un champ électrique oscillant perpendiculaire aussi à la direction du rayon, mais se confondant avec le plan de la vibration ou de la rotation de l'électron. (Cf. fig. 33, p. 154).

Nous avons vu comment la physique expérimentale a confirmé ces vues en ce qui concerne les rayons hertziens. Quant aux rayons lumineux, nous avons déjà donné aux §49 et 50 les raisons principales qui ont fait admettre la théorie ondulatoire. Nous avons vu que la réfraction, la polarisation, les interférences, la diffraction s'accordent parfaitement avec l'hypothèse des oscillations transversales, tandis que ces phénomènes restent incompréhensibles avec l'hypothèse de l'émission.

A présent que nous avons pénétré plus avant dans la genèse de ces oscillations de l'éther à partir de la matière radiante et dans la structure du rayon lumineux, nous pouvons prévoir par voie inductive certains phénomènes décelables par nos réactifs et les vérifier expérimentalement. Ces vérifications constituent la démonstration la plus évidente de la théorie électromagnétique de Maxwell.

Les principaux faits que nous pouvons ainsi prévoir sont les suivants :

1° Quand un rayon lumineux rencontre la surface réfléchissante d'un corps transparent, il est à prévoir que le rapport de la fraction réfléchie à la fraction transmise dépendra de l'orientation du plan de vibration par rapport au plan d'incidence, si le rayon est polarisé. S'il n'est pas polarisé, si les vibrations s'effectuent dans tous les méridiens, il est à prévoir que la réflexion sélectera, partiellement au moins, les rayons, et que le rayon réfléchi tendra à présenter un certain degré de polarisation dans un sens, le rayon réfracté tendant à présenter la polarisation dans un plan perpendiculaire. C'est ce que vérifie l'expérience; et la loi de Brewster nous apprend que la polarisation respective est maxima quand le rayon réfléchi et le rayon réfracté sont à 90°. Le calcul permet de prévoir toutes les particularités de ces phénomènes sous tous les angles d'incidence.

2° La matière à structure cristalline présentant de la dissymétrie dans ses propriétés vectorielles électriques et magnétiques, il était à prévoir que, suivant les méridiens, les oscillations électromagnétiques se comporteraient de façons variées. Ce phénomène si important mérite que nous nous y arrêtions un moment; c'est pourquoi nous consacrerons le § 75 à son étude.

3° Les rayons lumineux étant constitués par la transmission d'un champ oscillant magnétique et électrique, il était à prévoir que les champs électriques et magnétiques étrangers pouvaient avoir sur eux une influence. La science a été longue à démontrer cette influence. Aujourd'hui une série d'expériences la rendent évidente. Les travaux de Zeeman, en particulier, l'ont mise hors de doute; nous nous arrêterons aussi un moment à l'étude de ces phénomènes si fertile en déductions (§ 76).

4° Le calcul a laissé prévoir que les radiations devaient exercer une certaine pression sur la matière rencontrée. Cette pression est démontrée expérimentalement et certains phénomènes cosmiques, tels que la direction de la queue des comètes à l'opposé du soleil, en paraissent tributaires. La pression de radiation est une question très importante dans la science contemporaine ; nous l'étudierons sommairement (§ 77).

5° Quand une radiation s'absorbe dans la matière, c'est que le champ électromagnétique oscillant qui la constitue s'annule. Les effets matériels produits doivent être fonction de l'énergie électromagnétique disparue, et nous avons déjà fait entrevoir que l'accélération des mouvements électroniques produite était la source d'effets thermiques et chimiques variés.

Nous avons fait entrevoir aussi que ces mouvements étaient liés à la cinétique de l'atome, et que dans beaucoup de cas, l'atome jouait le rôle d'un diapason. De là, l'intérêt de l'étude des phénomènes d'absorption. Nous pourrons même nous demander si parfois le diapason ne se brise pas sous les ondulations lumineuses comme des verres minces se brisent sous certains sons aigus : la désintégration de l'atome est un effet possible, quoique exceptionnel, des rayons lumineux quand ils s'absorbent dans la matière.

75. — La dissymétrie de la matière cristalline vis-à-vis des rayons lumineux nous éclaire sur la structure des radiations.

Nous savons qu'un rayon lumineux tombant sur un cristal à axe principal dans une direction différente de cet axe se divise en deux rayons réfractés dont l'un suit les lois ordinaires de la réfraction, tandis que l'autre, le rayon extraordinaire, s'en écarte (T. I, § 88). Ces deux rayons sont polarisés à angle droit, c'est-à-dire que les vibrations du premier s'effectuent dans un plan perpendiculaire à celui des vibrations du second.

Prenons par exemple deux cristaux de spath d'Islande et considérons les sections principales ABCD, EFGH, perpendiculaires aux faces d'incidence AD et EH et renfermant l'axe de symétrie qui est en même temps l'axe optique.

Faisons tomber sur le premier un rayon lumineux L; ce rayon incident sera décomposé en deux rayons réfractés et polarisés à angle droit. Arrêtons le rayon extraordinaire *e* par l'écran M et recevons le rayon ordinaire *o* sur le second cristal. Cela fait, plaçons d'abord les sections principales des deux cristaux parallèlement

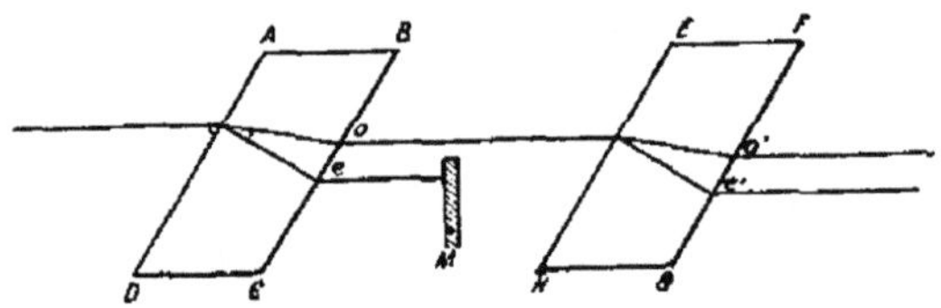

Fig. 37. — Rayon ordinaire et rayon extraordinaire.

dans le plan de la figure 37, puis faisons ensuite tourner le cristal EHGF autour du rayon incident, de manière à ce que les sections principales des deux cristaux fassent un angle croissant α.

Au cours de la rotation, nous verrons que ce rayon ordinaire polarisé *o* donne deux images après avoir traversé le deuxième cristal; ces deux images o' et e' ont des éclats variables suivant l'angle α, comme le montre la figure 38.

Dans le parallélisme, l'image extraordinaire est nulle; à 45°, les deux images sont égales; à 90°, l'extraordinaire seule existe, et ainsi de suite.

Les rayons o' et e' transmis par le deuxième cristal

sont polarisés aussi à angle droit comme les rayons *o* et *e* du premier.

Il était utile de rappeler ces faits, quoique déjà anciennement établis : ils nous révèlent quelque chose

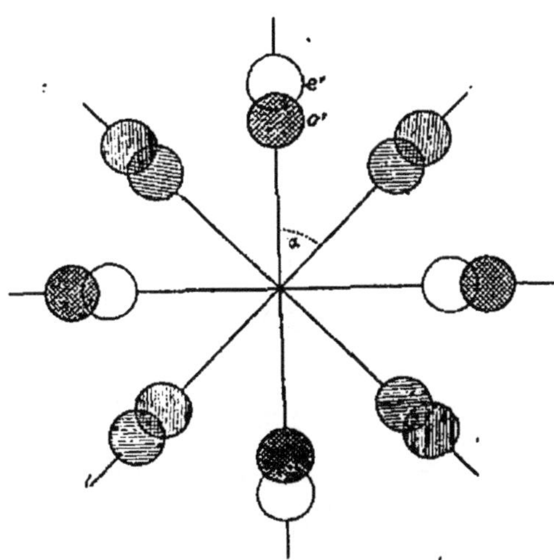

Fig. 38. — Image ordinaire et image extraordinaire.

de plus que la comparaison simple que nous avions choisie à dessein quand nous avons étudié la matière cristallisée. Ce qu'ils nous révèlent de plus, c'est qu'un cristal ne fait pas une opération de triage, de sélection banale, éteignant les vibrations orientées dans un certain sens, et laissant passer les autres. S'il faisait cela, le cristal EFGH, suivant son orientation, éteindrait simplement ou laisserait passer le rayon *o*. Il y a des cristaux qui font quelque chose d'à peu près analogue; ce sont par exemple les cristaux de tourmaline qui absorbent l'un des rayons sous une épaisseur même faible. Mais les cristaux totalement transparents ne font pas cela et tous, quels qu'il soient, font une opération préliminaire bien plus importante. C'est une opération de mécanique rationnelle tout à fait remarquable et que nous allons rappeler brièvement.

Un mouvement quelconque ON (fig. 39) peut être, on le sait, remplacé par deux autres, Ox , Oy qui ne sont que les projections de ON sur deux axes de coordonnées. De même ON′ équivaut aux composantes Ox', Oy'.

Or le cristal dissocie toutes les radiations qui tombent sur lui dans des plans de vibration quelconques ON, ON′ (plans normaux au plan de la figure), en deux rayons qui ont leurs plans de vibration Ox, Oy perpendiculaires : ces plans de vibration correspondent, pour l'incidence considérée, aux deux axes de l'ellipsoïde d'élasticité.

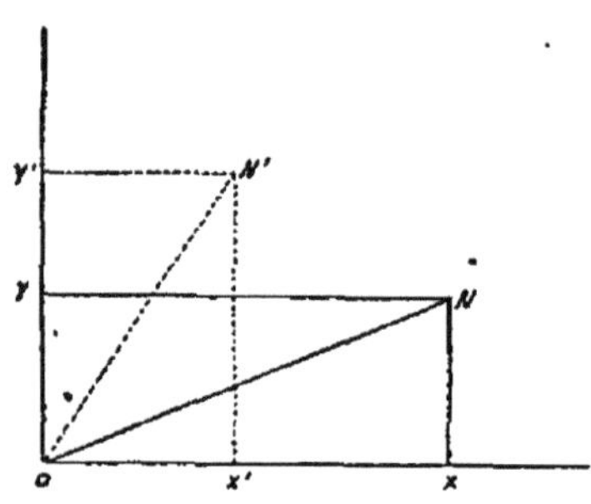

Fig. 39. — Décomposition d'un mouvement vibratoire

C'est-à-dire que dans le plan Ox, le mouvement ondulatoire rencontrera un milieu dont l'élasticité ou la densité diffèrent au maximum de celles du milieu correspondant au plan Oy.

Le raisonnement montre que dans les cristaux uniaxes, le rayon ordinaire se comporte forcément suivant les lois générales de la réfraction, parce que l'ellipsoïde d'élasticité lui offre au cours de ses déplacements un régime constant, tandis que l'extraordinaire, ayant ses vibrations orientées perpendiculairement, rencontre une élasticité ou une densité du milieu variable.

D'ailleurs, si l'on ajoute l'intensité du rayon ordinaire o' à celle du rayon extraordinaire e', quelle que soit la position considérée, cette somme est constante et égale à l'intensité I du rayon incident. Aucun rayon n'est éteint; tous sont décomposés. Quand l'angle α est nul, le rayon ordinaire o' est égal au rayon incident et l'extraordinaire e' est nul. Il décroît d'intensité à mesure que l'angle α augmente selon la loi de Malus : $o' = \frac{1}{2} \text{I} \cos^2 \alpha$, pendant que le rayon extraordinaire augmente d'intensité selon la même loi : $e' = \frac{1}{2} \text{I} \sin^2 \alpha$. Une manière élégante de mettre cette loi en lumière est de faire empiéter les unes sur les autres les lunules de la figure 38, de manière que les lunules externes recouvrent une partie des lunules internes. Les éclairements des parties communes sont égaux, quel que soit l'angle α.

Tels sont les phénomènes de la polarisation et de la double réfraction observés dans les milieux cristallins. Il en ressort deux choses : d'abord une preuve évidente des propriétés différentes de l'éther dans ces milieux suivant la direction; ensuite une clarté jetée sur la nature des ondulations lumineuses, tributaires des lois générales de la mécanique.

Ajoutons encore à ces faits deux observations bien propres à éclairer la structure d'un rayon lumineux; elles feront l'objet du § 76.

76. — La recomposition des rayons dissociés et polarisés et l'absence d'interférence des rayons de sources différentes jettent un autre jour sur la structure des radiations.

Prenons les deux rayons polarisés à angle droit, donnés par un rayon lumineux, lui-même polarisé et tombant sur un cristal. Composons-les. Nous obtenons un rayon polarisé comme l'incident. Prenons maintenant les deux rayons polarisés à angle droit, donnés par un rayon de lumière naturelle. Composons-les. Nous n'obtiendrons pas, comme semblerait à première vue le faire prévoir les lois de composition des mouvements, un rayonnement polarisé, mais bien de la lumière naturelle.

Rapprochons cette observation d'un autre phénomène non moins suggestif. Pour que deux rayons interfèrent, il faut qu'ils proviennent d'une même origine. Deux rayons qui ne proviennent pas de la même source oscillante n'interfèrent pas.

Ces faits nous amènent fatalement à la conclusion suivante : une ondulation transmise à l'éther à partir des oscillations électroniques de la matière se fait dans des méridiens perpétuellement changeants. Dans la double réfraction, la grandeur des composantes, suivant les axes de l'ellipsoïde est perpétuellement variable ; par suite la recombinaison se fait dans des méridiens variant à tout instant. Au contraire, quand le rayon incident est polarisé lui-même, bien que les amplitudes soient variables, la recombinaison des composantes donnera toujours un mouvement s'effectuant dans le même plan.

Le même raisonnement explique l'impossibilité de faire interférer des rayons provenant d'origine différente, car ils ne suivraient pas simultanément les mêmes vicissitudes d'orientation.

C'est en outre une nouvelle clarté jetée sur la constitution de la matière où nous apercevons les agitations particulaires soumises à un rythme déterminé qui assure la stabilité de la fréquence du rayon émis, mais non assujetties à s'effectuer dans un même plan, dans une même direction de l'espace.

77. — Lumières apportées à la conception des radiations et à celle des milieux cristallins par les phénomènes de polarisation elliptique et circulaire, et par ceux de polarisation rotatoire.

Nous avons assimilé le mouvement vibratoire d'un rayon polarisé à la résultante de deux mouvements composants, dirigés suivant des axes perpendiculaires et

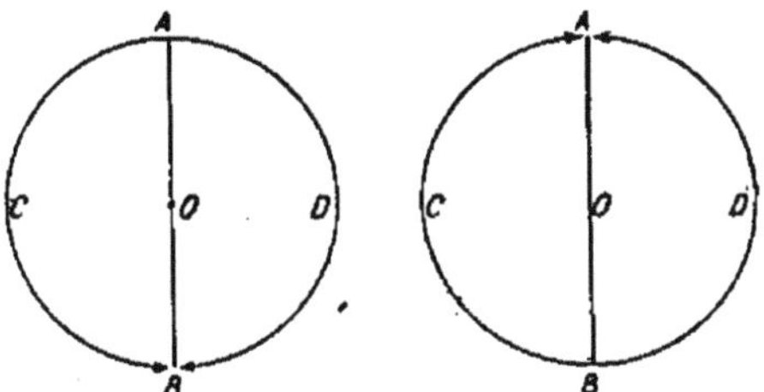

Fig. 40. — Composition de deux mouvements circulaires.

nous avons vu que la matière dissymétrique des cristaux opère ce dédoublement dans la nature. Nous pouvons imaginer une décomposition plus complexe; nous pouvons nous représenter le mouvement AOB (fig. 40) comme la résultante des deux mouvements circulaires ACB et ADB, et le mouvement BOA comme la résultante des deux mouvements circulaires BCA, BDA.

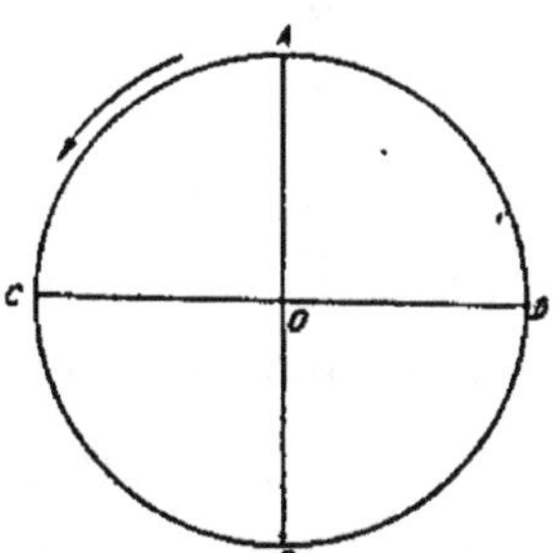

Fig. 41. — Composition de deux mouvements rectilignes à angle droit décalés de 1/4 de période.

Autrement dit, si l'on suppose un mouvement circulaire continu dans le sens ADBC et un autre mouvement circulaire synchrone, mais inverse dans le sens ACBD, ces deux mouvements se composeront suivant une oscillation rectiligne AB, BA.

Allons plus loin. Considérons le mouvement circulaire continu ACBD (fig. 41) et voyons comment il peut être produit. Supposons que deux mouvements vibratoires polarisés à angle droit et synchrones AB et CD soient décalés l'un sur l'autre dans le temps de 1/4 de période comme le montrent les courbes de la figure 42. Le point

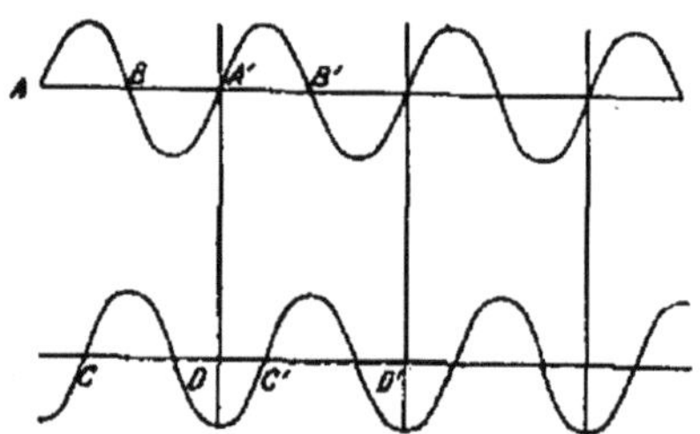

Fig. 42. — Décalage de 1/4 de période de deux mouvements oscillatoires semblables.

singulier O soumis à la composition de ces deux mouvements prendra la route circulaire ACBD. Si le décalage était différent de 1/4 de période, la route serait elliptique et non circulaire, et le petit axe de l'ellipse deviendrait nul pour un décalage nul ou égal à une demi-période. La vibration composée s'exécuterait dans un plan à 45° sur les plans des vibrations composantes.

Appliquons cette théorie :

Si nous prenons deux prismes de Nicol (1) croisés, de manière qu'un rayon lumineux tombant sur le premier envoie sur le second le rayon extraordinaire qui le tra-

(1) Rhomboèdre de spath d'Islande coupé perpendiculairement au plan des petites diagonales des bases en deux parties recollées avec du baume de Canada, dont l'indice de réfraction est plus petit que l'indice ordinaire de spath, et plus grand que l'extraordinaire, de sorte que le rayon ordinaire subit la réflexion totale au niveau de la coupure et l'extraordinaire seul passe.

verse, le second Nicol éteint ce rayon extraordinaire.

Mais si l'on place entre les deux Nicols une lame de quartz taillée perpendiculairement à l'axe principal de symétrie, la lumière reparaît. Pour l'éteindre, il faut tourner le 2e Nicol, le Nicol analyseur, d'un certain angle. Il y a eu rotation du plan de polarisation.

Ce phénomène s'explique si l'on étudie de près la structure du quartz. Ce cristal est une combinaison du prisme hexagonal avec une double pyramide à six faces, de telle sorte qu'il présente deux ellipsoïdes d'élasticité ayant leurs grands axes inclinés l'un sur l'autre.

Lorsqu'on taille une lame de quartz perpendiculairement au grand axe de l'ellipsoïde principal, un rayon polarisé, tombant normalement sur cette face, subit, à cause du second ellipsoïde d'élasticité, une double décomposition : il donne deux rayons ordinaires qui suivent la même route normale à la surface et deux extraordinaires déviés de cette route. De plus, la vitesse de propagation des rayons extraordinaires est différente, de sorte qu'à la sortie ils présentent une différence de phase. Représentons-nous la recombinaison deux à deux de chaque rayon ordinaire et de chaque rayon extraordinaire; nous aurons deux rayons polarisés circulairement, mais présentant un certain décalage. La recombinaison finale de ces deux rayons donnera un rayon polarisé rectilignement, mais dans un plan différent de celui du rayon qui émergeait du polariseur. Autrement dit, la lame de quartz aura fait tourner le plan de polarisation comme le montre l'expérience.

Une lame de quartz de 1 millimètre d'épaisseur fait tourner le plan de polarisation d'un rayon rouge de

17° 30′ environ et celui d'un rayon violet de 44° 5′ (Biot).

Cette théorie de la polarisation rotatoire proposée par Fresnel se trouve appuyée par diverses expériences sur lesquelles nous ne pouvons insister ici, mais qui paraissent étayer solidement son interprétation.

Ainsi se trouve confirmée une fois de plus la conception de la lumière que nous avons exposée plus haut. La loi des ondulations de l'éther devient parfaitement claire, puisqu'elle tombe sous le sens, ou, ce qui est mieux, sous les équations de la mécanique générale.

Mais le phénomène de la polarisation rotatoire n'éclaire pas seulement la structure de la radiation; il éclaire aussi celle des substances capables de dévier le plan de polarisation. C'est de ce deuxième point de vue duquel nous devons le considérer à présent.

Déjà nous avons vu la raison pour laquelle le quartz fait tourner le plan de polarisation. Le bromate de soude, le chromate de soude, l'acétate de soude (système cubique), le cinabre, l'hyposulfate de potasse, de plomb, de strontium, de calcium, etc. (système hexagonal ou rhomboédrique), le sulfate de strychnine, d'éthylènediamine (système quadratique), présentent le même phénomène à des degrés variés et parfois différents pour des échantillons voisins.

Mais ce qu'il y a de remarquable, c'est que certaines substances présentent, en solution, le pouvoir rotatoire, alors que les cristaux énumérés ci-dessus, à part le sulfate de strychnine, perdent cette propriété par la fusion et la dissolution. Aussi l'étude du pouvoir rotatoire des solutions et des liquides offre-t-elle un intérêt particulier.

78. — Pouvoir rotatoire de la matière à l'état liquide ou à l'état de solution.

Prenons une solution de sucre de canne, de lactose, de maltose (C^{24} H^{22} O^{22}); de dextrose (C^{12} H^{12} O^{12}), d'amidon, de glycogène, de certains dérivés de l'alcool amylique, de certaines variétés d'acides tartrique, malique, aspartique, etc.; interposons-la entre les deux nicols d'un polarimètre, nous constatons une rotation du plan de polarisation à gauche. Interposons au contraire une solution de levulose (C^{12} H^{12} O^{12}), de mannite, de gomme arabique, d'alcool amylique, de certaines variétés d'acides tartrique, malique ou aspartique, nous constatons une déviation à droite.

Biot qui, en 1815, découvrit cette propriété des liquides, a démontré que la déviation était fonction de la concentration, ou si l'on veut, de la densité de la matière active dans le milieu inerte. Cela revient à dire qu'elle dépend du nombre de molécules rencontrées.

Que toutes les molécules présentent le même pouvoir rotatoire, quelle que soit leur orientation, ou bien qu'une fraction seulement, toujours la même, présente l'orientation requise, ou enfin que cette orientation perpétuellement variable soit à un moment donné celle d'une fraction moyenne des molécules toujours la même, le résultat est identique, et l'on conçoit, quelque hypothèse que l'on adopte, que la déviation soit proportionnelle à la concentration moléculaire.

Le pouvoir rotatoire change avec la température, mais de façons variées.

Il est le même, à densité égale, pour les vapeurs et

les liquides, d'une manière générale tout au moins; ce qui établit une nouvelle analogie entre les molécules gazeuses et les molécules dissoutes ou liquides.

Une question se pose alors naturellement à l'esprit : n'est-il pas possible, par des moyens physiques, de provoquer ou d'augmenter le pouvoir rotatoire de la matière solide ou liquide. Les champs magnétiques par exemple ne sont-ils pas capables d'exercer une action moléculaire à ce point de vue? Nous touchons là à une grosse question de la science contemporaine. Le phénomène de Zeeman, d'une part, la polarisation rotatoire magnétique de l'autre, vont nous apporter une réponse qui sera une nouvelle démonstration de la théorie de la matière édifiée par la physique de notre siècle.

79. — Phénomène de Zeeman et influence des champs électromagnétiques sur la propagation des radiations. Interprétation de la polarisation rotatoire magnétique.

La notion du pouvoir rotatoire moléculaire nous conduit forcément à cette déduction : une molécule fait tourner le plan de polarisation soit parce qu'elle est orientée dans une certaine direction, soit parce que, dans toutes les directions, elle présente la propriété du quartz; et par contre, une molécule est inactive en lumière polarisée soit parce qu'elle est isotrope, soit parce qu'elle n'est pas dans l'orientation requise.

Dès lors, nous devons nous demander s'il est possible à l'aide d'une influence électromagnétique, soit d'orienter des molécules anisotropes de manière à provoquer ou à augmenter le pouvoir rotatoire d'un corps transparent, soit d'établir une dissymétrie des propriétés vectorielles de cette molécule primitivement isotrope.

Le problème est, on le voit, très général, et quelle que soit l'idée qu'on se fasse de la molécule, il s'impose presque fatalement à l'esprit.

Or une solution lui a été en partie acquise avant qu'on possède les données précises que nous a révélées la science sur la structure de la matière. Faraday, en 1845, a constaté qu'un corps transparent et isotrope tel que le verre lourd, placé entre les deux pôles d'un puissant électro-aimant, ou dans l'intérieur d'un conducteur en hélice parcouru par un courant électrique, dévie le plan de polarisation. C'est à ce phénomène qu'on donne le nom de *polarisation rotatoire magnétique*. Poursuivant l'idée qui l'avait conduit à cette découverte, Faraday chercha en vain dix-sept ans plus tard à montrer que le spectre d'une flamme devait être modifié quand on soumet cette flamme à l'action d'un champ magnétique. Cette expérience, restée négative, fut reprise vers 1893 par le Professeur Zeeman de l'Université d'Amsterdam, qui obtint en 1896-1897 des résultats certains.

On sait qu'une flamme sodée donne un spectre d'émission de deux raies jaunes. Si on la place entre les deux pôles d'un puissant électro-aimant et qu'on l'étudie à l'aide d'un spectroscope dans une direction perpendiculaire aux lignes de force, on voit les raies devenir un peu plus larges quand on fait passer le courant dans l'électro-aimant.

Inversement, quand de la lumière blanche traverse de la vapeur de sodium incandescente, les raies d'absorption sont élargies si la flamme sodée est placée entre les deux pôles d'un électro-aimant.

L'explication donnée par Zeeman est très simple et elle vient confirmer les vues de Lorentz et de Maxwell sur la constitution de l'atome matériel et sur la structure de la lumière.

Si l'on admet que le mouvement de rotation d'électrons dans l'atome ou autour de l'atome est le « primum movens » des oscillations éthérées constituant la radiation, on peut considérer ces mouvements de rotation comme résultant de trois mouvements particu-

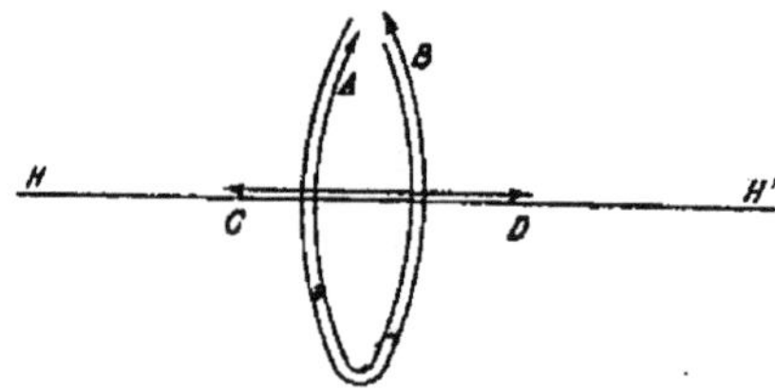

Fig. 43. — Explication du phénomène de Zeeman.

liers s'exécutant dans des plans convenablement choisis par rapport à la direction du champ magnétique. Par exemple, le champ magnétique étant dirigé suivant HH' (fig. 43), on peut ramener les mouvements à deux mouvements circulaires A et B s'effectuant dans un plan perpendiculaire à HH' et un mouvement d'oscillations rectilignes CD parallèle au champ. Le champ est sans action sur les électrons oscillant suivant CD, c'est-à-dire sur la composante CD, mais il produit un accroissement ou une diminution de vitesse sur les électrons qui évoluent dans le plan perpendiculaire à HH', c'est-à-dire sur les composantes A et B.

Le résultat est le suivant. La fréquence oscillatoire

de la vibration CD reste ce qu'elle était primitivement. Celle des vibrations A et B est augmentée ou diminuée. Il y a par suite trois raies spectrales au lieu d'une. La raie unique est remplacée par un triplet. L'expérience a donné une confirmation remarquable à cette théorie en montrant très nettement dans certains cas les triplets à trois raies distinctes.

Bien plus, la théorie faisait prévoir que la dissociation de la raie unique en un triplet devait avoir pour résultat la polarisation de la raie centrale dans un plan et celle des deux raies latérales dans un autre plan, puisque c'est l'orientation des vibrations parallèles ou perpendiculaires à HH', qui est la cause du dédoublement. Or, de fait, on éteint soit la raie centrale, soit les deux raies extérieures du triplet à l'aide d'un prisme de Nicol.

Zeeman a étudié aussi la lumière émise parallèlement aux lignes de force magnétique. Alors on obtient un dédoublement de chaque raie; chaque composante est formée de vibrations polarisées circulairement, et en sens contraire.

L'écartement des raies du triplet a permis à Zeeman de calculer le rapport $\frac{e}{m}$ de la charge à la masse de la particule vibrante et de montrer que les radiations produites par les flammes sont dues à des électrons chargés négativement pour la grande majorité au moins. Des expériences récentes attribuent toutefois un certain rôle aux centres chargés positivement (1) et diverses expériences remarquables de M. J. Becquerel justifient

(1) Voir J. Becquerel, *Le Radium*, Déc. 1908.

l'hypothèse d'électrons positifs. Ce sont là des questions encore à l'état de discussion dans la science.

Enfin l'on conçoit d'après l'ensemble de ces faits, et cette conception s'impose si l'on étudie la théorie précise qu'en a donnée Voigt, que les vapeurs ainsi soumises au champ magnétique doivent présenter une dissymétrie dans leurs propriétés vectorielles; eh bien, cette prévision a été remarquablement confirmée. La vapeur de sodium se comporte dans un champ magnétique comme un cristal biréfringent pour les longueurs d'onde voisines de celles qu'elle émet quand le rayon la traverse à angle droit du champ magnétique (Voigt, Wiechert).

80. — Pression de radiation.

Lorsque florissait l'hypothèse de l'émission, lorsqu'on croyait que les rayons solaires étaient composés de particules extrêmement fines lancées avec une vitesse extrêmement grande par le soleil, il était naturel qu'on supposât que tout corps frappé par un rayon lumineux subit une poussée, une pression de la part du rayon. Mais à ce moment on ne put vérifier expérimentalement cette hypothèse, et l'on se contenta de déduire de la théorie que la pression par centimètre carré devait être égale au double de l'énergie cinétique des particules en mouvement par centimètre cube.

Vers le milieu du XVIIIe siècle, Euler essaya de démontrer que même si l'on accepte la théorie ondulatoire, il y a pression exercée, et c'est à la pression des rayons solaires qu'il attribua la position des queues de comète toujours opposées au soleil par rapport au noyau. Mais ce n'est que sur la fin du siècle dernier avec Maxwell, Bartholi, Larmor et enfin récemment Poynting, que, tant au point de vue théorique qu'expérimental, la pression de la lumière entra dans le domaine des choses démontrées.

L'explication la plus simple est celle qu'a donnée Larmor, en partant de ce principe qu'une surface rayonnante doit subir une pression et tendre à un recul de la part du rayonnement produit (1). Sans avoir recours à l'éloquence des formules, voici la démonstration qu'on en peut donner. Considérons une surface chaude rayonnant de la chaleur et un miroir, placé loin d'elle, lui renvoyant cette chaleur. Supposons que la chaleur rayonnée forme un faisceau cylindrique parallèle de sorte que la surface émettante reçoive en retour toute la chaleur émise. Cela posé, admettons que le miroir se rapproche avec une grande vitesse de la surface rayonnante : on

(1) Si une surface de 1 centimètre carré, au repos dans l'espace, émet des radiations dont l'énergie, dans la direction de la normale et par centimètre cube, est E, et dont la vitesse de propagation par seconde est V ou $n\lambda$ (n étant la fréquence et λ la longueur d'onde) il est clair que l'énergie dans l'espace parcouru en une seconde est EV. Supposons que la surface rayonnante se déplace dans le sens du rayonnement émis avec une vitesse v, les ondes émises en une seconde se trouveront comprises dans un espace plus petit que tout à l'heure et égal à $V - v$, ou $n\lambda'$ la longueur d'onde étant à présent λ'

On a donc :
$$\frac{\lambda'}{\lambda} = \frac{V - v}{V}.$$

L'amplitude étant supposée la même, l'énergie par centimètre cube est en raison inverse du carré des longueurs d'onde :
$$\frac{E'}{E} = \frac{\lambda^2}{\lambda'^2} = \frac{V^2}{(V - v)^2}$$

d'où :
$$E'(V - v) = \frac{EV^2}{V - v}$$

restituera à cette surface la chaleur émise plus vite qu'elle ne l'a perdue. Elle s'échauffera. Cet échauffement doit forcément correspondre à un travail. Ce ne peut être que le travail nécessaire pour vaincre une pression exercée par la radiation contre le miroir mobile.

Le calcul d'après Larmor établit que la pression de radiation sur la source et par suite aussi sur tout réflecteur parfait, doit être égale à l'énergie du rayonnement par centimètre cube (voir la note) et non au double de cette énergie comme le voulait la théorie de l'émission. Des expériences remarquables de Poynting et Barlow mettent en évidence la pression de radiation. En voici une à titre d'exemple (1) : un bloc rectangulaire de verre est suspendu en O par un fil de quartz perpendiculaire au plan de la figure dans une boîte où l'on a fait le vide. Un rayon de lumière tombant en AB

Mais l'énergie versée étant supposée la même, que la surface rayonnante soit au repos ou en mouvement, l'espace considéré $(V - v)$ devrait renfermer une quantité d'énergie $E' (V - v)$ égale à EV, tandis que cette quantité est $E \frac{V^2}{V - v}$, c'est-à-dire qu'elle lui est supérieure d'une quantité $\frac{EVv}{V - v}$.

Il faut pour expliquer cette augmentation d'énergie admettre une force qui fasse résistance au déplacement de la surface rayonnante, une pression P qui augmentera d'autant plus l'énergie que la vitesse v du déplacement est plus grande

$$Pv = \frac{EVv}{V - v}$$

d'où cette valeur de la pression de radiation

$$P = \frac{EV}{V - v}$$

qui se réduit à $P = E$ quand la surface radiante étant au repos, v s'annule.

(1) Poynting. Quelques expériences sur la pression de la lumière, Conférence faite le 31 mars 1910. *Bull. Soc. Phys.* 1910, 1er Fascicule, p. 13.

suit le trajet BCDF, grâce aux changements de direction qu'il subit en C et D, où a lieu la réflexion totale; les pressions exercées en ces points produisent un couple qui entraîne la rotation du bloc rectangulaire.

Un rayon lumineux, conclut Poynting, transporte donc du mouvement fourni par la source et livré à toute matière irradiée. La pression de radiation exercée par la lumière solaire sur la terre est faible par rapport à la gravitation puisqu'elle n'est que 70.000 tonnes, alors que la gravitation est 40 trillions de fois plus grande, mais plus le corps considéré devient petit, plus la pression de radiation prend d'importance par rapport à la gravitation, qu'elle égalerait pour une sphère de diamètre 40 trillions de fois plus petit que celui de la terre, c'est-à-dire de 0 μ, 3; elle la dépasserait pour des particules plus petites, d'où l'explication de la position de la queue des comètes, faite vraisemblablement de particules excessivement fines, chassées à l'opposé du soleil par rapport au noyau.

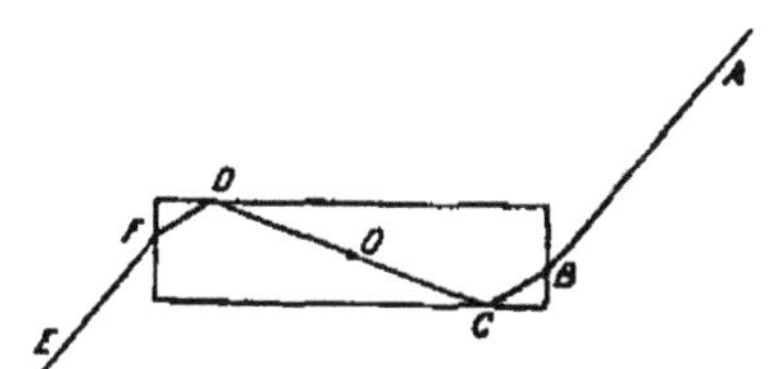

Fig. 44 — Schéma d'un dispositif démontrant la pression de radiation.

81. — Mutations de l'énergie radiante absorbée quand un faisceau lumineux infra-rouge ou ultra-violet rencontre la matière. L'effet le plus général est l'effet thermique.

Nous avons vu les ondes hertziennes produire en s'absorbant dans la matière des mouvements d'électrons libres, c'est-à-dire des phénomènes électriques. Secondairement à ce phénomène, nous avons vu se produire une élévation thermique.

Lorsque des ondes hertziennes, on passe aux ondes de la gamme lumineuse, les effets d'induction électrique sont nuls dans les conditions ordinaires, mais les actions thermiques directes sont considérables, surtout si l'on se place à la région inférieure de la gamme.

Cela signifie que l'énergie des ondes électromagnétiques arrêtées par les particules matérielles est employée, en partie du moins, à augmenter l'agitation particulaire qui constitue l'agitation thermique. Cet effet est maximum avec les radiations de longueurs d'onde voisines du rouge, probablement parce que leur fréquence est telle qu'elle est le mieux adaptée à provoquer les phénomènes de résonnance avec les électrons liés à la matière.

Certains corps, tels que le noir de fumée, captent au passage toutes les ondes électromagnétiques visibles, infra-rouges ou ultra-violettes et les transforment en chaleur. On sait que par extension on donne le nom de corps idéalement noir à tout corps capable d'absorber la totalité du rayonnement qui le frappe et de transformer intégralement l'énergie absorbée en chaleur.

Toutes les radiations provoquent directement ou indirectement une élévation thermique de la matière irradiée ; cette élévation thermique est proportionnelle à la fraction absorbée et la radiation transmise n'y prend aucune part. Un corps idéalement transparent ne s'échaufferait pas, puisqu'il n'y aurait aucune parcelle d'énergie abandonnée à ce corps par le rayon qui le traverse.

Ce qui paraît justifier le terme de résonnance que

nous venons d'employer, c'est, nous le savons déjà, que, pour de petites différences de fréquence, l'absorption est profondément différente en ce qui touche la gamme visible. Tel corps qui absorbe les radiations de plus de 0 μ, 5 se montre transparent pour le violet. Tel autre est transparent pour celles de 0 μ, 7 à 0 μ, 8 et nous apparaît rouge. C'est là ce qu'on appelle le radiochroïsme de la matière, et c'est ce qui fait la variété de couleur des objets vus par réflexion comme vus par transparence.

82. — L'énergie absorbée par la matière se retrouve aussi sous d'autres formes que la forme thermique.

L'échauffement est-il la seule manifestation sous laquelle nous apparaît l'énergie radiante absorbée par la matière? Non, et si nous nous attachons surtout à l'étude des radiations de courtes longueurs d'onde et de l'ultra-violet, nous constatons que souvent une partie de l'énergie absorbée est employée à produire des dissociations ou des combinaisons moléculaires, à produire en un mot des phénomènes chimiques. On sait toute l'importance de ces actions dans les phénomènes de la vie. On sait aussi la forme très spéciale, comme latente, que présentent ces effets dans les impressions photographiques où l'action chimique produite ne devient appréciable que par une réaction ultérieure, déterminée à l'aide d'un révélateur. Il s'opère là un phénomène inaccessible à nos moyens d'investigation, une modification larvée, grâce à laquelle la molécule se comportera en présence d'un réactif autrement que la même molécule non irradiée.

Si l'on se place au point de vue expérimental, on constate qu'en général la lumière a une action réductrice sur les oxydes, les acides suroxygénés, les chlorures, bromures, iodures des métaux peu oxydables; l'oxygène ou les radicaux halogènes ainsi libérés deviennent de ce fait plus actifs. Le chlore et l'hydrogène mis en présence explosent à la lumière en se combinant. Les oxydations des matières organiques deviennent plus énergiques à la lumière. Dissociation chez certains corps, oxydation chez d'autres corps, tels sont les phénomènes capitaux produits par la lumière.

L'énergie radiante absorbée dans la matière se retrouve donc d'abord sous la forme très générale de chaleur, ensuite, dans certains cas, sous la forme de réactions chimiques qu'on peut qualifier d'endo-énergétiques puisqu'elles ne se produisent qu'à la condition de recevoir cet apport d'énergie étrangère sous forme d'ondes électromagnétiques. Ces mutations ne sont évidemment pas les seules, mais elles sont les plus importantes. A côté d'elles, il y a lieu de signaler encore la luminescence produite dans certains corps et nous savons déjà qu'il s'agit là d'une production autogène de lumière par certaines particules dans un état physique spécial, tel que l'état de solution solide. Tout se passe ici comme si les oscillations de la radiation incidente ébranlaient les particules phosphorogènes et les mettaient en vibration suivant un rythme propre à chacune d'elles, d'où l'émission de radiations nouvelles de la gamme visible; et comme si ces particules étaient capables de conserver ce rythme plus ou moins longtemps (fluorescence et phosphorescence). Quand l'énergie ainsi emmagasinée diminue, quand elle devient insuffisante pour produire une radiation perceptible, il est possible qu'une autre cause, telle que l'échauffement simple, lui donne un regain d'activité, mais en épuisant plus vite cette réserve; de là les phénomènes de thermoluminescence.

83. — Quelle est la nature de l'agitation particulaire, source des radiations lumineuses.

Ainsi l'étude des rayons lumineux, de l'infra-rouge, de l'ultra-violet, forme un tout très cohérent qui apporte un contingent énorme de preuves à l'appui de la théorie électronique de la matière.

Qu'il s'agisse de l'émission des ondes électromagnétiques, qu'il s'agisse des lois de propagation de ces ondes à travers l'éther du vide, ou à travers l'éther des espaces occupés par la matière, qu'il s'agisse enfin des phénomènes liés à la captation des ondes par l'atome matériel, toujours nous retrouvons la justification de la théorie de Maxwell. Propagation dans l'éther d'un champ électrique et d'un champ magnétique oscillants suivant une droite qui est la direction du rayon ; à un bout, un électron qui oscille pour leur donner naissance ; à l'autre, un électron influencé par induction : telle est l'image de la production de la transmission et de la réception des radiations. Cette image a besoin d'être méditée quand le soleil, l'été, nous darde ses rayons, ou quand l'hiver, nous nous chauffons à la flamme d'un foyer. Il faut bien songer qu'entre la source radiante et nous il y a quelque chose qui n'est pas de la chaleur, mais de l'énergie pure, et que cette énergie électromagnétique ne redevient chaleur que quand elle influence la matière de notre corps qui la fixe.

Mais si cette conception générale des radiations est très accessible à notre esprit, si le cortège des preuves qui l'étayent est assez imposant pour enlever tous les doutes sur sa réalité, une grosse difficulté subsiste qu'il ne faut pas passer sous silence. Nous avons posé au § 73 une question qui n'a pas encore sa réponse : Quelle est la nature de la vibration qui produit les rayons lumineux?

La difficulté de ce problème échappe peut-être au lecteur qui, pour la première fois, pénètre dans ces régions escarpées de la science. Il voit l'électron en oscillation électrique dans les conducteurs produire les phénomènes d'induction et les rayons hertziens; il se rappelle que l'atome est vraisemblablement fait d'électrons en mouvement; il a été frappé par ce fait que l'atome de chaque élément dans les gaz et les vapeurs émet un spectre spécifique, c'est-à-dire une radiation de longueur d'onde déterminée; il a établi tout de suite un lien de causalité entre les révolutions intra-atomiques des électrons et la fréquence de la radiation émise. Les électrons de l'atome lui sont apparus comme les agents perturbateurs qui secouent l'extrémité des lignes de force suivant lesquelles on observe les mouvements oscillatoires ; et cette conception a pu lui sembler solidement assise quand l'étude du phénomène de Zeeman lui a prouvé d'abord que le rapport $\frac{e}{m}$ de la charge à la masse de la particule vibrante est bien celui qui caractérise l'électron, et ensuite que les périodes de révolution propres à un même élément sont multiples comme doivent être multiples dans l'atome les périodes électroniques.

Qu'on ne se fie pas à cette clarté apparente; sans quoi, dans le recueillement des réflexions ultérieures, des difficultés insurmontables surgiront.

Nous devons admettre en effet que si l'atome est fait d'un équilibre de mouvement, si sa stabilité est due à l'harmonie des mouvements de révolution des électrons composants; cette stabilité implique l'invariabilité de ces mouvements élémentaires. Cette conception se trouve d'ailleurs appuyée par la constance des raies spectrales de chaque corps simple à l'état gazeux dans les différents états chimiques ou physiques. Elle se trouvera justifiée encore davantage quand nous étudierons les mutations atomiques des corps radio-actifs. Nous serons même conduits à considérer que les cataclysmes atomiques sont le résultat de la rupture de cette stabilité cinétique.

Mais si ces mouvements sont invariables, comment comprendre les lois de Stéfan, de Wien? Comment concevoir la cause la plus banale de la lumière, l'incandescence?

Que fait en effet l'échauffement de la matière? Change-t-il le régime des mouvements électroniques intérieurs à l'atome? Mais non, sans cela la chaleur aurait une influence capitale sur les processus radio-actifs, ce qui est contraire à l'expérience. Les travaux de Curie, Danne, Rutherford, Makower, Russ, Engler ont établi que cette action est minime ; elle a même paru nulle à certains expérimentateurs (Bronson). Alors si les mouvements électroniques sont les mêmes à toute température, pourquoi donc la matière n'est-elle pas lumineuse même dans le voisinage du zéro absolu? Pourquoi faut-il une cause excitatrice pour qu'elle émette de la lumière?

« Il est impossible à l'heure qu'il est d'expliquer nettement pourquoi, en chauffant un corps, on déplace le rayonnement vers le côté des petites longueurs d'onde, ou pour m'exprimer plus simplement, pourquoi les corps deviennent lumineux à une certaine température », dit Lorentz dans une conférence faite le 27 avril 1905 (1).

On peut toutefois entrevoir la solution du problème sans rien bâtir sur l'incertain.

Nous devons pour cela prendre comme point de départ les principes que nous venons d'énoncer : c'est tout d'abord la constance probable à toutes températures du régime cinétique des électrons constitutifs de l'atome : d'où la stabilité atomique. C'est ensuite la loi très générale que la chaleur est due à une agitation particulaire à laquelle prennent part suivant les cas, les molécules, les atomes, les électrons. Cette agitation qui comporte toujours le déplacement, l'accélération des électrons libres ou liés plus ou moins à l'architecture atomique, entraîne la production d'ondulations éthérées : c'est la chaleur radiante, quand l'agitation est peu rapide; c'est la lumière quand elle est plus rapide. Seulement les particules vibrantes ne sont pas des particules indépendantes ; il est rare que les collectivités dont elles dépendent ne mettent pas leur estampille sur la mutation de l'énergie dont elles sont le siège ; de même un diapason soumis à l'énergie rayonnante d'un bruit capte certaines ondulations au

(1) H. A. Lorentz. La thermodynamique et les théories cinétiques. *Bull. Soc. Franc. de Phys.*, 1905, 1er fascicule, p. 61.

passage et émet lui-même un son qui varie d'un diapason à l'autre, parce que chacun d'eux met aussi son estampille sur la marchandise qu'il débite. Cette influence spécifique, cette résonnance a lieu au maximum pour les gaz qui, on le sait, quand ils donnent des radiations visibles, les donnent toutes sur le même rythme. Cette manière de voir s'accorde très bien avec ce fait que l'échauffement des gaz et vapeurs ne se traduit qu'exceptionnellement par des phénomènes lumineux en raison de la grande liberté de parcours moyen des particules oscillantes, tandis que d'autres causes, chimiques, électriques, etc., peuvent provoquer chez les particules gazeuses cette agitation de fréquence plus élevée qui engendrera la lumière.

En un mot, nous pouvons bien regarder l'agitation de l'électron comme la cause de la vibration lumineuse, mais l'atome avec ses électrons constitutifs en révolution ne donne pas plus lieu, en l'absence de causes d'agitation à une émission lumineuse, qu'un diapason avec ses liens d'élasticité intermoléculaires ne donne lieu en l'absence de causes d'agitation sonores à l'émission d'un son. Quels sont les électrons actifs au point de vue de l'émission lumineuse? Font-ils partie de l'architecture de l'atome? Sont-ils péri-atomiques? Sont-ils nombreux dans chaque atome ou autour de chaque atome ? Ne seraient-ce pas les électrons libres qui, sous l'action de l'énergie captée, prendraient des mouvements circulaires ou elliptiques autour de l'atome. Vouloir répondre à ces questions serait vouloir pénétrer l'intimité de la structure atomique plus que ne le permet l'état actuel de la science. En tout cas, et c'est par cette conclusion que nous terminerons cet aperçu, l'énergie cinétique des électrons en révolution dans l'atome, l'énergie intra-atomique n'est pas dépensée pour la production ordinaire de la lumière. Cette énergie reste entière, condition sans laquelle l'équilibre atomique ne saurait subsister et l'atome incandescent aurait une vie aussi éphémère que celle des atomes radio-actifs. Ce qui est consommé, dans la production de la lumière, c'est l'énergie chimique, thermique, électrique, etc., qui fait résonner les particules matérielles ou électroniques suivant un rythme plus ou moins propre à chacune d'elles.

CHAPITRE IV

Les rayons X.

84. — Origine des rayons X.

Nous savons que l'électron, cette particule électrisée dont la masse est environ 2.000 fois plus petite que celle de l'atome d'hydrogène, entraîne avec lui, quand il se déplace, les lignes de force qu'il rayonne à travers l'éther. Nous savons que quand il oscille, les lignes de force qui partent de lui, ondulent comme une corde tendue frappée transversalement.

Tout changement de vitesse de l'électron, toute oscillation, tout ce qui, par rapport à la direction des lignes de force, constitue des perturbations de vitesse, est l'origine d'une ondulation dans l'éther.

Qu'arriverait-il donc si l'on arrêtait brusquement par une surface rigide un électron lancé avec une vitesse considérable? Il y aurait là certainement la perturbation la plus brusque qu'on puisse imaginer; il y aurait le long des lignes de force une oscillation peut-être unique, ou quelques ondes vite amorties dont la courbe serait plus aiguë que toutes celles que nous connaissons et dont la durée serait très courte. Cette oscillation serait assimilable à une ondulation de longueur d'onde excessivement petite ou de fréquence excessivement grande et réduite à un seul ou à quelques éléments de sa courbe.

La science expérimentale dispose-t-elle de quelque ressource pour vérifier ces déductions? Nous est-il possible en pratique de prendre des électrons, de les lancer avec une grande vitesse, 10.000, 50.000, 100.000 kilomètres à la seconde et de les arrêter brusquement? Le problème, à première vue, paraît ardu. Grâce aux progrès de la connaissance de l'électricité, grâce aussi au hasard, ce collaborateur précieux du savant, il est aujourd'hui résolu simplement et sans autre appareillage qu'un tube à vide traversé par un courant.

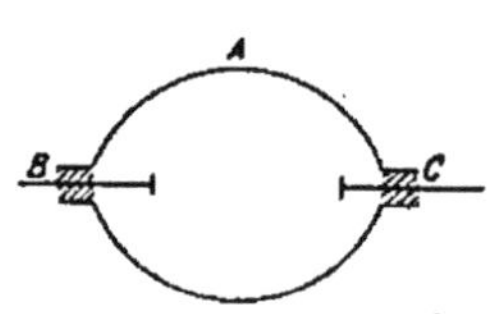

Fig. 45. — L'expérience de l'œuf électrique.

Depuis longtemps on sait que le courant électrique est capable de traverser les gaz très raréfiés. Quand dans un œuf électrique A, tube de verre traversé par deux électrodes B et C, on fait passer un courant de haut potentiel et qu'on y fait un vide progressif, on voit l'étincelle qui éclatait bruyamment au début, prendre progressivement l'aspect d'une lueur diffuse qui remplit tout le vide intérieur, puis d'un pinceau de plus en plus mince qui part de la cathode. C'est le faisceau cathodique étudié par Hittorff, il y a près de 50 ans.

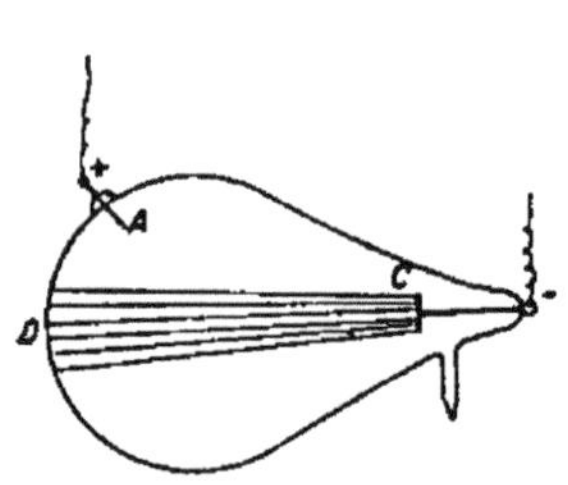

Fig. 46. — Les premiers tubes à rayons X.

Quand le vide est poussé assez loin, le faisceau cathodique se caractérise par ce fait qu'il part de la cathode C normalement à sa surface et va droit devant lui, quelle que soit la place de l'anode.

L'analyse a montré qu'il est constitué par des particules matérielles extrêmement petites, chargées négativement, et cheminant avec une vitesse extrêmement grande.

Aujourd'hui, nous disons : c'est un courant *d'électrons* cheminant avec une vitesse de l'ordre du dixième de celle de la lumière. La première partie de notre problème se trouve ainsi résolue. L'intervention du hasard a fait le reste.

A la fin de 1895, le Professeur Röntgen de Würtzbourg étudiait dans son laboratoire le faisceau de Hittorff, quand il fut assez surpris de voir sur sa table des cristaux de platinocyanure de baryum, des fragments de verre d'urane, devenir phosphorescents dans l'obscurité. Ces objets se trouvaient hors de la direction du faisceau cathodique, et, à supposer que ce faisceau ait traversé la paroi de verre du tube sans y subir l'absorption presque totale qu'on avait constatée, il était difficile de le regarder comme l'agent de cette luminescence. Des objets opaques, tel que le carton noir, l'aluminium, la main même, interposés entre le tube et les objets n'éteignaient pas leur luminescence, alors qu'une feuille de plomb la faisait instantanément disparaître. Röntgen en conclut qu'il partait des parois du tube, un rayonnement nouveau, cheminant en ligne droite et capable de traverser certains corps opaques.

Les rayons X étaient découverts.

Les électrons en frappant la paroi au point D donnent naissance à la perturbation de l'éther que nous nous proposions d'obtenir; leur force vive en disparaissant se retrouve principalement sous deux formes de l'énergie :

les rayons X qui ondulent à travers l'espace, et la chaleur, l'échauffement de la paroi de verre, qui peut rapidement entrer en fusion.

85. — Production des rayons X.

Aujourd'hui, on produit les rayons X de la façon suivante : un tube de verre sphérique T muni d'un prolongement KC présente deux électrodes, la cathode C, disque concave en aluminium et l'anode A, souvent double AA'. Le disque anodique A en platine joue non seulement le rôle d'électrode, mais d'obstacle matériel destiné à arrêter les électrons partis de la cathode et convergeant vers son centre de courbure en A. Ce n'est donc pas la paroi de verre, trop fusible, qui arrête le rayonnement cathodique et donne naissance aux rayons X; c'est un disque de platine capable de supporter de très hautes températures sans fusion.

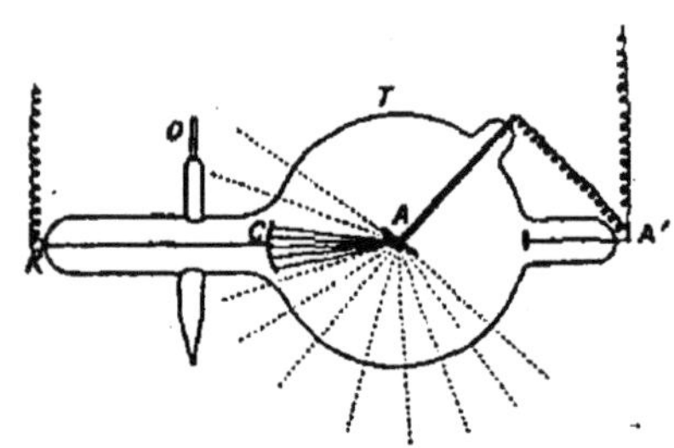

Fig. 47. — Le tube-focus.

Le rayonnement X produit traverse les parois du tube et peut être employé à l'extérieur.

On excite ce tube à vide par des sources électriques de haut potentiel : machine statique, bobine d'induction dont on arrête l'onde de fermeture par des dispositifs spéciaux, transformateurs à courants alternatifs, dont on arrête l'une des ondes ou dont on redresse le courant secondaire.

Les nombreuses applications des rayons X à la médecine ont encouragé les constructeurs à produire des appareils générateurs et des tubes qui sont des merveilles de l'industrie contemporaine.

86. — La qualité des rayons X est fonction de la vitesse des projectiles cathodiques. Le spectre d'un faisceau X est complexe.

La vitesse des projectiles cathodiques est variable. Une même décharge, alors même qu'elle provient d'une source continue comme la machine statique, se compose en réalité d'une série de décharges à des potentiels différents comme l'a montré Villard. Plus la différence de potentiel entre les électrodes du tube est élevée, plus les projectiles cathodiques vont vite, si bien qu'un champ magnétique, non seulement dévie le faisceau de sa route, mais l'étale par suite de l'inégale vitesse des électrons qui composent ce faisceau.

Or, d'une façon générale, on constate que plus on a poussé loin le vide du tube, je veux dire plus on a augmenté sa résistance électrique, plus on a augmenté la différence de potentiel entre les électrodes, plus on a en un mot augmenté la vitesse des projectiles cathodiques, et plus les rayons X produits sont pénétrants c'est-à-dire plus ils traversent facilement la matière qu'ils rencontrent. On constate d'autre part que tout faisceau de rayons X est complexe et qu'il change de composition moyenne, quand on le filtre par des lames successives de matière.

Voilà donc deux phénomènes capitaux.

I. — Plus l'ensemble des projectiles cathodiques a une grande vitesse, plus le coefficient moyen de pénétration des rayons X produits est considérable.

II. — A une décharge cathodique faite de projectiles animés de vitesses variées, correspond un faisceau de rayons X complexe, formé de faisceaux simples, « monochromatiques », de coefficients de pénétration variés.

Ayant étudié les lois de transmission des faisceaux X complexes à travers des lames d'aluminium, je suis arrivé à ce résultat que la courbe de pénétration d'un faisceau complexe est réductible approximativement à la moyenne entre les courbes exponentielles d'une dizaine de faisceaux simples, monochromatiques, choisis convenablement dans chaque région spectrale d'après la densité du spectre dans chacune de ces régions (1).

(1) Chaque faisceau monochromatique se transmet à travers une substance homogène suivant la formule $I = I_o K^l$ dans laquelle I est l'intensité du faisceau transmis, I_o l'intensité initiale, K le coefficient de transmission d'une lame de substance ayant l'unité d'épaisseur, et l l'épaisseur de la lame traversée exprimée en unités de même grandeur; et tout faisceau complexe à peu près suivant la formule : $I = \frac{1}{10} I_o \left(K_1^{l} + K_2^{l} + K_3^{l} \ldots + K_x^{l} \right)$ dans laquelle K_1 K_2 K_3 représentent les coefficents de pénétration des faisceaux-types composants (Cf. *Radiométrie fluoroscopique*. Steinheil édit., 1910).

Au lieu de considérer le coefficient de transmission millimétrique K on a intérêt souvent à caractériser la transparence d'un corps par l'épaisseur λ capable de réduire l'intensité du rayonnement à $\frac{1}{e}$ de sa valeur initiale (e étant la base des log. népériens), pour la commodité des calculs.

On voit alors que : $K^{\lambda} = \frac{1}{e}$, ou $K = e^{-\frac{1}{\lambda}}$

La formule de transmission devient alors $I = I_0 e^{-\frac{l}{\lambda}}$. C'est la formule couramment employée.

Si l'on désigne par ζ l'inverse du coefficient de transparence, ou coefficient d'absorption, la formule devient : $I = I_0 e^{-l\zeta}$

Ces notions nous seront utiles bientôt pour interpréter la loi de variation du pouvoir absorbant atomique.

C'est la preuve indirecte que la qualité d'un faisceau simple, que sa force de pénétration, ou si l'on veut sa longueur d'onde, est liée à la vitesse du projectile cathodique qui, par son arrêt, lui a donné naissance. Un projectile cathodique animé d'une certaine vitesse, 10.000 kilomètres à la seconde par exemple, arrêté par une surface déterminée, tel qu'une surface de platine donne vraisemblablement une pulsation X toujours la même, d'amplitude et de durée invariables.

87. — Propagation des rayons X.

Les rayons X, comme toutes les radiations vraies, se transmettent en ligne droite dans l'éther sous forme d'ondes sphériques, ou, si l'on veut, d'une pulsation comparable à un front d'onde sphérique. L'intensité d'irradiation, à une distance donnée, est ainsi, comme pour les rayons lumineux, fonction inverse du carré de la distance. Jusqu'ici rien de particulier à cette forme de rayonnement.

Mais où les rayons X diffèrent de la lumière visible, c'est quand ils rencontrent un corps matériel.

Tout d'abord on peut constater qu'aucune surface ne les réfléchit, qu'aucun corps ne leur fait subir une déviation par réfraction. Ils se dérobent aux lois de l'optique que nous connaissons, à l'exception d'une seule peut-être, celle de la diffusion.

Les lois de l'absorption des rayons X par la matière sont aussi très spéciales : aucun corps n'est parfaitement transparent, ni complètement opaque, et si la matière présente, comme l'a établi Benoist, un certain radiochroïsme vis-à-vis des rayons X, si elle absorbe plus les rayons des tubes mous, les rayons de grande longueur d'onde, et moins les rayons des tubes durs, de courte longueur d'onde, nous sommes loin de ce radiochroïsme des corps colorés vis-à-vis des rayons lumineux où la matière sélecte, au milieu des longueurs d'onde multiples qui l'affectent, celles qui s'accordent avec son régime cinétique particulaire à l'exclusion des autres.

Tous ces phénomènes sont faciles à comprendre si l'on y réfléchit un moment :

I. — L'absence de réflexion régulière ne saurait nous surprendre. En effet, si un miroir même rugueux peut réfléchir les rayons hertziens de grande longueur d'onde, tandis qu'une surface rigoureusement polie est nécessaire pour la réflexion de la lumière, cela signifie que la rugosité de la matière est relative. Pour les rayons X, il n'y a pas de surface polie; la matière est toujours rugueuse. La petitesse de la longueur d'onde est telle que pour eux les surfaces les plus polies se présentent comme la surface rugueuse d'un tissu granité, et encore faudrait-il pour que la comparaison soit vraisemblable que les grains de ce tissu soient distants les uns des autres.

II. — Par contre, la diffusion s'y produit et non seulement à la couche de surface, mais dans les couches profondes, puisque toute matière présente un certain degré de transparence et que toutes les couches successives sont affectées par l'irradiation. C'est la conclusion à laquelle m'ont conduit certaines expériences faites sur les métaux légers, sur les substances organiques, et en général sur tous les corps qui n'émettent que peu d'électrons quand ils sont frappés par les rayons X. Nous verrons en effet que tout corps frappé par les rayons X émet un rayonnement secondaire découvert par Sagnac et soigneusement étudié par ce physicien. On sait aujourd'hui que ce rayonnement se compose d'un mélange de radiations vraies analogues soit aux rayons X, soit aux rayons γ du radium et de radiations d'émission analogues aux rayons β du radium ou aux rayons cathodiques des tubes à vide. Or parmi les corps, il en est tels que l'aluminium, les métaux légers, les substances organiques qui émettent peu de particules cathodiques. Eh bien si l'on étudie chez ces corps la quantité et la qualité des rayons secondaires émis, on est amené à les considérer comme des rayons X diffusés (1). Cette conclusion, en

(1) J'ai été amené à ce résultat en considérant les rayons secondaires émis du côté de la face d'incidence par l'aluminium et la gélatine sèche ou hydratée pris sous des épaisseurs croissantes. Un rayonnement X incident rendu quasi-monochromatique par filtrage préalable donne un rayonnement secondaire de qualité semblable. Un rayonnement X ordinaire donne un rayonnement secondaire moins pénétrant si l'on étudie des couches minces d'aluminium, et de plus en plus pénétrant à mesure qu'il provient de couches de plus en plus épaisses.

L'étude de ce phénomène, en partant des deux faits grossiers que je viens de signaler, m'a conduit à déterminer un coefficient de diffusion propre à chaque substance. J'ai d'abord établi une formule : $\Sigma RS = z I_0 \frac{1 - K^{2l}}{2}$, qui donne, pour un faisceau monochromatique, la quantité ΣRS de rayons secondaires diffusés par les couches élémentaires successives d'une lame d'aluminium et envoyés du côté de l'incidence en fonction de I_0 intensité du faisceau X incident, de K coefficient millimétrique de pénétration de ce rayonnement et de l, épaisseur de la lame irradiée; puis une formule générale :

$$\Sigma RS = z I_0 \frac{1 - \varphi_2 l}{2}$$

qui donne, pour un faisceau quelconque incident, la quantité de rayons secondaires diffusés en fonction de l'intensité globale I_0

contradiction apparente avec l'opinion généralement admise, il y a quelques années, que les rayons secondaires sont un rayonnement nouveau, se trouve étayée par de nombreux travaux contemporains, et il paraît certain aujourd'hui que les rayons secondaires ne sont un rayonnement nouveau que par une partie seulement : par les rayons cathodiques qu'émettent les corps irradiés et par un rayonnement X ou γ lié à cette émission, secondaire à cette émission, et d'ailleurs tout différent des rayons X diffusés.

88. — Absorption des rayons X par la matière.

Chaque atome a un pouvoir absorbant propre qui le suit dans ses divers états physiques et dans ses combinaisons chimiques variées. C'est là un fait de la plus haute importance établi par les travaux de Benoist.

Benoist a pris un rayonnement déterminé, c'est-à-dire le rayonnement produit par un tube maintenu à un degré de vide donné et fonctionnant dans des conditions invariables. Il a déterminé pour tous les corps simples et pour beaucoup de composés les épaisseurs λ capables de produire la même absorption, c'est-à-dire les épaisseurs telles que le faisceau émergent représente la même fraction du faisceau incident.

Il a appelé équivalent de transparence, la masse en

du faisceau incident et de la fraction transmise φ_{2l} par une lame d'épaisseur $2l$. Ces formules seraient incompréhensibles s'il s'agissait d'un rayonnement nouveau différent par sa qualité du rayonnement incident. Le coefficient σ qui figure dans ces formules est précisément le coefficient de diffusion relatif des différentes substances. Cf. *CR. Ac. Sc.*, 6 et 20 mars 1911 et 24 avril 1911.

décigrammes d'un cylindre droit de ce corps ayant un centimètre carré de base et λ pour hauteur. C'est en somme le produit de la densité D du corps considéré par λ.

Il a d'abord observé que sous quelque état physique que se présente un corps, sous quelque état allotropique qu'on le considère, son équivalent de transparence est le même. Cette observation mérite d'être réfléchie.

Représentons-nous un tube à vide T émettant des rayons X et considérons deux faisceaux coniques M et N. Faisons traverser à chacun de ces faisceaux deux troncs de cônes P et Q (qu'il n'y a aucun inconvénient à considérer comme des cylindres pour se placer dans les conditions de Benoist). L'un P est rempli d'un corps simple à l'état solide, l'autre Q de ce même corps à l'état gazeux.

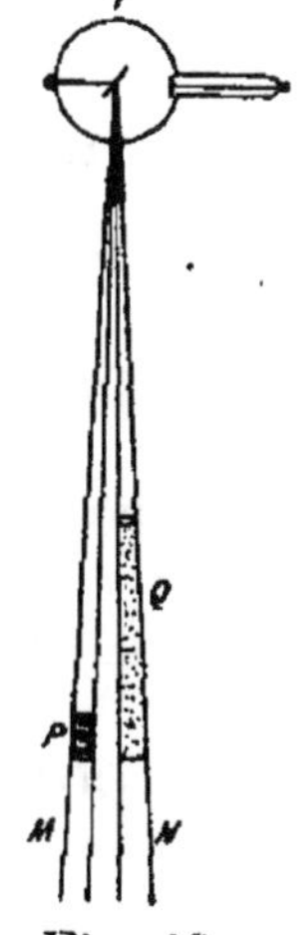

Fig. 48.

Dans tous les cas, à masses égales, l'absorption est la même et les faisceaux transmis en M, N sont égaux. L'égalité persiste, quelle que soit la densité et quel que soit l'état physique, solide, liquide ou gazeux, et quelle que soit la forme allotropique même. On peut donc dire que l'opacité de l'unité de masse d'un corps donné ne change pas, lorsque change l'état physique.

Or le nombre des molécules change quand on passe d'un de ces états à l'autre, mais le nombre d'atomes reste constant et l'on peut dire qu'un même nombre d'atomes d'une espèce donnée produit toujours la même absorption, quel que soit le nombre d'atomes par unité de volume, quel que soit le mode de groupement de ces atomes. Dès lors, le pouvoir absorbant d'un atome étant proportionnel au pouvoir absorbant de la masse P ou Q de matière et ce pouvoir absorbant restant le même pour un même corps sous quelque état qu'on le prenne, le pouvoir absorbant atomique peut être regardé comme une constante spécifique.

Cette constante suit l'atome dans ses combinaisons chimiques, si bien que le pouvoir absorbant moléculaire est la somme des pouvoirs absorbants atomiques.

Ceci demande une explication.

L'équivalent de Benoist E est, nous l'avons dit, la masse d'un cylindre ayant l'unité de section et capable de réduire le rayonnement à une fraction donnée de son intensité. L'unité de masse a donc un pouvoir absorbant proportionnel à $\frac{1}{E}$. L'atome, dont la masse absolue est proportionnelle au poids atomique défini par la chimie, a un pouvoir absorbant égal à $\frac{1}{E} \times$ P. At.

Le pouvoir absorbant moléculaire d'un composé dont l'équivalent est E′ sera de même $\frac{1}{E'} \times$ P. Mol.

Or quand on combine deux corps tels que le silicium et l'oxygène pour former la silice Si O^2, on prend un atome de silice dont le pouvoir absorbant atomique $\frac{P. At}{E}$ est $\frac{28}{15,7}$ et deux atomes d'oxygène dont le pouvoir absorbant atomique est $\frac{16}{44,5}$. La molécule de silice aura un pouvoir absorbant égal à

$$\frac{28}{15,7} + \frac{16}{44,5} + \frac{16}{44,5} = 2,483$$

Or il est facile de vérifier cela; sachant que la

silice a un poids moléculaire de 28 + 16 + 16 = 60, l'équivalent de transparence doit être $\frac{60}{2,483} = 24$ dcg. 1. L'expérience vérifie exactement ce nombre (Benoist).

Ainsi les remarquables travaux de Benoist qui remontent aux premiers temps de la découverte des rayons X ont établi d'une façon précise qu'un atome donné exerce en toute circonstance une absorption toujours la même quand on le place dans un rayonnement de qualité déterminée.

Le même physicien a montré que le pouvoir absorbant atomique change quand on passe d'un rayonnement à un autre, mais que pour cet autre rayonnement il se comporte en toute circonstance de la même manière.

89. — Le pouvoir absorbant de l'atome varie d'un corps à l'autre, il croît avec le poids atomique, mais suivant une loi très complexe. Le pouvoir absorbant spécifique d'un corps est lui-même une fonction du poids atomique.

Benoist a observé que l'équivalent de transparence diminue quand le poids atomique augmente, ou ce qui revient au même que le pouvoir absorbant spécifique de l'unité de masse de matière $\frac{1}{E}$ (1) augmente au fur et à mesure qu'on s'élève dans l'échelle des corps simples groupés suivant leurs poids atomiques croissants.

(1) On sait que $E = \lambda D$ (Cf. p. 230, 231) ou $\frac{D}{\zeta}$ (Cf. note p. 226) d'où $\frac{1}{E} = \frac{\zeta}{D}$. On peut prendre indifféremment $\frac{\zeta}{D}$ ou $\frac{1}{E}$ comme pouvoir absorbant spécifique de l'unité de masse d'un corps donné.

Ceci est l'une des déductions les plus intéressantes des lois de Benoist. Quelques chiffres fixeront mieux les idées.

	P. At.	E RAYONS MOYENS	POUVOIR ABSORBANT SPÉCIFIQUE 1/E	POUVOIR ABSORBANT ATOMIQUE $\frac{1}{E} \times$ P. At.
Lithium......	7	115	0,0087	0,0609
Carbone	12	70	0,0143	0,1716
Azote	14	51	0,0196	0,2744
Oxygène	16	45	0,0222	0,3555
Aluminium...	27	21	0,0476	1,2852
Soufre.......	32	11	0,0909	2,9088
Cuivre.......	63	2,6	0,3846	24,2298
Argent.......	108	0,5	2,0000	216,0000
Plomb	207	0,45	2,2222	460,0000

Ainsi quand dans la série des corps simples le poids atomique croit de 7,12,14... à 207, le pouvoir absorbant de l'unité de masse, croît de 0,0087, 0,0143, 0,0196... à 2.222.

Autrement dit, le pouvoir absorbant spécifique croît plus vite que le poids atomique. *A fortiori*, si nous considérons, non plus le pouvoir absorbant spécifique, le pouvoir absorbant moyen de l'unité de masse $\frac{1}{E}$, mais le pouvoir absorbant de l'atome $\frac{1}{E} \times$ P. At, nous trouvons un accroissement très rapide avec le poids atomique.

La série des atomes pesant 7, 12, 14... 207, nous offre une gradation du pouvoir absorbant de 0.06, 0.17, 0.27... à 460.

L'atome de plomb qui pèse à peine 30 fois plus que l'atome de lithium a un pouvoir absorbant plus de 7.500 fois plus grand. Et dans le premier de ces atomes, le pouvoir absorbant moyen de l'unité de masse est plus de 250 fois plus grand.

Ces considérations nous entraîneraient à rechercher s'il n'y a pas un lien entre le pouvoir absorbant de l'atome et son énergie interne et pourraient nous éclairer sur l'énergie cinétique de l'unité de masse suivant qu'elle fait partie d'un édifice atomique plus ou moins complexe. Nous ne pouvons ici que signaler ces déductions possibles. Bornons-nous à constater que si l'on construit une courbe ayant pour abscisses les poids atomiques et pour ordonnées les équivalents de Benoist, on a une hyperbole qui diffère peu d'une hyperbole équilatère, ce qui suffit à prouver qu'il existe une relation mathématiquement définie entre le pouvoir absorbant spécifique et le poids atomique des corps.

Si nous voulions traduire en langage vulgaire les lois de variation du pouvoir absorbant de l'unité de masse suivant qu'elle fait partie d'atomes plus ou moins lourds, nous pourrions comparer cette agglomération d'unités de masse dans l'atome à une équipe d'ouvriers. Une équipe de 7 ouvriers faisant un travail donné, une autre équipe de 207 ouvriers, c'est-à-dire 30 fois plus nombreuse, pourrait faire un travail plus de 7.500 fois considérable (voir la dernière colonne du tableau ci-dessus); et le travail de chaque ouvrier de cette seconde équipe serait plus de 250 fois supérieur à celui de la première (voir l'avant-dernière colonne du même tableau). Un même ouvrier, du seul fait qu'il passerait d'une équipe de 7 ouvriers à une équipe de 207 ouvriers deviendrait capable de produire 250 fois plus de travail. De même une unité de masse, passant de l'édifice lithium à l'édifice plomb deviendrait 250 fois plus absorbante pour les rayons X de qualité moyenne. Il est peu de cas dans la nature qui vérifie aussi bien que celui-là le vieil adage connu : « L'union fait la force. » On voit quelle serait la portée de cette remarque, s'il était prouvé que la véritable unité de masse matérielle fût l'électron.

90. — Mutations de l'énergie radiante des rayons X absorbée par la matière. Actions chimiques des rayons X.

L'énergie radiante d'un faisceau X, en s'absorbant dans la matière produit des effets très comparables à ceux des rayons lumineux et surtout de l'ultra violet.

Une partie de cette énergie se retrouve sous forme de chaleur; c'est-à-dire que les perturbations électromagnétiques véhiculées par le faisceau et arrêtées par la matière accélèrent, par influence, l'agitation particulaire de cette matière, ce qui constitue une élévation de son degré thermique. Mais cette partie est faible. Le plus souvent, on retrouve l'énergie absorbée sous une autre forme : sous la forme d'effets chimiques par dissociation moléculaire, effet duquel on peut rapprocher la dissociation des molécules gazeuses en ions. Quelquefois aussi, elle réapparaît sous l'aspect d'un rayonnement de luminescence. Enfin elle donne peut-être lieu à une manifestation des forces matérielles que nous n'avons pas encore envisagée d'une façon précise jusqu'ici : la dissociation atomique, la désagrégation de la matière.

Des effets de luminescence, nous ne dirons rien ici, les ayant déjà étudiés. Rappelons seulement que ces phénomènes sont provoqués d'autant plus facilement que les radiations excitantes sont de plus courtes longueurs d'onde et nous ne serons pas surpris de voir les rayons X, dont la place est au delà de l'ultra-violet dans la gamme des longueurs d'onde, les produire avec une intensité remarquable.

Nous nous arrêterons un moment à l'étude des actions chimiques et de l'ionisation gazeuse qu'ils provoquent et nous dirons quelques mots de l'émission cathodique qui prend naissance chez certains corps irradiés. Ce dernier phénomène se rattache d'ailleurs à une question bien plus générale, celle de la radioactivité spontanée ou provoquée de la matière; aussi ne la traiterons nous ici que d'un point de vue très spécial, renvoyant le lecteur au livre suivant pour son étude complète.

Les rayons X provoquent chez certains composés des réactions chimiques, et il est à remarquer que ce sont les corps ordinairement influencés par les rayons lumineux et l'ultra-violet qui sont également sensibles à l'action des rayons X.

Le type des effets chimiques est l'effet photographique. On peut en rapprocher la décomposition de l'iodoforme (CHI^3) en solution chloroformique, le virage des sels de Goldstein, le virage du platinocyanure de baryum qui passe du jaune-vert au brun (effet Villard), etc., et enfin les actions remarquables de cette radiation sur les tissus vivants.

Cette dernière question est d'un haut intérêt d'actualité, mais son étude nous ferait sortir du champ où nous nous sommes enfermés. Nous devons laisser de côté ici tous les problèmes dont la solution ne converge pas vers ce but unique : la connaissance de la matière. Aussi un seul de ces problèmes retiendra-t-il un moment notre attention, parce que celui-là éclaire d'un jour intéressant les rapports de l'énergie radiante avec la molécule matérielle ; c'est le problème de la spécificité d'action bio-chimique des radiations.

Quand un faisceau de rayons X n° 3 et un faisceau n° 9 (1), c'est-à-dire un faisceau très peu pénétrant et un faisceau très pénétrant, égaux en intensité, tombent sur un tissu organique, ils y subissent une absorption qui, pour les premières couches frappées, varie dans des proportions considérables. L'absorption du premier y est presque trois fois plus grande que celle du second. Cette différence s'atténue de couche en couche, et dans la profondeur, c'est au contraire le faisceau n° 9 qui abandonne le plus d'énergie à la matière parce que le n° 3 est presque réduit à 0. De nombreuses expériences de dosage et de l'étude des actions biologiques produites sur les tissus végétaux ou animaux vivants, j'ai tiré cette conclusion, que les effets obtenus sont fonctions des

(1) On appelle faisceau X n° 3, n° 4... n° 9 des faisceaux pour lesquels des lames d'aluminium de 3 m/m, 4m/m, 9m/m transmettent la même fraction qu'une lame de 0 m/m 11 d'argent. L'argent présente un coefficient d'absorption qui varie peu pour les rayons X de qualité différente, tandis que l'aluminium, très radiochroïque, a un coefficient très variable d'un bout à l'autre de la gamme (appareil de Benoist).

doses absorbées par chaque couche élémentaire, quelle que soit la qualité du rayonnement incident.

Autrement dit, il n'y a pas de différences d'effets produits par les rayons X suivant leur qualité, suivant leur force de pénétration ou leur longueur d'onde. *A doses absorbées égales les effets sont les mêmes.* De là, les grandes différences d'action des rayons peu pénétrants n°s 3, 4 et des rayons pénétrants n° 9, 10, employés à doses incidentes égales, sur les couches cutanées superficielles. En un mot, ce qui varie quand on passe d'une extrémité de la gamme à l'autre, c'est le mode de répartition de l'énergie absorbée de couche en couche. Les effets restent proportionnels aux doses fixées : *il n'y a pas spécificité d'action des rayons X de qualité variée* (1).

Si des rayons X on passe aux rayons γ du radium qui sont aussi des radiations vraies, bien plus, si l'on passe même aux rayons β qui sont des radiations d'émission, l'expérience prouve que cette loi est encore vraie, tout au moins dans les cas que j'ai étudiés (graines de végétaux, peau humaine). A doses absorbées égales, les effets sont égaux.

Ainsi nous voici en présence d'un fait remarquable : nous savons que quand on passe des rayons hertziens aux rayons infra-rouges, on trouve une différence d'action fondamentale, les premiers mobilisant les électrons libres de la matière irradiée et produisant surtout des effets électriques, les seconds produisant surtout de l'agitation thermique. Nous savons aussi que quand on

(1) Voir *Rayons X et radiations nouvelles*, Encyclopédie scientifique. O. Doin 1910, où j'ai résumé les principales expériences à l'appui de cette loi.

passe de l'infra-rouge au violet et à l'ultra-violet, des doses égales d'énergie radiante absorbée produisent des effets différents sur les mêmes corps, les premiers élevant surtout leur température, les second y produisant surtout des effets chimiques, c'est-à-dire des dissociations moléculaires. Ici quand nous passons des rayons X aux rayons γ et même aux rayons β du radium, pourtant de nature très différente, nous trouvons la même réaction de la matière albuminoïde. Peut-être même, avec quelques réserves, pourrait-on étendre cette loi à l'ultra-violet. Si bien qu'à ce point de vue nous pourrions placer dans un seul groupe celui des radiations actiniques; l'ultra-violet, les rayons X, les rayons du radium.

Tel est le sens dans lequel il faut entendre la loi de proportionnalité que j'ai proposée : elle ne s'étend pas au delà de ces limites, et elle ne fait que rapprocher les radiations actiniques les unes des autres, sans toucher à la grande loi de spécificité d'action des rayons hertziens, des rayons dits caloriques et du groupe actinique dont nous nous occupons.

91. — Ionisation des gaz irradiés par les rayons X.

Les gaz, comme les corps solides et liquides, absorbent les rayons X conformément aux lois établies par Benoist : l'atome de matière, sous quelque état physique, solide, liquide ou gazeux, qu'il se présente, se comporte de façon identique vis-à-vis de ce rayonnement.

Une partie de l'énergie ainsi fixée se retrouve ici sous une forme spéciale : il se produit une dissociation de la molécule gazeuse en deux sous-molécules; de même dans les dissolutions, nous le savons, le solvant dissocie un certain nombre de molécules du soluble en deux sous-molécules qu'on appelle des ions.

Les sous-molécules gazeuses s'entourent d'un agrégat de molécules non dissociées, et c'est à ces groupes moléculaires électrisés qu'on donne le nom d'ions gazeux.

Par ce fait même, les gaz deviennent conducteurs de l'électricité. Ils déchargent les conducteurs portant des charges statiques ; ils établissent un courant entre les deux plateaux d'un condensateur à air. Ces faits établis par Röntgen, Benoist et Hurmusescu, Dufour, Righi, Thomson, sont communs aux rayons X et aux rayons du radium. Les ultra-violets, tout au moins ceux dont la longueur d'onde est voisine de la gamme visible, ne produisent pas directement le même effet. Cette différence prouve combien il faut se garder de généraliser une loi établie expérimentalement et combien il est prudent de l'enfermer dans les limites des faits contrôlés. Dans l'étendue du spectre ultra-violet, il existe une certaine spécificité d'action quant à l'ionisation des gaz ; l'expérience seule pouvait nous le dire. C'est l'expérience seule aussi qui peut nous dire jusqu'à quelle limite s'étend la loi de non-spécificité relative aux actions biochimiques produites par les rayons X et les rayons du radium.

Signalons, avant de quitter l'étude de ce phénomène, que les ions gazeux sont capables de provoquer la condensation de la vapeur d'eau, chaque ion électrisé devenant un noyau de condensation (Wilson). Ce fait a même été le point de départ de remarquables travaux de Thomson qui a pu arriver à déterminer le nombre des ions de l'unité de volume par la mesure de la vitesse de chute du brouillard et en déduire le rapport $\frac{e}{m}$ de la charge électrique de chaque ion à sa masse. C'est là une méthode de plus pour arriver à la mesure des grandeurs moléculaires et atomiques absolues.

La comparaison des effets produits par les rayons X sur le même corps considéré à l'état solide et à l'état gazeux n'aura pas été sans faire naître dans l'esprit du lecteur une question assez délicate. Dès lors qu'une molécule, suivant qu'elle est à l'état gazeux ou à l'état solide, réagit diversement aux rayons X, comment admettre que la dose d'énergie absorbée soit la même? Si une molécule à l'état solide absorbe une certaine quantité d'énergie et la transforme simplement en chaleur, tandis qu'à l'état gazeux elle est le siège d'un effet nouveau, la dissociation en ions, dissociation qui consomme de l'énergie, n'est-il pas étonnant que la quantité d'énergie absorbée puisse être la même et que par suite l'unité de masse du corps considéré ait le même coefficient d'absorption sous les trois états?

Il faut tout d'abord se rendre compte qu'il n'y a rien là d'inadmissible, puisque nous ne savons pas exactement quels sont tous les modes de mutation de l'énergie radiante absorbée, et puisque même une petite fraction de l'énergie transformée en chaleur pourrait recevoir une autre destination, sans que nos procédés de mesure soient assez précis pour en rendre compte.

Ensuite il faut considérer que certains effets des radiations absorbées (ionisation, fluorescence, effets photographiques) nous paraissent correspondre à une mutation d'une fraction notable d'énergie, alors qu'ils sont peu de chose comparés à d'autres emplois et notamment aux emplois thermiques; aussi l'énergie consommée pour les produire peut-elle échapper à nos moyens de mesure.

92. — Émission de rayons cathodiques par la matière soumise à l'irradiation X.

Nous ne ferons que signaler ici un fait d'une importance considérable. La plupart des corps frappés par les rayons X émettent des charges négatives, des corpuscules cathodiques. Curie et Sagnac ont montré l'électrisation négative des rayons secondaires considérés en bloc, et Dorn a constaté la déviation par un champ magnétique des rayons secondaires émis par les métaux lourds. Nous avons vu ci-dessus que vraisemblablement les rayons secondaires émis par la matière irradiée se composent :

1° De rayons X diffusés;

2° De rayons déviables, analogues à des rayons cathodiques.

3° De rayons non déviables, analogues aux rayons X ou aux rayons γ du radium et liés à l'émission cathodique.

L'ultra-violet ordinaire et les rayons du radium provoquent aussi l'émission d'électrons quand ils frappent la matière. Bien plus, cette émission nous apparaît aujourd'hui comme pouvant se produire spontanément, et devenir appréciable sous des causes très variées. Or l'émission d'électrons dans beaucoup de cas correspond à une désagrégation de l'atome et nous touchons au problème le plus troublant de la science contemporaine : le problème de la dissociation de la matière sur lequel la découverte des corps radio-actifs a jeté un jour inattendu.

Substances radio-actives, mutations de l'atome matériel, radiations spontanées des métaux et de la matière en général, émissions électroniques, tel va être le sujet, tout nouveau dans l'histoire de la connaissance humaine, que nous allons aborder à présent.

LIVRE III

LA RADIO-ACTIVITÉ. LA DÉSAGRÉGATION DE LA MATIÈRE

CHAPITRE PREMIER

Les substances radio-actives. Radiations spontanées de la matière.

93. — La découverte de la radio-activité spontanée de la matière dans l'histoire de la science.

La fin du XIXe siècle a été féconde en découvertes inattendues, on pourrait même dire stupéfiantes, en ce sens qu'elles parurent, au premier abord, renverser les principes les plus fondamentaux de la science.

A peine les rayons X venaient-ils de troubler les lois de l'optique physique que le dogme de la conservation de l'énergie allait être en apparence ébranlé par la découverte de la radio-activité spontanée de certains corps et que celui de la conservation de la matière allait chanceler devant la destruction des atomes.

Bien plus, la mutation des atomes des corps simples les uns dans les autres allait donner une vraisemblance et même une figure de réalité à une chimère de la vieille alchimie, à la pierre philosophale que cherchaient nos devanciers pour faire de l'or avec les métaux vils.

Les choses et les idées se sont tassées depuis. A mesure que nous avons pénétré plus avant dans l'étude de ces phénomènes, la matière nous est apparue sous des horizons plus vastes. En quelques années, une science nouvelle est née.

Des expérimentateurs persévérants, Becquerel, Mme Sklodowska-Curie, Schmidt, P. Curie, Bémond, Debierne, mettaient au jour une série de substances radio-actives. Rutherford et Soddy, Giesel, Meyer, Kaufman, Villard, Ramsay, analysaient leur rayonnement, pendant que s'édifiaient des théories générales avec les Lorentz, les Larmor, les Thomson et que se vulgarisaient les notions nouvelles avec des savants enthousiastes, des généralisateurs que n'arrêtait pas la fragilité de certaines hypothèses, comme G. Le Bon.

De la synthèse de ces connaissances est sortie une notion nouvelle qui s'est imposée à l'esprit humain : c'est celle de la nature granuleuse de l'électricité, celle de l'électron; et nous avons vu au cours de notre étude quel jour éclatant cette notion a jeté sur toutes les branches de la science.

L'étude de l'électron, l'analyse de ses propriétés et en particulier la réduction de sa masse matérielle à une masse de nature électromagnétique a tout à coup fait tomber la barrière qui semblait séparer radicalement le monde de la matière du monde de l'énergie. La dynamique de l'électron allait entrer en conjonction avec les équations de Maxwell pour donner naissance à la conception la plus générale qui ait été encore formulée sur la nature et la genèse de la matière.

Telle est la branche nouvelle de la science qui, en moins de vingt ans, a apporté tant d'idées nouvelles : c'est par elle que nous allons terminer l'étude de la matière.

94. — Historique de la découverte des corps radio-actifs.

Près de 30 ans avant que Becquerel eût annoncé au monde scientifique sa découverte de la radio-activité spontanée de l'uranium, un fait d'une importance considérable pourtant, avait passé inaperçu. Niepce de Saint-Victor, en 1867, avait constaté qu'une plaque photographique était impressionnée par des sels d'urane placés à proximité.

Toute la découverte de la radio-activité était dans l'analyse de ce phénomène. Mais l'analyse n'en fut pas faite, parce que la pensée humaine ne se portait pas alors vers les horizons qu'il aurait pu dévoiler.

En 1896, alors que la découverte de Röntgen attirait la curiosité scientifique vers les phénomènes de phosphorescence, alors qu'on se trouvait entraîné à établir un certain lien de cause à effet entre les radiations obscures et la luminescence de la matière (1), H. Becquerel entreprit l'analyse du rayonnement phosphorescent donné par les sels d'urane insolés et il fut tout surpris de constater que, en dehors de toute insolation, un rayonnement n'en existait pas moins. Le sulfate double d'uranium et de potassium émettait spontanément des rayons invisibles présentant certaines analogies avec ceux que Röntgen venait de mettre au jour.

(1) H. Poincaré, *Rev. Gén. des Sciences*, 30 janvier 1896.

A partir de cette date, les découvertes se sont précipitées. M. Schmidt et Mme Curie découvraient deux ans plus tard chacun de leur côté et presque en même temps la radio-activité du thorium. Mais Mme Curie ayant rencontré dans certains minéraux, tels que la pechblende de Joachimsthal et de Pzibrau, l'autunite, la calcolithe, une radio-activité supérieure à celle de l'uranium métallique, en conclut qu'il devait exister dans ces corps un élément radio-actif plus puissant que l'uranium. Cette constatation fut le point de départ des recherches qui conduisirent M. et Mme Curie à la découverte du radium.

L'uranium se tire en grande partie dans l'industrie, de la blende de Joachimsthal. Le résidu de l'extraction ne renferme plus que des traces insignifiantes d'uranium. Or, c'est dans ce résidu, que M. et Mme Curie constatèrent un rayonnement près de 5 fois plus puissant que celui de l'uranium métallique.

Par une série de traitements chimiques, ils arrivèrent, aidés dans leurs travaux par M. Bémond, à tirer, d'une tonne de résidu de pechblende, environ une dizaine de kilogrammes de sulfates donnant un rayonnement près de 40 fois plus intense que celui de l'uranium métallique ; et de ces 10 kilogrammes de sulfates, par la méthode des cristallisations fractionnées, ils recueillirent 10 à 12 centigrammes d'un produit dont l'activité était 2 millions de fois plus grande que celle de l'uranium et auquel ils donnèrent le nom de *radium*.

Au cours de ces opérations chimiques, Mme Curie constata parmi les précipités une substance beaucoup moins active que le radium, mais présentant des caractères chimiques bien définis; elle l'a appelé le *polonium*; depuis, Markwald a trouvé un procédé très simple pour l'obtenir; il immerge une baguette de bismuth dans une solution de bismuth renfermant à titre d'impureté, comme cela est à peu près constant, du sulfure de polonium. La baguette se couvre de polonium qu'il suffit de gratter ensuite.

Ces substances radio-actives ne sont pas les seules. De la solution chlorhydrique d'où Mme Curie avait tiré le polonium, Debierne précipita des hydrates de fer, d'aluminium, de lanthane, etc., présentant une certaine activité, et il put isoler de ce précipité une substance qu'il appela *l'actinium*.

De tous les corps radio-actifs, le radium est le mieux connu parce qu'il a pu être obtenu en quantité assez considérable pour se prêter à l'analyse. Le spectre caractéristique de ses sels, assez analogue à celui des métaux alcalins, du baryum, du magnésium, prouve qu'il s'agit bien d'un corps simple. Mme Curie est arrivée à isoler le métal pur, il y a peu de temps; le poids atomique de ce métal paraît être voisin de 225 (1).

C'est le radium qui nous servira de type pour l'étude du rayonnement des corps radio-actifs.

95. — Rayonnement complexe du radium.

On s'est vite aperçu que les corps radio-actifs donnent en général un rayonnement composite.

Giesel, S. Meyer, von Schweidler et H. Becquerel avaient constaté qu'un champ magnétique dévie ce

(1) Mme Curie, au cours de ses derniers travaux, lui attribue le chiffre de 226,5.

rayonnement, mais Curie démontra peu après qu'une partie seulement du rayonnement était déviée, et que l'autre partie ne subissait pas l'action du champ. Rutherford, analysant le faisceau non déviable de Curie, découvrit dans ce faisceau une partie faiblement déviable, mais en sens inverse de la déviation observée par les premiers physiciens, et Villard démontra l'existence d'une partie rigoureusement indéviable, grâce à la méthode photographique (1900).

On se trouva ainsi en présence de trois faisceaux :

1° Un faisceau dévié par un champ magnétique dans le sens des aiguilles d'une montre qui serait posée sur le pôle sud S de l'aimant, c'est-à-dire dévié comme le seraient des masses chargées d'électricité négative; c'est le rayonnement déviable que Giesel, Meyer, Schweidler, Becquerel avaient regardé comme le rayonnement total et que nous appelons aujourd'hui le rayonnement β; il est composé d'électrons à charges négatives, comme les rayons cathodiques des tubes à vide; 2° Un faisceau dévié en sens inverse des aiguilles d'une montre, le faisceau de Rutherford, le faisceau que nous connaissons à présent sous le nom de rayons α, composé d'ions à charge positive, comme les rayons positifs, les Kanalstrahlen des tubes à vide. 3° Enfin le faisceau non déviable de Villard, que nous appelons les rayons γ, et que nous savons analogues aux rayons X.

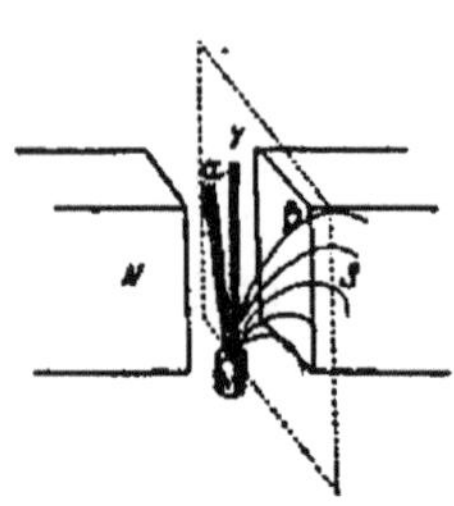

Fig. 49. — Les trois rayonnements du radium.

Ces trois rayonnements ont pu ainsi être étudiés séparément; on a pu constater qu'ils ont des propriétés communes qui les rapprochent des rayons X et des ultra-violets, et certaines propriétés particulières.

Tous les trois provoquent des réactions chimiques dans la matière; ils impressionnent les plaques photographiques, mais à ce point de vue, les rayons α ont une puissance bien inférieure à celle des rayons β et γ.

Ils rendent certaines substances fluorescentes, telles que le platinocyanure de baryum, le sulfure de zinc hexagonal, etc., mais leur pouvoir relatif est assez variable; ainsi les rayons α, qui agissent peu sur le platinocyanure, ont une action élective sur le sulfure de zinc.

Ils disloquent aussi, comme les rayons X, les molécules des gaz qu'ils traversent et provoquent l'ionisation de ces gaz. A ce point de vue, les rayons α ont une puissance remarquable, de sorte que la conductibilité de l'air irradié constitue pour eux un excellent réactif.

Les actions chimiques de ces rayonnements sur les substances organiques, sur les tissus vivants ont ouvert, on le sait, un champ nouveau à la thérapeutique. Les rayons α, très vite absorbés par les corps, même gazeux, interposés, ne jouent qu'un rôle très secondaire dans ces actions, mais il est assez remarquable de voir que les rayons β, les rayons γ, les rayons X, pourtant si différents par leur nature, provoquent les mêmes réactions quand on fait absorber aux éléments vivants les mêmes quantités d'énergie radiante, quantités dosées par leur pouvoir photographique ou par leur pouvoir fluoroscopique. C'est la loi de proportionnalité qui a été énoncée ci-dessus et qui nous a permis de conclure à la non-spécificité d'action des radiations dans les limites entre lesquelles nous nous sommes enfermés.

En même temps que se produisent spontanément ces émissions, il y a dégagement de chaleur. Un gramme de radium émet en une heure environ 100 calories. (Curie et Laborde, 1903).

On s'est donc trouvé en présence d'un phénomène naturel d'apparence extraordinaire : les corps radio-actifs, sans rien emprunter à l'énergie de l'ambiance, se présentaient comme émettant indéfiniment des radiations, de la chaleur, et semblaient par suite capables de produire du travail sans déperdition matérielle. La balance ne révélait en effet aucune diminution de poids au cours des longues périodes pendant lesquelles on avait pu observer une production d'énergie relativement considérable et toujours la même.

L'étude des rayonnements α et β devait donner la solution du problème.

96. — Charge électrique, masse et vitesse des particules α et β.

Un moyen très élégant de constater les charges électriques portées par les rayons α et β a été imaginé par Strutt.

V est un tube de verre dans lequel on a fait le vide. R est une sphérule de verre contenant une parcelle de radium et suspendue à la masse isolante de soufre S; E est un petit électroscope minuscule à feuille d'or et A une tige d'aluminium reliée à la terre.

Les rayons β, beaucoup plus pénétrants que les rayons-α, traversent les parois de la sphérule sans y subir d'absorption notable, tandis que les rayons α sont presque totalement absorbés par elle. Les charges positives des α se répandent ainsi sur cette sphérule, reliée électriquement à l'électroscope et la feuille d'or s'écarte jusqu'au contact de la tige d'aluminium où elle se décharge. Elle revient alors à sa position initiale pour diverger de nouveau au fur et à mesure que de nouvelles charges s'accumulent. Son mouvement d'oscillation pourrait, en principe, être regardé comme sans fin.

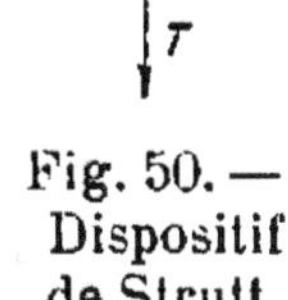

Fig. 50. — Dispositif de Strutt.

Un dispositif basé sur le même principe, mais dans lequel on se débarrasse par filtrage des rayons α permet de même de recueillir les charges des rayons β arrêtés par une feuille de plomb.

Dès lors on imagine la possibilité d'une horloge dont le mouvement se perpétuerait à travers les siècles, sans horloger qui en remonte le ressort ou les poids et sans qu'il faille ouvrir au milieu ambiant un crédit en fourniture d'énergie.

L'horloge a même été réalisée. Mais si l'horloger-remonteur est demeuré inutile, on s'est vite aperçu que la gratuité du travail produit n'était qu'un leurre. La nature tient bien ses comptes ; et tôt ou tard, il faut passer à la caisse. Seulement quand on a voulu connaître le nom du créancier, on s'est trouvé en présence du plus fantastique bailleur de fonds qu'on puisse imaginer. Les charges électriques dissociées et projetées à l'extérieur avec des forces vives considérables n'empruntent leur énergie, ni aux forces chimiques de l'atome, ni aux forces physiques moléculaires : nous verrons bientôt comment les physiciens ont été amenés à l'hypothèse d'une dislocation de l'atome lui-même, et comment nous sommes conduits aujourd'hui à regarder l'énergie intra-atomique, insoupçonnée jusqu'ici, comme le plus gros capital-force enfermé dans la matière. La science a dévoilé le bailleur de fonds mystérieux ; elle saura sans doute, dans un jour prochain, obtenir la clef de son coffre-fort et puiser largement à ses caisses pour le bien de l'humanité.

Une analyse plus approfondie du rayonnement a permis de déterminer la vitesse des particules et de trouver le rapport de leur charge q à leur masse m. La mesure de ce rapport $\frac{q}{m}$ a conduit à des déductions inattendues. Nous allons voir comment l'étude des particules α a pu éclairer la connaissance de l'atome matériel, et comment celle de l'électron, de la particule β, a bouleversé la notion que nous avions de la masse matérielle.

97. — Vitesse des projectiles α. Rapport de leur charge électrique à leur masse.

Rutherford, en 1903, puis Decoudre, Becquerel et, après eux, divers physiciens sont arrivés par des mesures d'une remarquable précision à déterminer la vitesse des projectiles α émis par les corps radio-actifs. Cette vitesse est variable suivant les corps et oscille entre 10.000 et 20.000 kilomètres à la seconde. Le rapport $\frac{q}{m}$ déterminé en même temps est voisin de 5.100 *u.e.m.* (1).

On se rappelle que 1 atome-gramme d'hydrogène transporte dans l'électrolyse une charge de 96.537 coulombs ou 9.650 *u. e. m.* absolus environ. Autrement dit,

(1) (Unités électromagnétiques). Ces déterminations se font à l'aide de deux équations dont les facteurs connus sont tirés d'une mesure relativement facile à effectuer : la mesure de la déviation des rayons α et β dans un champ magnétique et dans un champ électrique

le rapport de la charge à la masse, pour l'hydrogène électrolytique est de 9.650.

Ainsi l'unité de masse de la particule α porte une charge électrique qui est à peu près la moitié de celle portée par l'unité de masse de l'atome électrolytique d'hydrogène; voilà ce qui ressort de ces mesures. Ou, si l'on veut, à masses égales, l'atome électrolytique d'H et la particule α portent des charges différentes : celle du premier est double de celle de la seconde.

Si un atome électrolytique d'H porte l'unité de charge électrique, il faut une masse double, en particules α, pour porter la même charge.

98. — Masse et charge absolues des particules α. La particule α débarrassée de sa charge est un atome d'hélium.

Mais pour comparer l'atome électrolytique d'hydrogène et la particule α, il faut aller plus loin : il faut dénombrer les particules α dont une masse m porte la charge q.

d'intensité déterminée. Ces facteurs connus sont, pour la première équation : E, différence de potentiel créant le champ électrique; D, déviation du faisceau ; d, distance des plateaux électriquement chargés; l, distance entre les plateaux et la plaque photographique sur laquelle on mesure la déviation.

On a :
$$\frac{m}{q} v^2 = \frac{8El^2}{(D-d)^2}$$

Pour la 2e équation si ρ est le rayon de courbure du faisceau déterminé pareillement par la mesure de sa déviation, repérée dans des conditions expérimentales définies, H étant l'intensité du champ magnétique, on a :

$$\frac{m}{q} v = \rho H$$

Ces équations conduisent, bien entendu, seulement à la connaissance de la vitesse absolue v et du rapport $\frac{q}{m}$ sans pouvoir nous éclairer en rien sur la valeur absolue des grandeurs q et m.

Rutherford et Geiger y sont arrivés de la façon suivante. Ils ont déterminé le nombre des particules α émises dans une direction donnée ou mieux dans un angle solide donné par une substance radio-active au moyen de la déviation brusque imprimée à l'aiguille d'un électromètre très sensible chaque fois qu'un projectile α arrive entre les plateaux de son condensateur.

Dans leur dispositif expérimental, ils purent compter 405 impulsions par minute, et en admettant que les particules α soient uniformément distribuées dans les autres directions, un simple calcul indiquerait qu'un gramme de radium pur émet environ 34 billions de particules α par seconde, correspondant à une charge globale de 1 billionième d'unité électromagnétique environ, ce qui donnerait pour la charge absolue de chaque particule la 34 billionième partie d'un billionième d'*u. e. m.*, soit environ 3×10^{-20} *u. e. m.* absolues.

Or si nous nous reportons aux déterminations de la constante d'Avogadro tirée de la théorie cinétique des gaz, nous savons que 70×10^{22} atomes d'hydrogène pèsent 1 gramme et portent dans l'électrolyse 9.650 *u. e. m.*, ce qui donne pour la charge absolue de chaque atome environ $1{,}4 \times 10^{-20}$ *u. e. m.*

Différentes corrections ont conduit à admettre le chiffre de $1{,}5 \times 10^{-20}$ environ. On peut déduire de là que la particule α aurait une charge double de celle de l'atome électrolytique d'H. Or, puisque à égalité de charge, la masse de matière α est double de la masse d'hydrogène électrolytique, pour une charge double, la masse de matière α est quadruple. Donc la particule α a une masse quadruple de celle de l'atome d'hydrogène et pèse le poids atomique de l'atome d'hélium, c'est-à-dire 4.

Est-ce là une coïncidence? Ou bien la particule α devient-elle réellement un atome d'hélium quand elle perd sa charge? La présence de l'hélium dans toutes les substances radio-actives suffirait presque à elle seule à établir un lien expérimental entre l'émission α et l'hélium. Nous verrons tout à l'heure que bien d'autres raisons confirment cette hypothèse.

99. — Vitesse des projectiles β. Rapport de leur charge à leur masse. Diminution de ce rapport avec la vitesse. Est-ce la masse absolue qui augmente ou la charge absolue qui diminue ?

Les projectiles β ont des vitesses très variables. Un champ magnétique étale le faisceau en le déviant.

La mesure de la déviation a, comme pour les rayons α permis de déterminer le rapport $\frac{q}{m}$ de la charge à la masse de chaque particule et leur vitesse. Déjà Becquerel avait constaté que les rayons les moins déviés sont les moins pénétrants et il avait attribué à l'ensemble du faisceau une vitesse moyenne de 160.000 kilomètres à la seconde avec un rapport $\frac{q}{m}$ égal à 10 millions. Ce rapport $\frac{q}{m}$ est le même pour les projectiles cathodiques et pour les projectiles β, mais la vitesse de ces derniers dépasse la moitié de celle de la lumière alors que la vitesse moyenne du faisceau cathodique n'en est que le dixième.

Kaufman, en 1901, est allé plus loin et il est arrivé à

cette conclusion à première vue paradoxale, que le rapport $\frac{q}{m}$ diminue avec la vitesse des projectiles. Voici d'ailleurs le tableau de ses résultats.

VITESSE				RAPPORT $\frac{q}{m}$ DE LA CHARGE A LA MASSE
236.000	km.	à la seconde	....	13.100.000
248.000	—	—	....	11.700.000
259.000	—	—	....	9.700.000
272.000	—	—	....	7.700.000
285.000	—	—	....	6.300 000

Certaines substances, telles que le polonium, émettent des projectiles à charges négatives qu'on a appelés rayons δ. Ewers, qui a mesuré la vitesse et le rapport $\frac{q}{m}$ de ces projectiles, leur attribue une vitesse moyenne de 3.250 km. à la seconde et un rapport $\frac{q}{m}$ de 14.800.000 qui correspond à celui des projectiles β les plus lents. Ce sont en réalité, et diverses autres raisons appuient cette thèse, des rayons β de très faible vitesse. Les travaux d'Ewers confirment ainsi les résultats de Kaufman.

Rayons β et rayons cathodiques sont donc les trajectoires de projectiles électrisés identiques portant les mêmes charges à masses égales, à cela près que quand la vitesse se rapproche de celle de la lumière, le rapport $\frac{q}{m}$ diminue rapidement.

Est-ce la charge qui diminue, est-ce la masse qui augmente quand la vitesse devient de plus en plus grande? Problème troublant par l'énormité de ses conséquences Si le changement de valeur de $\frac{q}{m}$ doit être attribué à l'augmentation de la masse, et nous avons déjà laissé entendre à plusieurs reprises que c'est en ce sens qu'il doit être résolu, quelle modification profonde cette conclusion ne va-t-elle pas apporter à la conception de la masse matérielle ! Nous allons voir à présent sur quelles raisons est fondée cette solution que nous faisons prévoir et que n'adoptent pas encore tous les physiciens, puisque récemment L.T. More, de l'Université de Cincinnati (*Phil. Mag.*, 1911), a cru pouvoir justifier la thèse de la variabilité de la charge avec la vitesse.

100. — Variations de la masse avec la vitesse.

Le calcul établit que quand une sphère de rayon a portant une charge superficielle q est animée d'une vitesse v petite par rapport à celle de la lumière, elle crée un champ magnétique tel qu'il faut pour vaincre cette inertie une énergie égale à

$$\frac{1}{3}\frac{q^2v^2}{a}.$$

Tout se passe comme si cette sphère, agrippée aux lignes de force qui rayonnent d'elle dans l'éther, opposait de ce fait à toute tendance au déplacement ou au changement de vitesse l'inertie due à une masse d'origine magnétique. De même qu'elle possède une énergie cinétique $\frac{1}{2}mv^2$ due à sa masse matérielle m, elle possède une énergie magnétique $\frac{1}{3}\frac{q^2v^2}{a}$, qu'on peut écrire : $\frac{1}{2}\left(\frac{2}{3}\frac{q^2}{a}\right)v^2$ due à sa masse magnétique. On peut donc par analogie représenter cette masse magnétique par l'expression $\left(\frac{2}{3}\frac{q^2}{a}\right)$.

Un calcul analogue établit que si la charge électrique au lieu d'être répandue sur la surface de la sphère était distribuée uniformément dans son volume intérieur, la masse électromagnétique serait :

$$\left(\frac{4}{5}\frac{q^2}{a}\right).$$

Enfin, étant donné que les actions électromagnétiques mettent un certain temps à se propager et franchissent 300.000 kilomètres à la seconde environ, quand la sphère électrisée est animée d'une vitesse croissante se rapprochant de celle de 300.000 kilomètres, l'induction magnétique en un point quelconque de l'espace est en retard sur la situation actuelle du mobile, et le calcul montre qu'en raison de ce retard l'énergie électromagnétique croît plus vite que le carré de la vitesse et que cet accroissement devient de plus en plus rapide en s'approchant de cette vitesse limite de 300.000 kilomètres où l'énergie électromagnétique devient infinie. Si bien que la masse magnétique ne correspond aux expressions :

$$\left(\frac{2}{3}\frac{q^2}{a}\right) \text{ ou } \left(\frac{4}{5}\frac{q^2}{a}\right)$$

que si les vitesses sont assez éloignées de celles de la lumière ; à mesure que croît la vitesse, on doit faire figurer dans ces expressions un facteur, fonction de cette vitesse, et qui devient infini à la vitesse limite.

Voilà ce que donne le calcul.

Or ce que nous venons de dire des sphères électrisées peut s'appliquer aux électrons, soit qu'on suppose la charge répartie à sa surface, auquel cas sa masse magnétique est pour les petites vitesses $\frac{2}{3}\frac{q^2}{a}$; soit qu'on la suppose répartie en volume, auquel cas la masse magnétique est $\frac{4}{5}\frac{q^2}{a}$. Qu'il s'agisse d'un électron en mouvement dans les conducteurs métalliques (courant électrique) ou d'un électron libre dans l'espace, soit isolé, soit lié à un support matériel libre (rayons cathodiques, rayons β, rayons α), le régime de translation est soumis aux mêmes lois.

En particulier, si nous considérons les rayons β du radium, ces résultats du calcul vont nous permettre deux choses.

C'est d'abord de voir, si le régime de translation révèle la présence d'une masse matérielle m juxtaposée avec une masse magnétique $\left(\frac{2}{3}\frac{q^2}{a} \text{ ou } \frac{4}{5}\frac{q^2}{a}\right)$.

C'est ensuite de voir si la loi d'accroissement de la masse magnétique avec la vitesse, quand on approche de 300.000 kilomètres par seconde, concorde bien avec les données théoriques. La réponse à cette dernière question est en grande partie résolue par le simple examen des expériences de Kaufman que nous avons relatées.

Les travaux d'Abraham rapprochés de ces expériences vont nous permettre de donner la solution complète du problème.

101. — L'électron possède-t-il une masse matérielle? Masse longitudinale. Masse transversale. Travaux d'Abraham et de Kaufman.

Le corpuscule β est-il un corpuscule d'électricité dépourvu de support matériel, ou bien possède-t-il une masse magnétique et une masse matérielle juxtaposées?

Voilà la question d'une si grande portée physique et philosophique que nous devons résoudre.

Abraham distingue l'inertie longitudinale et l'inertie transversale. Ces mots se comprennent d'eux-mêmes : si l'on se représente un électron cheminant suivant une direction rectiligne, on peut imaginer une perturbation apportée à son mouvement parallèlement à sa direction ou transversalement. L'opposition à la perturbation ou accélération parallèle est l'inertie longitudinale, l'opposition au déplacement transversal est l'inertie transversale. De là, la considération d'une masse longitudinale et d'une masse transversale.

Les calculs ont établi que pour les vitesses assez petites la masse longitudinale et la masse transversale tendent vers une limite commune qui est précisément celle que nous avons établie au paragraphe précédent. Pour les vitesses plus grandes ces formules permettent de définir le rapport de la masse électromagnétique longitudinale ou transversale μ_1, μ_2, μ_3, des vitesses croissantes à la masse électromagnétique μ_0 des faibles vitesses.

Les expériences de Kaufman ayant donné le rapport $\varphi = \frac{q}{m}$ de la charge à la masse des corpuscules pour les différentes vitesses, en prenant comme base le chiffre de ce rapport φ_0 pour les plus faibles vitesses et en écrivant à côté les rapports pour les vitesses croissantes φ_1, φ_2, φ_3, on a tous les éléments de comparaison nécessaires pour répondre à notre question.

En effet Kaufman mesurait ses rapports en déviant transversalement un faisceau β; ses résultats sont donc relatifs à la masse transversale. Demandons aux formules d'Abraham les variations de la masse transversale μ_0, μ_1, μ_2, μ_3, à mesure que croît la vitesse. Ecrivons en regard la variation des rapports φ_0, φ_1, φ_2, φ_3, avec les mêmes accroissements de vitesse.

Pour rendre les éléments comparables, au lieu de considérer les valeurs de μ_0, μ_1,... et de φ_0, φ_1,... considérons les rapports : $\frac{\mu_1}{\mu_0}$, $\frac{\mu_2}{\mu_0}$, $\frac{\mu_3}{\mu_0}$ calculés et les rapports, $\frac{\varphi_1}{\varphi_0}$, $\frac{\varphi_2}{\varphi_0}$, $\frac{\varphi_3}{\varphi_0}$, déterminés expérimentalement. Voici alors ce que nous constatons :

VITESSES	$\frac{\mu}{\mu_0}$ (ABRAHAM)	$\frac{\varphi}{\varphi_0}$ (KAUFMAN)
petite	1	1
300.000 Km ×0,732	1,36	1,34
×0,752	1,38	1,37
×0,777	1,43	1,42
×0,801	1,46	1,47
×0,830	1,537	1,545
×0,860	1,65	1,65
×0,883	1,664	1,73
×0,933	2,04	2,05
×0,949	2,17	2,145
×0,963	2,23	2,24

Cette remarquable concordance ne prouve-t-elle pas mieux que tout raisonnement que ce qui varie avec la vitesse dans le rapport $\frac{q}{m}$ de la charge à la masse du corpuscule β c'est non pas la charge q mais la masse m?

Ne montre-t-elle pas en second lieu que la masse du corpuscule est tout entière électromagnétique, puisque les accroissements des masses électromagnétiques transversales calculées sont exactement parallèles aux accroissements des masses totales transversales trouvées expérimentalement, sans qu'on soit obligé d'ajouter aux éléments du calcul une constante qui représenterait une masse matérielle invariable avec la vitesse.

Concluons donc :

Les corpuscules β paraissent être des charges électriques sans support matériel. Leur masse est entièrement d'origine électromagnétique; elle varie avec la vitesse suivant une loi connue.

102. — Structure du corpuscule β. Forme, grandeur, masse de l'électron.

Dans les raisonnements qui précèdent, nous avons supposé le corpuscule β sphérique et nous avons admis les deux hypothèses possibles de charge en surface et de charge en volume.

Nous devons faire observer que la forme que nous lui avons attribuée n'est nullement certaine et que rien ne peut jusqu'à présent nous fixer sur la morphologie du corpuscule électrique.

Cependant il est commode de se faire une idée de la grandeur du corpuscule en se représentant le rayon d'une sphère qui aurait approximativement le même volume que lui, quelle que soit sa forme. Aussi mettant à profit la même hypothèse qui, au fond, ne doit pas s'écarter énormément de la réalité, nous pouvons facilement connaître l'ordre de grandeur de ce rayon.

Nous savons en effet que la masse électromagnétique du corpuscule (en admettant la charge en surface) est $\frac{2}{3}\frac{q^2}{a}$. Si nous prenons le rapport $\frac{q}{m}$ égale à 18.780.000 pour les rayons cathodiques de faible vitesse, la masse m a la valeur $\frac{q}{18.780.000}$ environ et l'on peut écrire :

$$\frac{2}{3}\frac{q^2}{a} = \frac{q}{18.780.000} \quad \text{ou :} \quad \frac{2}{3}\frac{q}{a} = \frac{1}{18.780.000}$$

d'où le rayon $a = 12.520.000\, q$.

Si nous admettons (§ 97) que la charge électrique unité, vaille 1.5×10^{-20} *u.e.m.*, le rayon du corpuscule sera ·

$a = 12.520.000 \times 1.5 \times 10^{-20} = 1.9 \times 10^{-13}$ centimètres, c'est-à-dire environ 2 millionièmes de μμ (le μμ étant la millionième partie du millimètre). Dans le cas où l'on supposerait la charge uniformément répartie en volume, on trouverait un chiffre à peine supérieur.

Voilà tout ce que nous pouvons déduire des considérations physiques qui précèdent. Nous avons appliqué le calcul à la recherche de la masse et de la charge de l'électron. Nous avons, en le supposant sphérique, pu conclure que cette charge occupe une région singulière de l'espace de 2 millionièmes de μμ de rayon. Nous ne pouvons pas aller plus loin dans l'analyse de sa structure.

D'ailleurs, il faut bien se rendre compte que si nous cherchons à nous faire une représentation de l'électron nous n'arrivons qu'à des images imprécises. Sa forme? Nous ne pouvons guère nous la représenter que comme une abstraction géométrique, et rien ne nous éclaire sur sa configuration. Ses propriétés? Nous ne connaissons de lui que l'état de tension produit aux alentours dans le milieu extérieur, le champ électromagnétique de l'éther environnant. « La cause de ces tensions nous est inconnue, et il n'y aurait aucun avantage de la fixer avec une hypothèse. Il nous suffit de savoir que cette cause peut être considérée comme localisée dans une région de l'espace où les lignes de force ont leur origine ou leur terminaison. Dans cette région singulière, réside, par définition, la charge électrique » (1). Sa masse? Dès lors qu'elle n'a plus rien de matériel, elle n'évoque plus en nous de représentation précise.

Voilà comment, d'étape en étape, nous en arrivons à la connaissance de ce corpuscule qui s'est révélé à nous sous des aspects si variés.

Nous l'avons trouvé comme charge électrique indivisible de l'ion électrolytique, nous l'avons reconnu comme la cause de la valence chimique des atomes, nous l'avons retrouvé libre dans les métaux comme la cause du courant électrique, nous l'avons considéré comme l'unité des charges statiques; l'atome nous est apparu comme un ensemble d'électrons en révolution rapide autour d'un centre; les rayons cathodiques et les rayons β nous conduisent à présent à regarder l'électron comme une entité dépourvue des caractères propres de la matière : la masse de l'électron est d'origine exclusivement électromagnétique, ses caractères sont réductibles à des propriétés de l'éther ambiant, on ne peut se le représenter que comme une région singulière, on

(1) Battelli, Occhialini, Chella, *loc. cit.*

pourrait dire un point singulier de l'espace : le point de divergence des lignes de flux qui partent de lui. Voilà pourquoi nous employons indifféremment le mot de point singulier de l'espace pour désigner ce centre de divergence, ou celui de région singulière pour désigner le solide géométrique de rayon défini qui représenterait la localisation de la charge.

Si l'on voulait aller plus loin on tomberait pour le moment dans les hypothèses métaphysiques.

103. — Le rayonnement γ.

Les caractères communs des rayons γ et des rayons X font admettre qu'il s'agit là de radiations vraies analogues aux radiations lumineuses. Seulement il est vraisemblable que les rayons γ, comme les rayons X, dus à un changement de vitesse brusque d'un corpuscule β ou d'un corpuscule cathodique, se composent, non pas d'une ondulation continue à allure sinusoïdale, mais d'une pulsation unique et très brève. Ce fait expliquerait l'absence de réfraction, de réflexion régulière, etc.

Cette opinion est généralement admise et paraît plus simple que celle de Bragg. Cet auteur a émis l'hypothèse qu'il s'agirait de corpuscules α et β accolés, d'où l'absence de déviation. On comprend mal, avec cette hypothèse, l'étonnante force de pénétration des rayons γ, quand les rayons α et β sont si absorbables.

Nous pouvons admettre que partout où dans la nature se produit un départ brusque ou un arrêt brusque d'électron, il se produit une pulsation, transmise sous forme d'onde sphérique par l'éther ambiant, et cela nous expliquera la production de rayons secondaires spécifiques par certains corps irradiés.

Les rayons γ constituent une très petite partie du rayonnement des corps radio-actifs, et si l'on compare l'énergie des trois rayonnements, on trouve que les rayons α l'emportent de beaucoup, puis viennent les β et en dernier lieu les γ.

CHAPITRE II

Action des rayons α, β, γ sur la matière.

104. — Phénomènes produits par la rencontre des rayons α, β, γ, par la matière.

Lorsque les rayonnements des corps radio-actifs rencontrent la matière, ils subissent une absorption plus ou moins grande suivant leur qualité et suivant la nature du corps irradié. Il n'y a pas de matière idéalement transparente à ces rayonnements, et il n'y a pas de corps idéalement opaque, de corps noir absolu.

Les lois qui régissent le mode d'absorption des rayons α, β et γ, par la matière sont des plus instructives; je les rappellerai ici parce qu'elles nous éclairent sur certains caractères de ces radiations et sur certaines propriétés additives de la matière.

Les phénomènes réactionnels de la matière sont aussi des plus intéressants, les changements physiques et chimiques produits par l'absorption des rayons α, β, γ nous révèlent des propriétés remarquables des corps.

Mais un groupe de faits plus importants encore est constitué par ce que nous appellerons la désintégration de l'atome matériel frappé par ces rayonnements. Nous verrons qu'il y a là un phénomène très général qui ne se limite pas à la transformation de l'énergie que nous étudions en ce moment. Aussi en ferons-nous une étude spéciale.

105. — Absorption des rayons α.

Les rayons α sont très absorbables. Une mince feuille d'aluminium, de papier, une couche d'air de quelques centimètres les arrêtent complètement. Bragg et Kleemann ont étudié spécialement la courbe d'absorption des rayons α dans l'air et ont vu que si la couche radio-active est excessivement mince (de manière que les projectiles α des couches profondes ne soient pas ralentis par la traversée des couches superficielles), il y a un espace d'air de 2 centimètres environ dans lequel l'ionisation produite est à peu près constante, puis dans un espace très court l'ionisation diminue rapidement et disparaît. Ils en concluent que la vitesse initiale de toutes les particules α est la même pour une même substance radio-active, parce que toutes les particules restantes deviennent presque en même temps trop lentes pour produire l'ionisation. Elle varie d'une substance à l'autre.

Le résultat est que l'on peut caractériser une substance par la longueur du parcours de ses particules α dans l'air. Ainsi l'uranium a ses particules α qui parcourent 3 cent. 3, celles du polonium parcourent 3 cent. 86.

Aux approches de la distance où va se produire la grande chute d'intensité des rayons α, on constate une recrudescence du pouvoir ionisant.

Bragg et Kleemann interprètent ce fait de la façon suivante : le pouvoir ionisant des particules α augmenterait quand leur vitesse diminue, et aux approches de la vitesse critique, où cesse leur pouvoir ionisant, il y aurait un point de maximum d'action.

On peut se passer, à mon avis, de cette hypothèse, grâce à la théorie cinétique des gaz. Les projectiles α cheminant avec des vitesses décroissantes et égales pour tous (quand la substance radio-active est en couche mince) rencontrent dans leur parcours rectiligne les molécules gazeuses en agitation perpétuelle.

Or, une simple comparaison va faire comprendre la loi d'ionisation. Supposons que dans une vaste volière où les oiseaux sont en continuelle agitation, on tire une cartouche de plomb de chasse de manière à embrasser un large volume de la volière dans le cône divergent de la charge, chaque grain aura d'autant plus de chance de rencontrer un oiseau sur un parcours de 1 mètre par exemple, qu'il ira plus lentement, puisque l'augmentation du temps favorisera les chances de passage d'un volatile sur ce trajet; on imagine très facilement l'accroissement rapide des volatiles frappés quand la vitesse se ralentit de plus en plus. On imagine aussi facilement qu'au delà d'une certaine distance la vitesse devient assez faible pour ne plus être redoutable; les grains, non arrêtés par les corps des volatiles tués, continuent encore leur route, mais ils sont inoffensifs. Ceci est bien l'image de l'ionisation produite par les rayons α. Leur vitesse n'est pas forcément nulle au delà du point critique, mais elle est trop faible pour ioniser les molécules. Cette comparaison évite d'avoir recours à l'hypothèse difficile à concevoir qu'un projectile α briserait plus facilement une molécule quand sa vitesse est moins grande qu'au début. Le calcul des probabilités suffit à justifier les résultats de l'expérience.

Dans les mélanges on a des courbes d'absorption complexe, chaque espèce de molécule se comportant comme si elle était seule. Il en serait de même dans notre volière s'il y avait des oiseaux d'espèces variées inégalement protégés par leur plumage et la résistance de leurs téguments, et inégalement rapides dans leur agitation.

La loi d'absorption des rayons α dans la matière solide et liquide est extrêmement difficile à préciser en raison de leur grande absorbabilité.

106. — Transformation de l'énergie radiante absorbée quand les rayons α sont arrêtés par la matière.

Nous savons déjà que quand les rayons α rencontrent la matière à l'état gazeux, une partie de leur énergie est employée à ioniser les molécules gazeuses.

Quand ils tombent sur un corps solide ou liquide, à part les effets thermiques qu'ils produisent, ils donnent lieu à de faibles effets chimiques dans certains cas.

Enfin ils produisent aussi des fractures de l'atome matériel et l'on constate autour des corps irradiés une émission de particules électrisées négativement. Ce sont des rayons β trop peu rapides pour ioniser l'air ou impressionner la plaque photographique, et que révèle seulement la présence de la charge négative qu'ils transportent. D'après Moulin, qui a étudié la déviation de ces rayons secondaires par un champ magnétique, le rapport $\frac{q}{m}$, propre à leur particule, serait voisin de

11 millions, c'est-à-dire de l'ordre de grandeur trouvé pour les rayons β.

Ces rayons, qu'on désigne parfois, comme les rayons négatifs du polonium par la lettre δ, sont donc constitués par des électrons doués de faible vitesse.

Dans certains cas, on retrouve une partie de l'énergie disparue sous forme de rayons de fluorescence; les projectiles α, tombant sur certaines substances telles que le sulfure de zinc, produisent une luminescence de vif éclat au point frappé. Si l'on observe, à la loupe, un écran de sulfure de zinc ainsi frappé par les particules α d'une parcelle de matière radio-active, on le voit scintiller de place en place comme si, dans un ciel obscur, on voyait subitement paraître et disparaître des étoiles brillantes. Ce dispositif a été construit par Crookes sous le nom de spinthariscope. Il a eu une grande vogue à l'époque de la découverte des corps radio-actifs.

Enfin il ne faut pas oublier que l'arrêt brusque des projectiles α produit une perturbation éthérée; et, bien qu'elle soit à peu près inaccessible à nos moyens d'investigation, elle n'en représente pas moins une partie de la force vive qu'ils transportent.

Une question nous reste encore à résoudre : que devient la particule α arrêtée par la matière quand elle a perdu sa charge? Nous avons déjà posé la question sous une autre forme : quelle est la nature du projectile α? Nous ajournons encore la réponse : elle trouvera sa solution naturellement quand nous aurons étudié les transformations des corps radio-actifs. Mais déjà nous avons laissé prévoir qu'elle devient simplement un atome d'hélium.

107. — Absorption des rayons β. Le pouvoir absorbant atomique, propriété spécifique.

Les rayons β sont beaucoup moins absorbables que les rayons α. Ordinairement les rayons β émis par une substance radio-active déterminée sont doués d'une force de pénétration variable.

Un faisceau β, supposé homogène, s'absorberait dans des lames de matière homogène suivant une loi simple. Si 1 millimètre d'épaisseur de cette matière donne par exemple un rayonnement émergent qui est le $\frac{1}{3}$ du rayonnement incident, une lame de 2 millimètres ou deux lames de 1 millimètre transmettraient le tiers du tiers ou $\frac{1}{9}$, une lame de 3 millimètres le tiers du $\frac{1}{9}$. En un mot si $\frac{1}{3}$ est la fraction transmise par un millimètre, une épaisseur de l millimètres transmettrait $\left(\frac{1}{3}\right)^l$ de l'énergie incidente. Et la formule de transmission des rayons β homogènes serait ainsi la formule exponentielle que nous avons indiquée § 88 pour les rayons X monochromatiques. Il faut noter toutefois que les travaux de différents expérimentateurs semblent indiquer que l'absorption ne se fait pas tout à fait, suivant cette loi exponentielle. D'autres facteurs entreraient en jeu.

Ordinairement d'ailleurs le rayonnement β est complexe et équivaut à la réunion d'une série de faisceaux homogènes de coefficient de pénétration variable.

D'une façon générale, plus la matière a une densité élevée plus elle absorbe les rayons β, et l'on a cru un moment. pouvoir établir un rapport constant entre le coefficient d'absorption et la densité.

Désignons par ζ le coefficient d'absorption d'un corps vis-à-vis d'un rayonnement supposé homogène (1) et appelons D la densité de ce corps; le rapport $\frac{\zeta}{D}$ est le pouvoir absorbant spécifique, le pouvoir absorbant de l'unité de masse de matière (2) qu'on a cru un moment le même pour tous les corps, mais que nous verrons varier d'une façon appréciable dans la série des éléments quand on remonte l'échelle des poids atomiques (§ 108).

Si nous multiplions le pouvoir absorbant spécifique par le poids atomique d'un élément quelconque nous aurons le pouvoir absorbant de l'atome. Si nous le multiplions par le poids moléculaire nous aurons le pouvoir absorbant de la molécule.

Quand on considère un composé quelconque tel que le sulfure d'antimoine Sb^2S^3, on s'aperçoit que le pouvoir absorbant moléculaire est égal à la somme des pouvoirs absorbants des atomes constituant la molécule.

Le pouvoir absorbant spécifique de l'antimoine $\frac{\zeta}{D}$ est 9.8.

Son pouvoir absorbant atomique est $9.8 \times 120 = 1176$.

(1) La valeur de ce coefficient est indiquée dans la note précédente de la page 226.

(2) $\frac{\zeta}{D}$ peut être assimilé à $\frac{I}{E}$ inverse de l'équivalent de Benoist (V, note de la page 233). Pour établir la concordance, il suffirait de prendre la même fraction transmise comme base d'appréciation.

Le pouvoir absorbant spécifique du soufre $\frac{\zeta}{D}$ est 6,6.

Son pouvoir absorbant atomique est $6.6 \times 32 = 211.2$.

Prenons 2 atomes d'antimoine et 3 atomes de soufre, le pouvoir absorbant moléculaire de la molécule formée ($Sb^2S^3 = 336$) sera

$$2352 + 633{,}6 = 2985{,}6.$$

Ce qui donne pour son pouvoir absorbant spécifique $\frac{2985{,}6}{336} = 8{,}8$.

Or si l'on détermine expérimentalement le pouvoir absorbant spécifique $\frac{\zeta}{D}$ propre au sulfure d'antimoine considéré, on trouve 8,5 environ, ce qui vérifie la loi énoncée.

Il en est de même de tous les composés avec une approximation plus grande encore que dans l'exemple choisi.

Nous retombons donc là dans les lois de Benoist sur la transparence de la matière aux rayons X.

D'autre part, on observe que le passage d'un état physique ou allotropique à un autre ne change pas la valeur du pouvoir absorbant spécifique $\frac{\zeta}{D}$.

On peut conclure de là que l'atome de chaque élément a un pouvoir absorbant défini, et cette constante suit l'atome dans toutes ses transformations physiques ou chimiques comme nous l'avons déjà constaté vis-à-vis des rayons X.

Y a-t-il une loi générale établissant un lien entre le pouvoir absorbant spécifique $\frac{\zeta}{D}$ et le poids atomique?

Autrement dit, le pouvoir absorbant de l'unité de matière qui change suivant le poids atomique de l'édifice dont il fait partie, est-il une fonction quelconque de ce poids atomique? C'est ce que nous allons étudier à présent.

108. — Le pouvoir absorbant spécifique de la matière varie quand on passe d'un atome à l'autre.

Nous avons vu, quand nous avons étudié les rayons X, que le pouvoir absorbant spécifique de la matière ou, si l'on veut, le pouvoir absorbant moyen de l'unité de masse varie quand on passe d'un atome à l'autre. Il est d'autant plus grand que cette unité (supposée individualisée) fait partie d'un édifice atomique plus considérable.

En est-il de même vis-à-vis des rayons β?

Nous allons demander la réponse à l'expérience. Le tableau suivant indique les variations du pouvoir absorbant spécifique et du pouvoir absorbant atomique avec le poids atomique d'après Crowther.

CORPS	P.At.	POUV. ABS. SPÉCIF. $\frac{\mu}{\rho}$	POUV. ABS. ATOM. $\frac{\mu}{\rho} \times$ P.At.
C	12	4.4	52,8
Al	27	5,26	142,0
S	32	6,6	211,2
Cu	63	6,8	428,4
Ag	108	8,3	896,4
Pb	207	10,8	2.400

D'une façon générale on voit que le pouvoir absorbant spécifique croît avec le poids atomique et la comparaison du pouvoir absorbant de l'unité de matière avec celui de l'ouvrier d'équipe est encore valable ici; l'unité de matière a un pouvoir absorbant d'autant plus grand qu'elle fait partie d'un édifice atomique de masse plus grande. A fortiori, l'atome des corps simples a un pouvoir absorbant qui croît plus que proportionnellement à son poids atomique.

Si comme l'a fait Crowther, on dresse le graphique des pouvoirs absorbants en prenant $\frac{\zeta}{D}$ comme ordonnées et P.At. comme abscisses, on obtient des courbes, qui ne paraissent pas être comparables à celles de Benoist où l'on prendrait $\frac{1}{E}$ comme ordonnées. La courbe des rayons β se diviserait en plusieurs tronçons et chaque tronçon correspondrait à une série de Mendeleieff Cf. § 37).

Quoi qu'il en soit, ces considérations suffisent pour montrer que les rayons β comme les rayons X sont absorbés par la matière suivant des lois bien définies.

En présence d'un rayonnement donné, un atome donné absorbe toujours la même fraction du rayonnement quel que soit son état physique ou allotropique, quel que soit le groupement moléculaire chimique dont il fasse partie.

Quand on passe d'un atome plus léger à un atome plus lourd, ce dernier est toujours plus absorbant. Mais son pouvoir absorbant est plus grand que ne le voudrait la loi de proportionnalité, si bien qu'on doit en conclure que l'unité de masse de la matière qui le compose a un pouvoir absorbant qui n'est pas le même dans la série des atomes. L'unité de masse a un pouvoir absorbant croissant à mesure qu'elle fait partie d'un édifice atomique plus lourd. Autrement dit, le pouvoir absorbant moyen de l'électron, si l'électron doit être considéré comme l'unité de matière, croît avec la masse de l'atome dont il fait partie.

La loi d'accroissement du pouvoir absorbant n'est pas une loi simple. Si, pour les rayons X, l'accroissement paraît être une fonction continue du poids atomique, il semble que pour les rayons β il y ait discontinuité quand on passe d'une série de Mendeleieff à l'autre, c'est-à-dire d'un système de groupement électronique d'un atome à l'autre.

109. — Transformation de l'énergie radiante des particules β arrêtées par la matière.

Les rayons β qui rencontrent la matière y produisent des effets variés. Outre la charge négative qu'ils lui apportent, ils y produisent de l'échauffement. Il y a mutation de la force vive des projectiles β en chaleur. Ils produisent aussi dans certains cas des effets chimiques. Le type de ces effets est l'impression photographique. On sait que leur action sur la matière vivante est exactement comparable à celles des rayons X et qu'à doses absorbées égales les effets produits paraissent être les mêmes.

Les rayons β rendent fluorescents un grand nombre de corps. D'après les recherches de Urbain et Bruninghaus, il s'agit là, nous l'avons vu, d'une vibration imprimée à des particules phosphorogènes en solution dans un diluant solide, de sorte que le spectre de la radiation émise est en général le même, quel que soit l'excitant, rayons β, rayons X, rayons ultra-violets, etc.

Les projectiles β rencontrant les molécules gazeuses les dissocient et produisent l'ionisation gazeuse. Enfin quand un corps est frappé par les rayons β, il émet lui-même des projectiles β dans toutes les directions. Il y a production d'un rayonnement secondaire.

Les corps irradiés émettent d'autant plus de projectiles β qu'ils ont un poids atomique plus élevé. Le pouvoir émissif moyen de l'atome d'un corps est une propriété additive qui accompagne l'atome dans ses combinaisons chimiques. Les mesures sont d'ailleurs assez compliquées, car une partie du rayonnement secondaire paraît due à une réflexion des rayons β primaires sur l'obstacle et à une diffusion de ces rayons. Mac-Clellan a constaté un maximum d'émission secondaire dans la direction symétrique de la direction d'incidence par rapport à la surface. Dans cette direction la nature de la substance irradiée paraît avoir une influence très minime sur la qualité du rayonnement secondaire émis. Nous reviendrons bientôt sur la question de la dissociation de la matière soumise aux différentes radiations.

110. — Absorption des rayons γ et transformation de l'énergie radiante absorbée.

Les rayons γ se comportent comme des rayons X très pénétrants et filtrés par d'épaisses couches de matière radiochroïque. C'est dire qu'ils se comportent comme des rayons quasi-monochromatiques et s'absorbent dans la matière suivant la loi exponentielle.

Les transformations de l'énergie radiante sont à peu près les mêmes que pour les rayons X. Le rayonnement secondaire qu'ils déterminent est constitué par des rayons β de grande vitesse et des rayons γ très hétérogènes.

Ils ionisent les gaz qu'ils traversent, ils rendent un grand nombre de substances phosphorescentes, ils produisent des effets chimiques comparables à ceux des rayons X.

Une partie de l'énergie radiante se retrouve d'ailleurs ici comme partout sous forme de chaleur.

Tels sont les caractères des trois rayonnements émis par les corps radio-actifs, rayons α formés de gros ions à charges positives, rayons β formés d'électrons, rayons γ qui sont vraisemblablement dus à la perturbation éthérée produite par l'accélération brusque des particules β. L'étude des rayonnements α et β nous a déjà donné partiellement la solution du problème que nous avons posé (§ 95 *in fine.*) La nature matérielle ou semi-matérielle des particules α et β explique tous leurs caractères; la petitesse de leur mase explique que la perte de poids des corps radio-actifs soit inaccessible à la balance.

Il nous reste maintenant à résoudre la deuxième partie du problème : que deviennent les particules dissociées de la matière? Quelles sont les mutations possibles de l'atome en voie de désagrégation? Cette question en fera naître une autre : la désagrégation, ou la transmutation des atomes, est-elle particulière aux corps radio-actifs, ou bien faut-il voir là une propriété générale de la matière?

On conçoit par avance l'importance de ces considérations si l'on veut se faire une idée juste de l'évolution de la matière et des mondes qui peuplent l'univers.

CHAPITRE III

Désagrégation de l'atome radio-actif. Émanation et mutation des atomes.

111. — Emanation des corps radio-actifs.

Si l'on enferme un corps radio-actif tel que le radium dans une enceinte close, on observe qu'en même temps qu'il donne ses différents rayonnements, il se dégage de lui une sorte de vapeur ou de gaz qui se révèle par ses propriétés radio-actives.

D'après Rutherford, 1 gramme de radium donne en une seconde $1,28 \times 10^{-6}$ millimètres cubes d'émanation mesurée dans les conditions ordinaires de température et de pression.

Les émanations radio-actives se condensent par le froid, et, d'une façon générale, se comportent comme des gaz. L'étude de leur coefficient de diffusion dans un autre gaz a permis d'apprécier leur poids atomique : d'après la loi de Graham, la vitesse de diffusion est inversement proportionnelle à la racine carrée du poids moléculaire.

Les caractères chimiques des émanations radio-actives les font classer parmi les gaz rares mono-atomiques et inertes, de sorte que le poids moléculaire et le poids atomique sont égaux. D'après cette considération et les mesures délicates faites par Perkins, le poids atomique de l'émanation du radium serait voisin de celui du radium.

L'examen spectroscopique de l'émanation donne des raies caractéristiques qui montrent nettement qu'il s'agit là d'un corps chimiquement défini.

Mais ce qu'il y a de plus remarquable c'est que l'émanation se détruit au fur et à mesure qu'elle se forme. C'est pour cela que l'on ne peut recueillir plus de $0^{m}/^{m3}$,6 d'émanation aux environs d'une masse de 1 gramme de radium, enfermée pendant un temps indéfini dans une enceinte close. Si l'on examine à l'aide d'un tube de Plücker, le spectre de l'émanation, on voit les raies caractéristiques s'éteindre progressivement avec le temps.

Nous assistons donc là à l'apparition et à la disparition d'atomes éphémères; c'est du moins l'idée que nous suggèrent ces phénomènes. Nous allons voir si elle est confirmée par les découvertes nouvelles auxquelles a conduit leur étude. Tout d'abord nous allons nous demander d'où vient l'émanation et ce qu'elle devient.

112. — Origine des émanations radio-actives. Ce qu'elles deviennent quand elles disparaissent.

Quel que soit le corps radio-actif que l'on considère, uranium, radium, thorium ou actinium, l'étude approfondie du rayonnement, variable avec le temps, révèle dans chacun d'eux la juxtaposition de plusieurs substances. Chacune d'elles est caractérisée par un rayonnement spécial qui entre en ligne de compte dans la constitution du rayonnement global.

Ceux qui émettent des rayons α peuvent le plus souvent être différenciés les uns des autres par la longueur parfaitement déterminée du parcours maximum des particules α, longueur variable quand on passe de l'un à l'autre. Certains procédés chimiques permettent même de séparer des produits non radio-actifs, mais capables de donner naissance avec le temps à des corps radio-actifs.

On sait aujourd'hui que la plupart de ces produits ont une vie relativement courte. Ils dérivent donc les uns des autres. A peine formés, ils commencent à se détruire. Et comme chacun d'eux se détruit suivant une loi exponentielle en fonction du temps pour donner naissance au produit suivant, un équilibre relatif s'établit bientôt, équilibre caractérisé par la présence simultanée d'une série de produits dérivés les uns des autres et se renouvelant sans cesse.

L'émanation que nous venons d'étudier n'est qu'un anneau de la chaîne de transformations, le premier qui nous ait frappés à cause de ses caractères plus bruyants. Elle se forme aux dépens du radium, elle donne naissance en disparaissant à deux produits nouveaux.

Ramsay et Soddy, les premiers, ont rendu évidentes ces mutations atomiques par une expérience remarquable. Ils introduisirent de l'émanation dans un tube à vide de Plücker destiné aux analyses spectroscopiques des gaz rares. Dès que l'étincelle traverse le tube, on voit apparaître le spectre propre de l'émanation qui, nous le savons, disparaît avec le temps. Mais au bout de quelques jours, on aperçoit une nouvelle raie, c'est la raie D_3 caractéristique de l'hélium, ce gaz que nous trouvons partout où il y a de la matière radio-active. De plus nous constatons la présence d'un dépôt radio-actif sur les parois internes du tube à vide. Ce dépôt radio-actif n'offre plus les caractères de l'émanation, c'est un corps nouveau, un atome nouveau.

En un mot l'émanation en disparaissant, a donné naissance à un produit radio-actif, nouveau, solide, différent d'elle, et à un gaz nouveau, l'hélium si abondamment répandu dans l'univers.

113. — Les mutations de l'atome radio-actif.

Nous ne pouvons énumérer ici tous les travaux qui ont conduit à la découverte des autres anneaux de la chaîne pour chaque série radio-active. Mais le simple exposé des transmutations propres à la série radium suffira pour donner le secret de ces remarquables phénomènes.

Le radium proprement dit, celui dont la vie est longue, et qui, en 1.300 ans, ne perd que la moitié de son activité, celui qui, d'après les dernières déterminations de Mme Curie a un poids atomique de 226,5, n'émet que dès rayons α.

L'atome de radium quand il a perdu une particule α devient un atome d'émanation. La particule α expulsée n'est autre qu'un atome d'hélium.

L'émanation, dont la vie est beaucoup plus courte (la durée de la demi-désactivation est de 4 jours environ) émet des rayons α. L'atome d'émanation ayant perdu une particule α devient un atome nouveau qu'on appelle le radium A : c'est le 1er échelon de ce dépôt radio-actif que nous avons signalé sur tous les corps placés dans une enceinte renfermant de l'émanation. L'atome d'émanation en disparaissant donne donc naissance à un atome d'hélium et à un atome de radium A.

Le radium A a une vie éphémère : il perd en 3 minutes la moitié de son activité. Il émet seulement des rayons α, c'est-à-dire des atomes d'hélium. L'atome A privé de cette particule α devient un atome de radium B.

Le radium B a une vie à peine plus longue. Il est à moitié désagrégé en 21 minutes. Mais il n'est pas radio-actif. Pourtant son atome subit une transformation et le produit de cette transformation est un atome nouveau, qui, lui, émet les trois rayonnements que nous connaissons, α, β, γ.

Cet atome nouveau est le radium C, dont la vie est éphémère aussi, et qui en 21 minutes est à moitié désactivé. Son atome, ayant expulsé une particule α ou atome d'hélium devient un atome de radium D.

Avec le radium D, nous entrons dans une catégorie de corps plus stables. Tandis que les atomes d'émanation et de radium A, B et C, n'ont qu'une durée de quelques instants, les radiums D, E, F, que nous allons rencontrer subissent respectivement la demi-désintégration en 40 ans, en 6 jours et en 143 jours.

Le premier n'est pas radio-actif; le second émet probablement seulement des rayons β et γ, et le troisième, le radium F, qui émet des rayons α, n'est autre que le Polonium découvert par Mme Curie.

114. — L'hypothèse de Rutherford et Soddy. La loi de décroissance des poids atomiques.

Nous avons, dans l'exposé que nous venons de faire, employé un terme qui implique une hypothèse : nous avons dit : l'atome de radium, perdant un corpuscule α, devient un atome d'émanation; celui-ci, perdant un nouveau corpuscule α, devient un atome de radium A, et ainsi de suite.

C'est supposer que la transformation de radium en émanation, d'émanation en radium A, etc., se fait par un mécanisme atomique bien déterminé. Toutes les fois qu'un corps émettrait une particule α, sa transformation s'accomplirait par désagrégation de ses atomes en deux parties : 1°) un corpuscule α expulsé qui devient un atome d'hélium, 2°) un noyau restant, formant un nouvel atome.

Cette hypothèse formulée par Rutherford et Soddy se trouve confirmée par les faits étudiés et notamment par le dosage de l'hélium produit au cours des transformations.

Dès lors, nous sommes conduits à concevoir que la mutation d'un atome en un autre atome peut s'accomplir par trois mécanismes différents. Ou bien il y a expulsion d'une particule α; alors l'atome restant doit avoir un poids atomique de 4 unités inférieur à l'atome précédent, puisque le poids atomique de l'hélium est 4.

Ou bien il y a expulsion de corpuscules β; c'est ce qui se passe quand le radium E se transforme en polonium. Alors le poids atomique du nouvel atome est pratiquement le même que celui de l'atome précédent.

Ou enfin il n'y a expulsion d'aucun corpuscule : c'est le cas du radium D se transformant en radium E. Il s'agit alors simplement d'un cataclysme intérieur, d'une rupture d'équilibre et d'une réédification de l'assemblage électronique de l'atome.

Ce cataclysme intérieur s'explique d'ailleurs parfaitement si l'on se reporte à la conception de Thomson sur l'équilibre des électrons évoluant autour du centre atomique (Cf. T. II. Ch. V. § 36 et 37). L'équilibre n'est stable qu'à certaines conditions. Il y a une vitesse critique au-dessous de laquelle un remaniement est fatal. Au moment où le remaniement se produit il se peut qu'un nouvel équilibre soit réalisable sans expulsion de corpuscule. Il se peut aussi que le nouvel équilibre exige l'expulsion d'un corpuscule β ou bien d'un fragment plus gros d'atome, la particule α, qui elle-même constitue une atome stable, l'hélium.

Essayons d'après cela de dresser la série des dérivés du radium ; le tableau ci-dessous en donne la liste.

CORPS	DURÉE DE LA 1/2 DÉSINTÉGRATION	ÉMISSION	POIDS ATOMIQUES POSSIBLES
Radium	1300 ans	Rayons α	226.5
Émanation	4 jours	— α	222.5
Radium A	3 minutes	— α	218.5
— B	21 minutes	— β(?)	214.5
— C	28 minutes	— α — β — γ	214.5
— D	40 ans	0	210.5
— E	6 jours	Ray. β et(?) γ	210.5
— F. Polonium	143 jours	— α	210.5
?	?	0	206.5

Mais alors une double question vient naturellement s'imposer à l'esprit. Puisque le radium se détruit relativement vite, si l'on compare sa vie à celle du monde, et puisqu'on en trouve encore sur la terre, c'est donc qu'il se forme continuellement.

De quel corps dérive-t-il?

Puisqu'il se détruit sans cesse, puisque son dernier produit radio-actif, le polonium, disparaît vite avec le temps, que devient-il? Quel est l'atome stable, qui marque le dernier terme de l'évolution?

C'est à cette question si grosse de déductions que nous allons tâcher de répondre.

115. — De quel atome plus stable dérive l'atome de radium? Quel est le terme des transformations radioactives à l'autre extrémité de la chaîne?

On ne peut chercher le corps générateur du radium que parmi les corps à poids atomique supérieur et parmi les corps présents dans les roches radifères d'où l'on tire le radium.

Ces considérations ont tout naturellement conduit à supposer que l'uranium devait être le générateur cherché.

En effet, le radium est présent dans toutes les roches renfermant de l'uranium et le rapport du radium présent à l'uranium total dans chaque minerai est constant, d'après les analyses de Strutt qui portent sur trois échantillons d'uraninite (Caroline du Nord, Colorado, Joachimstahl) un échantillon d'uranophane de la Caroline du Nord, de carnotite du Colorado, d'orangite et d'euxémite de Norwège, de monazite du Brésil. Rutherford et Boltwood (1) ont confirmé ce fait et ont trouvé

(1) Rutherford et Boltwood. *Am. Jouran. of. Sc.* 22, 1, 1906 et *Radio-activité,* Battelli, Occhialini, Chella, p. 242 s.s.q.

qu'un gramme d'uranium est accompagné dans toutes les roches naturelles par 0 mg. 000.38 de radium ou 38 centièmes de microgramme.

Mais il y a plus. La preuve expérimentale de cette transformation a été faite. Soddy et Mackenzie ayant conservé, pendant plusieurs années, une masse de 1.500 grammes de nitrate d'urane dépourvu de toute trace de radium au début, constatèrent qu'en un an la production du radium était voisine de trois cent millièmes de microgramme (0 mg. 000.000.03).

Connaissant le rapport des poids de radium et d'uranium présents dans les minéraux en équilibre radioactif et la durée de vie du radium, on peut admettre que l'uranium subit sa demi-désintégration en 5.000.000.000 d'années (cinq milliards d'années).

L'uranium ayant un poids atomique de 238,5 et le radium de 226,5 il faut donc admettre, d'après la théorie de Rutherford et Soddy, que l'atome d'uranium expulse 3 corpuscules α avant d'arriver à l'état radium.

Or on connaît l'un des produits intermédiaires, l'uranium X. Des procédés chimiques permettent en effet de séparer de l'uranium une substance radio-active. Une fois la séparation faite, on constate que le produit ainsi extrait émet des rayons β et γ, tandis que l'uranium restant émet des rayons α. On a donné le nom d'uranium X à ce corps radio-actif producteur des rayons β et γ.

Mais si le radium dérivait de l'uranium par le seul intermédiaire de l'uranium X, l'équilibre des dérivés impliquerait la présence d'une plus grande quantité de radium présent par gramme d'uranium. L'uranium X a en effet une vie relativement courte; il se désactive de moitié en 22 jours. Il faut donc admettre entre l'uranium et le radium au moins un corps à vie beaucoup plus longue. Déjà Danne a établi qu'entre l'uranium et l'uranium X devait exister un corps non radio-actif, le radio-uranium. Boltwood, d'autre part, arriva à séparer une substance à laquelle il donna le nom de ionium et de laquelle paraît dériver directement le radium.

L'ionium émet des rayons α et probablement aussi des β. Le rayonnement α de ce corps est caractérisé par son très faible parcours moyen qui ne dépasserait pas 2,8 centimètres.

Bien que nous soyons encore là en présence de faits non complètement établis par la science, il est probable bu'entre l'uranium, que nous connaissons, et le radium, on peut admettre au moins deux produits dont les poids atomiques sont 234,5 et 230,5, et ainsi se trouverait constituée la chaîne radio-active qui conduit l'atome d'uranium en voie de désagrégation jusqu'au stade radium F ou polonium.

Il nous reste maintenant à déterminer ce que devient l'atome de polonium quand il a abandonné un atome d'hélium.

Si nous nous bornons à appliquer la loi des poids atomiques et si nous admettons que le polonium a un poids atomique de 210,5, c'est parmi les atomes stables d'un poids voisin de 206,5 que nous serons naturellement conduits à porter nos investigations. Or que trouvons-nous dans la table des poids atomiques à cette hauteur? C'est le plomb avec un chiffre de 206,9. De fait on trouve le plomb dans la plupart des roches uraniques. Le rapport de la quantité du plomb à celle de l'uranium varie de 0,05 (uraninite de Connecticut) à 0,17 et 0,22, (samarskites du Colorado, uraninites, thorites et orangites de Norwège et certaines thorianites de Ceylan).

Nous arriverions ainsi à dresser le tableau suivant qui serait l'arbre généalogique de la famille du radium.

Uranium	Rayons α. . .	238.5
Radio-uranium de Danne	?	?
Uranium X.	?	?
Ionium.	Rayons α. . . .	230.5 (?)
Radium.	Rayons α. . . .	226.5
Émanation.	Rayons α. . . .	222.5
Radium A	Rayons α. . . .	218.5
— B	Rayons β. . . .	214.5
— C	Rayons α, β et γ.	214.5
— D	0	210.5
— E	Rayons β et γ (?).	210 5
— F	Rayons α. . . .	210.5
Plomb.	0	206.5

Tableau provisoire, assurément, n'ayant aucune prétention à l'exactitude des poids atomiques, mais qui fera comprendre l'enchaînement probable de ces mutations atomiques.

Les corps de la famille du thorium auraient de même pour aboutissant l'atome stable de bismuth.

116. — La question de la désintégration générale de la matière.

La découverte de la mutation des atomes radioactifs a vite porté l'esprit humain à admettre comme probable la désintégration générale de tous les corps. Certaines expériences de Ramsay et Cameron paraissent même établir que l'émanation du radium agissant sur une solution de cuivre aurait pu désagréger l'atome cuivre et faire apparaître les atomes K,Na,Li, mais ces expériences reprises par Mme Curie et Mlle Gleditsch sont restées négatives.

Il faut se défendre contre l'instinct naturel qui nous pousse à généraliser les faits particuliers; et la seule conclusion rigoureuse que nous puissions tirer de l'étude des corps radio-actifs, c'est que, tout à fait en haut de l'échelle des poids atomiques, plus haut que le bismuth qui pèse 208, que le plomb qui pèse 206,9, se trouvent des corps tels que l'uranium (238,6), le thorium (232,5), le radium (226,5), dont la stabilité est très compromise et qui se désagrègent plus ou moins vite, nous révélant ainsi comme possible une dissociation de la matière toute différente de la dissociation moléculaire chimique, et une transmutation des éléments les uns dans les autres.

Pourtant la science expérimentale nous révèle certains faits qui doivent retenir notre attention. L'émission des particules β par les métaux lourds irradiés, l'émission pesante des métaux, les radiations des métaux alcalins, méritent de nous arrêter un moment.

Cette étude sera notre dernière étape dans la connaissance de la matière terrestre. Quand nous l'aurons parcourue, nous serons en possession de tous les documents qui nous permettront d'aborder avec fruit l'histoire des éléments matériels qui est l'histoire de l'univers où nous évoluons.

CHAPITRE IV

La radio-activité de la matière en général. Le problème de la désagrégation universelle de la matière.

117. — Les signes révélateurs de la désagrégation atomique.

Avant la découverte des corps radio-actifs, nous ne connaissions aucun signe capable de nous révéler la désagrégation d'un atome ou la mutation d'un atome en un autre atome.

L'étude de ces corps nous a fait assister à des transformations atomiques caractérisées. Les signes de ces transformations sont, nous le savons : le rayonnement spontané ou émission de particules α et de particules β avec production ou non-production de rayons γ; la présence de gaz hélium; l'apparition de raies spectrales nouvelles dans les dérivés des corps primitifs; certaines modifications des propriétés chimiques.

Mais pour peu que les tranformations soient lentes, ce ne sont guère que les signes du premier groupe, — les signes de radio-activité — qui peuvent nous révéler la transmutation; c'est la radio-activité surtout qui peut nous guider dans nos investigations, lorsque nous nous posons cette question d'un intérêt si considérable : la matière ordinaire se désagrège-t-elle? Les corps autres que ceux de la famille de l'uranium, du thorium, et de l'actinium manifestent-ils des signes révélateurs de désagrégation?

Quand nous parlons de radiations révélatrices d'une désintégration atomique, il faut bien s'entendre sur le sens du mot. Si, pour employer le langage de J.J. Thomson, « les radiations sont comme le chant du cygne que les atomes exhalent en passant d'une forme à une autre » (1), il ne faut pas oublier qu'il y a radiation et radiation. Tout corps, à moins d'être au zéro absolu, donne des radiations dites caloriques. S'il ne se refroidit pas, s'il garde son équilibre thermique, c'est que les autres corps de l'enceinte où il est placé radient aussi et que le bilan des gains et des pertes maintient cet équilibre. Les radiations obscures dues à l'agitation thermique particulaire de la matière, ne sont nullement un signe de désintégration atomique, et l'on est d'autant plus sûr aujourd'hui de ce fait que les très hautes températures, comme le froid le plus extrême, ne nous paraissent avoir qu'une influence à peu près nulle sur le processus de désagrégation des corps radio-actifs. Des expériences d'une grande précision, reprises encore récemment par Schmidt et Cernak, prouvent que la température variant de 0 à 1200° n'active ni ne diminue l'intensité de ce processus (2). La constatation de radiations infra-rouges, de radiations de la gamme visible ou même de l'ultra-violet, pas plus que celle d'une fluo-

(1) J. J. Thomson, La matière, l'énergie et l'éther, *Rev. Scient.*, 9 juillet 1910.

(2) Quelques autres travaux récents paraissent, dans certains cas du moins, battre en brèche la généralité de cette loi, mais avant de la mettre en doute il est bon d'attendre la confirmation du temps.

rescence spontanée, dont la cause peut parfois nous échapper, nè saurait faire conclure à la dissociation atomique.

Depuis quelques années, la mode est aux radiations; on en a vu partout, et comme les révélateurs en sont excessivement délicats et souvent incertains, il a été facile de s'abuser sur leur existence ou sur leur nature. Il n'est pas jusqu'aux sciences biologiques et psychiques qui n'aient poussé leurs pointes de reconnaissance dans cette région souvent pleine d'embûches, et, les exagérations de la vulgarisation aidant, on conçoit quelle mine inépuisable de fausses déductions a pu devenir cette radiologie spéciale.

Entre les radiations révélatrices d'une désintégration atomique et les radiations non visibles de la matière, une sorte de confusion s'est établie, peut-être parce que toutes les radiations invisibles nous apparaissent au premier abord comme enveloppées du même mystère. Or il faut bien se rendre compte que parmi les radiations il n'y a en réalité que les rayons α qui, pour nous, soient un signe certain de transmutation atomique. Les radiations β peuvent se concevoir sans désintégration de la matière, puisque déjà nous admettons des particules β libres dans les métaux, et que les valences atomiques nous apparaissent comme un jeu de soustractions et d'additions d'électrons.

Beaucoup de physiciens admettent que la présence d'électrons libres dans les métaux et l'existence d'une couche double d'électrons négatifs et d'ions positifs à la surface de séparation du métal et de l'atmosphère ambiante, entraîne comme une conséquence logique l'exode de particules cathodiques toutes les fois que l'équilibre entre ces couches est perturbé, de même qu'elle explique les phénomènes thermo-électriques et électro-capillaires qui se produisent au cours des modifications de surface.

Mais il faut, d'autre part, reconnaître que quand nous constatons qu'un électron est projeté avec une force telle que sa vitesse est voisine de celle de la lumière, nous sommes forcés de voir là une manifestation de l'énergie intra-atomique, et c'est pourquoi l'émission de rayons β correspond généralement à des mutations plus profondes que les changements physiques ou chimiques.

Enfin il ne faut pas oublier que des mutations atomiques peuvent se produire sans émission de radiations (§ 113).

Ces réserves faites sur la valeur du signe radiation, examinons donc quelles sont les radiations spontanées observées dans la série des corps inertes.

118. — Radiations des métaux.

On sait depuis longtemps que les métaux impressionnent, dans certaines conditions, la plaque photographique. La connaissance de la radio-activité du radium et des corps analogues ayant attiré l'attention sur l'ionisation produite dans les gaz par les émissions radio-actives, l'étude de cette ionisation a permis d'analyser de plus près les émissions des métaux. Mais il ne faut pas oublier que, dès 1842, Moser avait décrit des radiations émises par certaines surfaces métalliques fraîchement décapées; c'est pourquoi on donne souvent le nom de rayons Moser aux radiations des métaux et en particulier à des radiations pesantes, surtout remarquables dans les métaux lourds tels que le plomb.

Le plomb impressionne en effet une plaque photographique placée en dessous, même à travers certains corps opaques à la lumière ordinaire, tandis que, si cette même plaque est mise en dessus, elle ne reçoit aucune impression. On s'est d'ailleurs vite aperçu que ces émissions étaient liées à certains phénomènes chimiques superficiels, oxydation, réduction, etc., et qu'elles correspondaient à l'émission d'ions lourds. Elles ont été moins étudiées que les radiations du même ordre, mais de nature un peu différente, surtout remarquables dans le potassium et le rubidium. Aussi allons-nous surtout nous occuper de ces radiations des métaux alcalins.

119. — Radiations des métaux alcalins.

MM. Geitel et Wilson, il y a une douzaine d'années, ont étudié un phénomène mal expliqué jusque là. Un corps électrisé isolé dans un vase clos perd sa charge électrique. Ils ont été conduits à attribuer ce phénomène à la présence d'ions gazeux ; et il leur parut logique de regarder ces ions comme un effet des radiations propres des parois sur l'air intérieur. Or à ce moment Cooke et d'autres expérimentateurs constataient l'existence, dans l'air atmosphérique, d'un rayonnement très pénétrant, analogue au rayonnement γ des corps radio-actifs. Ce fait rapproché de l'ionisation en vase clos conduisit à penser que la matière en général émet un rayonnement γ très faible; d'ailleurs on s'aperçut vite que suivant la nature des parois du vase clos, l'ionisation produite est plus ou moins intense. Le plomb parut tout d'abord comme le plus radio-actif des métaux. Puis MM. Campbell et Wood constatèrent une radio-activité bien plus considérable dans les sels de certains métaux alcalins (potassium, rubidium) en 1905.

Mais alors se posa naturellement le problème suivant : La radio-activité de la matière est-elle due à la présence de particules radio-actives d'uranium, de thorium, d'actinium ou de leurs dérivés? Existe-t-il dans tous les corps où l'on constate la radio-activité des impuretés radio-actives, ou bien cette radio-activité est-elle une propriété atomique du corps considéré, est-elle une propriété qui suit l'atome dans tous ses changements d'état physique, dans toutes ses mutations allotropiques, dans toutes ses combinaisons chimiques ?

La première de ces deux hypothèses sembla tout d'abord assez justifiée. La plupart des échantillons de plomb renferment en effet des traces de radium D et de polonium (radium F). On trouve en outre dans l'air de minimes quantités d'émanations radio-actives. Mais divers travaux, et, encore tout récemment, ceux de Satterly (1), ont prouvé que la quantité d'impuretés radio-actives est beaucoup trop faible pour justifier la radiation constatée.

D'autre part, MM. Campbell et Wood ont cru pouvoir conclure, de diverses expériences, qu'il s'agit là d'une propriété atomique, pareille à elle-même dans les différents états physiques et chimiques du métal.

(1) *Proc. Cambr. philos. Soc.*, 16 (1911) 67,70.

Mais ces recherches sont tellement délicates qu'il faut garder une certaine réserve avant d'édifier une théorie sur les résultats obtenus.

Tandis que MM. Mac Lennan et Kennedy (1), reprenant les expériences de Campbell et Wood, trouvaient de grandes variations de l'activité, quand on passe d'un sel d'une provenance à un sel d'une autre origine, M. Henriot, à la suite de travaux faits dans des conditions de précision aussi rigoureuses que possible, confirmait l'opinion de MM. Campbell et Wood : les iodure, chlorure, bromure, chlorate, azotate, sulfate, donnent un pouvoir ionisant constant pour de mêmes quantités de potassium.

Le rayonnement du potassium se compose de rayons β déviables par les champs électriques et magnétiques. Campbell et Wood regardaient le rayonnement β comme très hétérogène. Henriot le croit homogène. En tout cas, il paraît plus pénétrant que celui de l'uranium et environ mille fois plus faible.

Le rubidium présente des propriétés à peu près semblables à celle du potassium. Les autres métaux alcalins sont à peu près inactifs (2).

Nous voilà donc en présence de deux corps de poids atomique relativement faible ($K = 39,10$; $Rb = 85,5$) et qui émettent des rayons β. Faut-il voir là un phénomène de désintégration? Pour pouvoir l'affirmer il faudrait tout au moins en avoir quelque autre preuve, soit

(1) Voir M. Lennan, *Le radium*, mai 1908, p. 142.

(2) Voir à ce sujet, Campbell et Wood, *Jahrb. d. Rad. und Eleckt.* T. II, 1905 — *Phil. Mag.* fév. 1906. — *Cambridge Phil. Soc.* mai 1906, mai 1907. Henriot. *C. R. Ac. Sc.* 5 avril 1909, 5 juillet 1909 et articles de Lepape in *Revue Scientifique* 1er avril 1911.

la constatation d'atomes en formation tels que le krypton pour le rubidium, l'argon pour le potassium, d'après les tables de Mendeleieff, soit l'hélium, témoin de l'émission de particules α.

Or Strutt a bien observé dans les minéraux de Stassfurt la présence de quantités d'hélium bien plus considérables que ne le justifient les faibles proportions d'impuretés radifères que contiennent ces minéraux, Lennan et Burton ont bien cru constater la présence d'émanation aux environs de certains métaux dépourvus d'impuretés radifères; Campbell lui-même regarde bien l'émission des particules α comme une propriété générale de la matière et G. Le Bon, à la suite d'observations et d'expérimentations personnelles très originales, généralisant ces phénomènes, considère bien comme démontrée la désintégration de tous les éléments sous l'influence de causes thermiques, chimiques, sous l'influence des radiations lumineuses, ultra-violettes, etc., ou même, comme ici, spontanément; mais ces faits ne s'imposent pas encore comme indiscutables, et d'autre part il est probable que les ions positifs émis par les métaux alcalins chauffés, de même que les ions pesants des métaux lourds, ont un $\frac{e}{m}$ proportionnel au poids atomique du métal, ce qui indique que ce sont des atomes de ce métal analogues aux ions de l'électrolyse, et non des atomes d'hélium ou d'un autre corps. (Richardson, *Phys. Rev.* 1910, 608-609). Nous nous trouvons en présence de faits d'une observation et d'une interprétation extrêmement délicates, et pour ce qui est des radiations spontanées du potassium et du rubidium nous devons, à mon avis, ne pas nous hâter de conclure à un processus de désintégration, quoique beaucoup de raisons militent en faveur de cette hypothèse. Nous allons voir s'il en est de même des émissions secondaires produites par les corps soumis à une irradiation lumineuse ou autre.

120. — Radiations des métaux irradiés par l'ultra-violet, les rayons X et les rayons du radium.

Hertz, le premier, en 1887, a signalé ce fait que la production d'une petite étincelle électrique est facilitée lorsqu'on fait tomber sur les deux conducteurs en présence un faisceau de lumière ultra-violette; et Wiedemann et Ebert ont montré que le siège de cette action est l'électrode négative. Hollwachs et Righi, en 1888, donnaient la clef du phénomène en montrant que les conducteurs chargés négativement perdaient leurs charges quand ils recevaient des ultra-violets, et que les conducteurs neutres se chargeaient positivement par le seul fait de l'irradiation.

On a donné le nom d'*effet photo-électrique* ou *effet Hertz* à cette propriété que présente la matière d'émettre des charges négatives quand elle est irradiée par les radiations de courtes longueurs d'onde.

Parmi les corps il en est, tels que le zinc et l'aluminium, qui sont remarquablement photo-électriques; d'autres, tels que le fer, le sont beaucoup moins; et, d'après les travaux d'Elster et Geitel, les métaux les plus électro-positifs sont aussi les plus photo-électriques. On a même pu croire un moment qu'il y avait parallélisme parfait, dans la série des métaux, entre leur valeur électro-positive et leur pouvoir photo-électrique. La série de Volta et la série des métaux classés d'après leur pouvoir photo-électrique décroissant parurent superposables. Mais une analyse plus approfondie de l'effet Hertz a montré que cette classification était des plus difficiles à établir et qu'il ne fallait accepter que sous toutes réserves ces apparences de parallélisme.

Le poli des surfaces irradiées, la nature du gaz ambiant, sa pression, sa température, la longueur d'onde de la radiation employée, la durée de l'expérience même, influent sur les résultats obtenus; si bien que de gros écarts existent entre les listes dressées par différents auteurs. Bloch, qui a repris toutes les expériences faites, en sériant les écarts produits par chacun de ces facteurs, conclut que les variations dues au degré de poli, variations différentes suivant la radiation employée et le temps, rendent illusoire toute tentative de classement (1).

Nous voilà donc en présence d'un phénomène assez complexe. Nous allons tâcher d'en préciser la nature.

121. — Nature de l'effet photo-électrique ou effet Hertz. Son rapprochement avec certaines autres émissions particulaires (métaux chauffés, émissions de causes chimiques, etc.).

Avant tout, nous devons tenir compte de certains faits.

Nous devons nous rappeler que si l'ultra-violet décharge les conducteurs électrisés, il s'agit là d'une soustraction d'électricité négative à ces conducteurs.

(1) *Le Radium*, mai 1910.

C'est la cathode qui est le siège de l'effet Hertz. Un conducteur, chargé négativement est déchargé dans le vide, un conducteur positif ne l'est pas. Un conducteur neutre prend une charge positive.

Lénard a montré en 1900 que ce phénomène est bien une émission cathodique. Le rapport $\frac{e}{m}$ des particules projetées, déterminé par la déviation magnétique, est caractéristique de l'électron, du projectile cathodique, du corpuscule β, et la vitesse de ces particules paraît être de l'ordre de celle des rayons cathodiques quand il sort d'un conducteur négatif, et de l'ordre des vitesses d'agitation particulaire quand il sort d'un conducteur neutre.

La nature du corps irradié, le poli de la surface, etc., peuvent, on le conçoit, influer sur cette émission.

Voilà donc un premier point établi d'une importance considérable. Mais l'effet va se compliquer quand le conducteur est placé dans un milieu gazeux plus ou moins dense.

Si le gaz est assez raréfié, les projectiles cathodiques, rencontrant les molécules gazeuses, produisent l'ionisation par choc et l'on trouve ainsi, dans le voisinage, des ions gazeux positifs et négatifs. Si le gaz est dense, le projectile cathodique devient simplement un ion gazeux négatif (Bloch), qui donne au milieu gazeux sa conductibilité unipolaire, reconnue dès l'origine par Hallwachs, Stolztow, Righi.

Ainsi l'ionisation du milieu gazeux doit être regardée comme une conséquence de l'effet Hertz, de l'émission cathodique. D'après des expériences de Henry, puis de

Bloch, il semble que l'ionisation directe de l'air par l'ultra-violet n'ait jamais lieu et que, dans le cas où l'on croit l'observer, elle est due à l'effet photo-électrique sur les particules de poussière en suspension.

Cette interprétation de l'effet photo-électrique tend donc à nous faire considérer avec Stark cette émission cathodique comme un arrachement d'électrons quasi-libres dans la molécule ou autour de la molécule (électrons libres des métaux). Dès lors, il est admissible que la vitesse des particules dépende de la température absolue (d'après la théorie de Drude), de la tension électrostatique du corps irradié, et aussi de la longueur d'onde de la radiation employée, comme l'ont observé Ladenburg et Markau. Il devient possible aussi d'interpréter l'influence du poli de la surface et des réactions chimiques qui se passent à ce niveau, puisque l'état superficiel tient sous sa dépendance les variations de la couche double.

De là un phénomène bien connu aujourd'hui : la fatigue des métaux. Il consiste en ceci que l'émission cathodique diminue plus ou moins rapidement avec le temps. Hallwachs, qui a étudié spécialement la fatigue des métaux, a montré qu'elle diminue avec le degré de vide, qu'elle varie avec le milieu, avec la température. Il s'agit là d'un phénomène intéressant les propriétés électro-chimiques de surface. Un lien s'établit naturellement entre l'effet photo-électrique et l'émission cathodique des corps chauffés, telle que l'émission des filaments de lampe à incandescence. L'expulsion simultanée d'ions positifs s'explique de même et il est naturel de constater qu'en ce cas il ne s'agit nullement d'atomes d'hélium : les ions positifs émis par les métaux chauffés ont une masse fonction du poids atomique du métal considéré.

A côté de ces faits en faveur de la non-désintégration matérielle, il ne faut pas oublier certaines expériences contradictoires. Millikau et Winchester, par exemple, ont cru pouvoir conclure que dans le vide poussé très loin l'effet de la température est nul sur l'émission cathodique, et cette conclusion pousse ces auteurs à admettre que l'effet Hertz est dû non pas à l'expulsion d'électrons libres dont la vitesse d'agitation dépend de la température absolue, mais à l'expulsion d'électrons intra-atomiques. Les partisans de cette hypothèse interprètent du reste mieux les observations de Ladenburg et Markau, les périodes des électrons dans l'atome étant diverses et l'expulsion sélective pouvant être rattachée à un phénomène de résonnance. On sait comment Le Bon, généralisant cette théorie qu'il fut le premier à émettre et à vulgariser, considère que toute émission cathodique produite par cause thermique, chimique, ou autre est un signe de désintégration atomique. Il fait intervenir l'énergie intra-atomique dans une foule de phénomènes : les actions catalytiques, la formation des protéines, des substances organiques, la mutation des formes allotropiques d'un même élément, telles que les nombreuses modalités de l'argent battu, cristallisé, précipité, etc., les actions chimiques banales mêmes, telles que la production de l'hydrogène à partir du fer et de l'acide sulfurique, ou l'hydratation du sulfate de quinine, actions chimiques qui s'accompagnent d'une ionisation du gaz ambiant, tous ces phénomènes révéleraient une dissociation de la matière (1). Dès 1886, le Prof. Gautier lui-même ne donnait-il pas la dissociation atomique comme une explication possible de l'augmentation de la chaleur spécifique des gaz simples, même mono-atomiques avec les très hautes températures (observations de Le Chatelier et Vieille).

Il est des chapitres de la science où nous devons savoir réserver nos conclusions : celui-ci en est un. Tant que la science expérimentale ne nous aura pas fourni de nouveaux et nombreux documents, un doute persistera sur la nature des phénomènes que nous venons d'étudier. Les déductions générales que nous tirerons de l'étude de la matière doivent tenir compte de ce doute; elles doivent être compatibles avec l'une ou l'autre des interprétations qui peuvent être données.

(1 Voir à ce sujet M. DE BROGLIE et L. BRIZARD. *Le Radium*, juin 1910. Ces auteurs attribuent en général l'ionisation de l'air qui accompagne certaines réactions chimiques à des causes physiques parasites d'ionisation : dans les réactions avec incandescence, il s'agit d'une ionisation semblable à celle du gaz des flammes; dans la préparation des gaz par voie humide, l'électrisation des particules gazeuses est due aux phénomènes électriques de surface liés au barbotage, etc. — V. aussi BLOCH, *Ann. de Phys. et Chim.* 22 (1911) 370 et 441 et REBOUL, *Le Radium*, oct. 1911, p. 376, qui fait quelques réserves sur la conclusion des précédents auteurs.

CHAPITRE V

Les nouvelles étapes parcourues. Ce que l'électronique et la science de l'éther nous ont appris.

122. — Vue d'ensemble sur les notions acquises.

Nous voici arrivés au terme d'une seconde étape. Au cours de la première, nous avions parcouru le domaine de l'atomistique : la physique et la chimie atomiques nous avaient amenés à la connaissance de la particule de matière, que nous avons pu peser, mesurer et traiter comme une réalité accessible. Au cours de la seconde, nous sommes allés bien plus loin : nous avons disséqué la particule de matière, nous avons constaté que les propriétés de l'atome sont réductibles à des propriétés énergétiques, et que, en dehors des manifestations cinétiques dues aux électrons liés à sa structure, la matière ne se révèle à nous par aucun phénomène.

L'électron nous est apparu comme l'unité constituante de l'atome. Les atomes ne diffèrent probablement les uns des autres que par le nombre ou par l'arrangement des électrons qui les constituent, et la masse elle-même, la masse pesante de l'atome, avec son inertie matérielle est réductible à la masse de chaque électron qui, elle, est tout entière d'origine électromagnétique.

Ainsi tous les caractères de la matière ont pu être ramenés à des manifestations d'une énergie dont le siège est l'éther et dont le point d'application est l'électron et la particule de matière.

Champ électrique de l'électron au repos, champ magnétique de l'électron en mouvement, champ de gravitation de la particule matérielle, effets cinétiques produits par sa force vive, voilà tout ce que nous connaissons de la matière ; et l'idée subjective que nous avons d'elle, l'idée qui surgit de nos sensations tactiles, de nos sensations visuelles, etc., n'est elle-même que le résultat de ces mouvements immatériels transmis à l'organe dont nous ne devons pas encore ici chercher à percer le mystère : le cerveau.

Voilà où nous a conduits l'étude de la matière et de l'électricité. Mais n'était-il pas désirable alors d'avoir la preuve tangible de ces déductions qui s'imposaient à notre esprit? Si l'atome matériel est formé d'électrons et si les atomes ne diffèrent que par le nombre et l'arrangement des électrons constituants, n'était-il pas désirable de pouvoir extraire quelques électrons d'un atome et de chercher s'il n'y pas une mutation matérielle du résidu? Nous avons vu que si la science expérimentale ne peut se livrer à ce travail, la nature a ouvert à l'observation de l'homme les portes de son laboratoire pour qu'il contemple, témoin encore impuissant, la dislocation de l'édifice atomique. Les corps radioactifs nous ont offert le spectacle étonnant de l'émission d'électrons par les atomes les plus pesants, en même temps qu'ils nous ont révélé le mécanisme de la transmutation des éléments chimiques et qu'ils nous ont permis de mesurer la quantité énorme d'énergie condensée dans les particules matérielles lors de leur formation, lors de l'agrégation des électrons constituants.

Alors nous avons pu voir que partout les électrons libres ou associés à l'atome jouent leur rôle dans la matière à côté des électrons intra-atomiques indissolubles des corps ordinaires; nous les avons rencontrés à chaque pas : la plupart des phénomènes naturels, électricité, chaleur, radiation, affinité chimique, etc., nous sont apparus comme relevant de la cinétique électronique. Si presque tous n'intéressent que les relations extérieures de la particule de matière et laissent intégrale son architecture intime, quelques-uns cependant ont fait surgir devant nous le problème d'une désintégration possible de tous les atomes. A l'instar des atomes pesants de la famille de l'uranium et du thorium, tous les atomes peuvent-ils donc se détruire au cours des siècles? Tous ont-ils une vie limitée dans le temps, tous ont-ils une naissance, une évolution, une mort? La matière n'est-elle qu'une phase de l'énergie? Telle est la question qui va nous retenir un moment.

123. — La vie de l'atome.

Voici dans quels termes nous pouvons formuler le problème de l'évolution de la matière. Les atomes étant classés d'après leur masse, nous observons que les plus lourds se désagrègent, qu'ils émettent en se désagrégeant des atomes de gaz inertes, tels que l'hélium et des électrons à masse immatérielle, et qu'ils donnent un résidu, atome moins pesant. Nous ne connaissons aucun moyen expérimental de provoquer ou d'activer cette désintégration. Certains phénomènes, intéressant des atomes plus légers, nous font hésiter à reconnaître la même propriété à ces atomes. Nous ne savons pas si tous les atomes se désagrègent ou si, actuellement, ce ne sont que les plus lourds qui subissent ce phénomène. Il y a donc là une grosse lacune que la science peut être longue à combler. Mais que l'on n'exagère pas son importance dans l'édification d'une théorie générale. Admettons que nous reconnaissions bientôt que pas un atome ne se désagrège sur notre terre à part les atomes radioactifs; cette constatation ne ressemblerait-elle pas à celle que pourrait faire un insecte éphémère venant, durant les quelques heures de sa vie, faire l'étude de la société humaine? Il noterait que les individus âgés meurent en grand nombre, et, pour peu que la société observée ne paie qu'un faible contingent aux causes morbides, il noterait que les sujets jeunes ne meurent pas, ou ne meurent qu'exceptionnellement. Conclurait-il qu'il y a deux classes d'individus, les immortels et les mortels? ou bien ne donnerait-il pas une preuve de clairvoyance en supposant qu'avec le temps, un temps qui dépasserait beaucoup la durée de sa courte observation, les individus jeunes, ceux qui ne meurent pas, deviendront à leur tour vieux et mortels?

Si nous voulons être prudents, et quoi que nous pensions des radiations pesantes des métaux, des radiations du potassium et du rubidium, des radiations de l'effet Hertz, nous nous poserons la même question que notre insecte observateur. Nous nous demanderons si la phase du monde que nous observons n'est pas une toute petite phase de la désintégration atomique, si ce ne sont pas les vieux atomes que nous voyons mourir et si les autres, ceux qui ne meurent pas ou qui meurent peu... ne deviendront pas vieux à leur tour.

Mais ces réflexions nous conduisent fatalement vers une région nouvelle. A peine arrivés à notre seconde étape il va falloir repartir. Ne venons-nous pas de soulever le problème angoissant de la vie des atomes, de l'histoire de la matière, de la genèse des mondes?

Qui donc va nous dire notre passé? Qui donc va nous dire ce qu'étaient les atomes de notre terre il y a un milliard, il y a mille milliards de siècles, qui donc nous dira ce qu'ils seront dans la suite indéfinie des temps? Pour découvrir la solution de cette question, nous allons sortir du laboratoire, nous allons regarder vers le ciel, sinon pour demander la solution aux révélations des légendes, du moins pour explorer, à l'aide du télescope et du spectroscope, la multitude des astres qui, tels les individus d'une société, sont à des âges différents de leur existence, qui naissent, qui évoluent et qui meurent, et qui nous donnent, chacun pour son compte, l'image d'une phase de leur histoire. Nous allons quitter l'étude de l'infiniment petit pour demander quelque lumière à l'immensité des cieux et aux cosmogonies rationnelles qui les expliquent.

LIVRE IV

ORIGINE ET FIN DE LA MATIÈRE
LES ENSEIGNEMENTS DE LA COSMOLOGIE
L'ÉVOLUTION DE L'ÉNERGIE

CHAPITRE PREMIER

Les enseignements de la Cosmologie.

124. — Les astres dans l'histoire de l'humanité.

Bien avant que le télescope de la science contemporaine fût allé scruter l'écorce des planètes voisines ou dénombrer les myriades stellaires de la voie lactée, bien avant que le spectroscope eût soumis à l'analyse optique les corps simples des étoiles les plus éloignées, l'homme avait levé vers la voûte céleste des yeux admirateurs et inquiets.

L'époque néolithique ne nous laisse-t-elle pas des vestiges des premiers cultes religieux de l'espèce humaine pour l'astre de la chaleur et de la lumière? Les cercles et les croissants gravés sur les roches des hauts sommets ne sont-ils pas les témoins de l'adoration que les hommes d'alors vouaient aux puissances mystérieuses du jour et de la nuit? Les roues et les chars symboliques de l'âge de l'argile et du bronze ne sont-ils pas l'un des mille documents qui nous restent du culte du soleil durant les ères préhistoriques, et ne savons-nous pas aujourd'hui de quelle splendeur et de quelle autorité s'est entouré ce culte dans les premières civilisations de l'histoire?

Mais la pensée humaine ne s'éleva pas vers le ciel seulement pour adorer. L'observation du mouvement diurne des astres avait donné aux Egyptiens, il y a plusieurs milliers d'années, l'orientation des points cardinaux, et la sépulture de leurs Pharaons, les Pyramides dont la masse imposante semble défier l'œuvre destructive des siècles, avaient été repérées scrupuleusement par rapport aux directions sidérales. Plus de deux mille ans avant notre ère on savait que les étoiles décrivaient des cercles sur la voûte céleste et qu'en un point du ciel il y en avait une ou quelques-unes seulement « qui ne marchaient pas » : l'étoile polaire était placée alors dans la constellation du Dragon. Les Chaldéens savaient que les planètes cheminaient à travers le ciel parmi les étoiles fixes « comme des moutons à l'humeur vagabonde échappés du troupeau », pour employer l'expression des historiens de la Babylone antique! Ils savaient aussi que ces moutons errants ne quittaient pas une certaine zone du ciel, le Zodiaque, peu étendue de part et d'autre de l'écliptique, la route du soleil sur la voûte étoilée.

La contemplation du ciel et la préoccupation de l'au-delà ont presque toujours marché de pair dans l'évolution de la pensée humaine; c'est pour cela que la plupart des religions ont dû commencer par édifier une cosmogonie, une genèse; c'est pour cela que les conceptions sur la nature des choses et le régime des astres sont devenus des croyances; c'est pour cela aussi que plus tard les investigations d'une science mieux armée sont devenues des hérésies; des hérésies dangereuses parce que chaque société humaine avait érigé sa morale sociale sur des bases religieuses et que l'intégrité de cette morale nécessitait l'invulnérabilité de son fondement. Aussi l'évolution de la science du ciel n'a-t-elle pas toujours suivi son libre cours et aujourd'hui encore parmi nos civilisations les plus avancées, doit-on dans l'enseignement de ses principes, compter avec les idées semées dès les premiers âges par la tradition religieuse populaire.

La science des astres est, avec celle des origines de la vie et de la genèse de notre espèce, celle qui agite le plus l'esprit humain; celle dont les plus incompétents discutent les problèmes avec l'assurance dogmatique la plus absolue. Il y a des articles de foi dans la cosmogonie et dans la biogenèse que chacun s'édifie à soi-même, et les convictions erronées qu'ils entraînent sont d'autant plus présomptueuses et d'autant plus intangibles que plus profonde est l'ignorance du cerveau qui les professe.

Quoi qu'il en soit, il est intéressant de suivre à travers l'histoire l'évolution des systèmes qui ont eu leur place dans la pensée des peuples, depuis les plus fantaisistes jusqu'à ceux de la science contemporaine.

125. — Les cosmogonies de l'histoire.

Il est une impression que j'ai souvent rencontrée chez le tout jeune enfant des pays de plaines. Elevé entre ses vastes horizons au-dessus desquels le soleil chaque jour décrit son arc immense, depuis le bord oriental du monde jusqu'aux confins empourprés de l'occident, il regarde l'univers comme limité de toutes parts, là où finissent les champs et les bois; et parfois il exprime ce désir jamais satisfait : je voudrais aller là-bas, jusqu'au bord de la terre, pour me pencher de l'autre côté, voir ce qu'il y a derrière, voir le vide...

L'humanité, elle aussi, a eu son enfance, et son imagination puérile a eu des ressources inépuisables.

La vallée du Nil pour les Egyptiens, celle de l'Euphrate pour les peuples de la Chaldée, n'étaient-elles pas à peu près tout l'univers? Ici la terre était une île flottante sur les eaux éternelles et la coupole du ciel reposait sur ses bords; là, les crues du Nil, soulevant la voûte étoilée, déviaient suivant les saisons la route tracée sur elle au char de l'astre lumineux. Partout la région plane où s'agitait quelque parcelle de l'humanité était le centre du monde avec, en haut, le dôme céleste sous lequel couraient les étoiles, en bas la terre, et, en dessous d'elle, un support inconnu, piédestal immuable, fixe au milieu de l'espace.

C'est peut-être le philosophe grec Anaximandre qui, le premier, quelque six siècles avant Jésus-Christ émit l'idée que la terre, dépourvue de support, se tient en équilibre dans l'immensité; et Pythagore, le grand mathématicien qui glorifia l'île de Samos, sa patrie, lui attribua vraisemblablement la forme sphérique. Ainsi le haut, le bas, devenaient des choses relatives, l'horizontalité n'était plus absolue dans l'espace; de toute part, autour de notre globe, c'était le ciel sphérique. D'ailleurs de bonne heure, le mouvement diurne des étoiles et la fixité relative de certaines d'entre elles, avaient laissé place à quelque doute sur les limites de la voûte céleste, et l'idée d'une sphère complète enveloppant la terre et tournant peut-être autour d'un axe paraît bien ancienne.

Le système de Pythagore, que nous connaissons surtout par les écrits de son disciple Philolaüs, repose avant tout sur les données mathématiques et sur la science des nombres. *Dix* était pour l'école pythagoricienne un nombre sacré que les dieux devaient avoir préposé à la création de l'univers. Au milieu de cet univers était le feu central; non pas celui que les cosmogonies postérieures ont placé sous l'écorce terrestre, pas plus que le soleil de notre système planétaire actuel, mais un feu que nous ne voyions jamais parce qu'il était situé derrière nous. La terre sphérique tournait autour de lui, et son hémisphère habitée était toujours du côté du ciel. Sept planètes connues, y compris le soleil, décrivaient comme la terre des orbes circulaires. Le neuvième numéro de la décade du monde était un astre conjugué de la terre à l'opposé du feu central : l'antiterre ou *antichtone*, que nous ne voyions pas plus que le centre embrasé. Enfin le dixième numéro était le ciel des étoiles fixes.

La terre décrivait en un jour sa révolution autour du feu central amenant ainsi l'humanité en regard des différentes régions de la sphère céleste : d'où le jour et la nuit. Le mouvement du soleil, se déplaçant lentement parmi les étoiles fixes, rendait compte des saisons grâce à l'obliquité de sa route par rapport au plan de l'orbite terrestre. La sphère des étoiles fixes elle-même subissait une rotation très lente, dont on ne voit pas bien la nécessité, et qui peut-être aurait servi à expliquer la précession des équinoxes à supposer que ce phénomène ait été connu avant Hipparque.

Cet examen rapide d'un des systèmes cosmogoniques les plus célèbres de l'antiquité montre à quels résultats remarquables sont arrivés les philosophes d'une école que 25 siècles séparent de nous.

« En donnant à la terre une rotation, dit Bigourdan (1), Pythagore ébranle le préjugé de son immobilité et prépare ainsi la voie des penseurs qui, dans la suite, ont découvert sa rotation annuelle autour du soleil. Enfin en posant le principe du mouvement circulaire et uniforme des corps célestes, il va permettre d'appliquer le calcul à la science des astres et faire naître l'astronomie mathématique. »

C'est pour cela que Philolaüs a été regardé par certains auteurs comme le précurseur de Copernic.

Mais le système qui s'imposa avec une autorité incontestée à plus de 15 siècles de l'évolution humaine, celui qui inspira les genèses de nos religions de l'ère chrétienne et qui s'inscrivit, comme un article de foi, dans les dogmes professés par les éducateurs de peuples, ce fut le système imaginé par « le maître de la mathématique ancienne », Hipparque de Bithynie, et expliqué par Ptolémée dont le nom lui fut attribué par l'histoire.

(1). Bigourdan. *L'astronomie. Évolution des idées et des méthodes.* 1 vol. Bibliothèque de philosophie scientifique.

126. — Le système d'Hipparque, dit de Ptolémée.

Ptolémée, originaire de la Thébaïde dans la Haute-Égypte, vécut à Alexandrie au IIe siècle avant Jésus-Christ. Il nous a laissé de nombreux documents, parmi lesquels l'*Almageste* a pour nous une valeur inestimable, parce qu'on y trouve condensée toute la théorie d'Hipparque, avec quelques travaux personnels qui la complètent sur certains points.

Hipparque nous apparaît comme la figure la plus remarquable de la science ancienne. Si toutes les découvertes, si tous les travaux qu'on lui attribue sont bien du même auteur, il est presque inconcevable qu'une seule vie ait suffi pour réaliser une œuvre aussi vaste. Inventeur de la trigonométrie plane et sphérique qu'il appliqua au calcul des mouvements sidéraux, il put déterminer la loi de translation apparente du soleil et de la lune et il étonna le monde par la prévision des éclipses. Auteur d'un catalogue des étoiles, minutieusement décrites et repérées par leur ascension droite et leur déclinaison, il fournit aux marins de l'avenir des guides d'une précision rigoureuse; et, dans ce champ d'étude du ciel qui était pour lui un jardin familier grâce aux instruments d'observation dont il fut l'inventeur, il eut la chance d'assister à la naissance d'un astre nouveau, tel que l'histoire nous en a fourni depuis des exemples.

La plus grande découverte attribuée à Hipparque est celle de la précession des équinoxes. On sait aujourd'hui que l'axe nord-sud de la terre, autour duquel nous exécutons notre révolution diurne, ne reste pas rigoureusement parallèle à lui-même au cours des siècles. Si sa direction ne varie pas sensiblement au cours d'une révolution annuelle de notre planète autour du soleil, s'il conserve, au cours d'une année la même obliquité apparente sur le plan de l'orbite terrestre, ou si l'on veut sur l'axe de l'écliptique, cette obliquité subit en réalité une lente nutation, si bien que l'axe terrestre tourne autour de l'axe de l'écliptique, et décrit en 26.000 ans une révolution complète autour de ce dernier. Si l'étoile polaire marque aujourd'hui le point du ciel traversé par notre axe de rotation, dans 12.000 ans, ce sera l'étoile de la Lyre qui indiquera le nord aux marins. De ce mouvement résulte un léger déplacement rétrograde des points où se trouve le soleil dans le ciel au moment des équinoxes : c'est là le phénomène de la précession.

Faut-il croire que ce phénomène fut connu de Pythagore? Faut-il croire que c'est pour l'expliquer qu'il dut recourir à un mouvement général de la sphère des étoiles fixes? Nous avons déjà vu que cette interprétation est au moins douteuse.

Mais ce qui est surprenant, c'est qu'Hipparque, ayant en mains les données numériques précieuses que lui avaient fournies ses travaux astronomiques, nourri dans une civilisation où régnaient les idées pythagoriciennes, n'ait pas mis au jour lui-même un système héliocentrique. La conception d'un mouvement propre à la terre n'était-elle pas dans l'air ambiant? Ce n'est pas seulement dans l'hypothèse du feu central de l'école de Pythagore que nous en trouvons les premières pierres, mais dans le système proposé par un philosophe et astronome grec de l'île de Samos, Aristarque, dont le nom est un peu oublié par l'histoire, mais qui, moins d'un siècle avant Hipparque, avait fait du soleil le centre du monde avec les planètes et la terre tournant autour de lui. Faut-il attribuer la cause de l'erreur d'Hipparque, à ce fait que le célèbre astronome était trop mathématicien et pas assez philosophe? Peut-être. La mise en équation des phénomènes observés ne donne-t-elle pas à l'esprit du mathématicien la satisfaction tout entière du problème résolu, et le problème ne s'arrête-t-il pas là? N'avons-nous pas vu déjà la science du nombre regardée comme la causalité suprême?

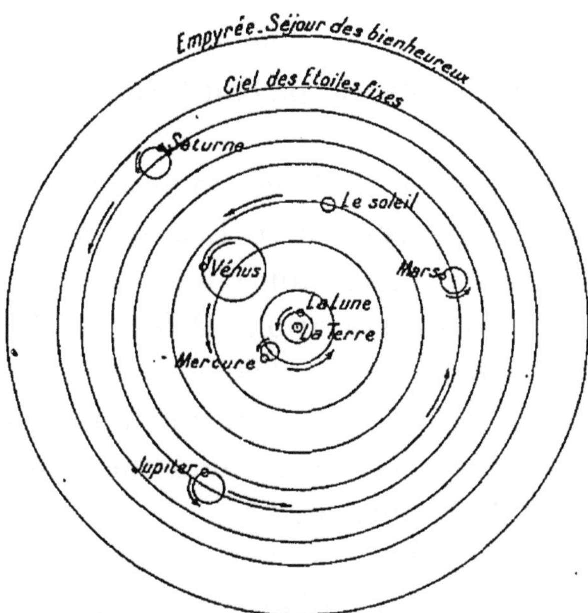

Fig. 51. — Le système de Ptolémée.

Quoi qu'il en soit, le système d'Hipparque et de Ptolémée plaçait la terre au centre du monde. La Lune, Mercure, Vénus, le Soleil, Mars, Jupiter, Saturne décrivaient autour d'elle des orbes circulaires légèrement excentrées et de plus en plus éloignées. Mais chacune des planètes ne suivait pas simplement son orbe circulaire. Elle tournait autour d'un point fictif qui, lui, progressait régulièrement dans la grande orbite. De sorte que, au cours de sa révolution, elle nous apparaissait avec des *inégalités* de marche remarquables, avançant plus ou moins vite ou rétrogradant même, décrivant ces boucles singulières qui jadis fit comparer ces astres à des moutons errants. Ces petits cercles portaient le nom d'*épicycles*. La grande orbe circulaire s'appelait le *déférent*. *Epicycle* et *déférent excentré* expliquaient la double inégalité de marche constatée.

Au-delà de l'orbe de Saturne était le ciel des étoiles fixes, et de l'autre côté on plaçait l'Empyrée ou séjour des bienheureux.

Avec Hipparque et Ptolémée, il semble que l'astronomie ait dit son dernier mot. Les siècles qui les suivirent n'ont légué à l'histoire ni grands travaux, ni grands noms. Les civilisations d'Orient s'éteignaient dans la scène du monde. Avec l'éclosion du christianisme, avec l'évolution des peuples d'Occident une autre direction fut imprimée à la pensée humaine : Rome ne fut jamais la ville de la science.

On discuta bien quelque peu sur le point de départ de l'année chrétienne et sur la fixation annuelle de la fête de Pâques. Quelques documents de l'époque traitent bien du mouvement des astres, telle l'Encyclopédie de Capella écrite au ve siècle et dans laquelle il est assez curieux de voir l'auteur faire tourner Mercure et Vénus autour du soleil. Mais il faut aller jusqu'à la fin du VIIIe siècle pour assister à un certain réveil de l'astronomie avec les progrès de la civilisation arabe.

Le mouvement musulman, qui prit naissance en Arabie autour de Médine et de la Mecque au commencement du VIIe siècle de notre ère et qui de là s'étendit avec une étonnante rapidité parmi les peuples de l'Asie et de l'Afrique, fut le point de départ de cette renaissance. Faut-il en chercher la cause dans l'esprit de son dogme? Non. La religion du Coran n'a rien d'original. Inspirée du dogme chrétien, marquée de plus de fanatisme belliqueux et aussi de plus de fatalisme, elle ne paraît guère propice à l'éclosion d'une ère de préoccupation scientifique. Mais l'Islamisme eut la chance de grouper autour de la fortune d'un peuple prospère les débris de civilisations anciennes qui lui apportèrent l'héritage du passé. Les arts et les sciences par suite de ce mélange en terrain neuf purent jeter un vif éclat. L'astronomie en particulier subit un renouveau qui forme comme la transition entre la floraison gréco-égyptienne et celle des temps modernes.

D'ailleurs, au cours de cette période, aucun système cosmogonique nouveau ne vit le jour. Les écoles arabes ont perfectionné les moyens d'observation, les calculs, les tables astronomiques; en faisant revivre tout ce que les cilisations précédentes avaient établi, elles ont préparé l'avenir; mais pas une grande découverte, pas un essai de théorie d'ensemble n'a illustré le moyen âge.

Aussi, malgré l'importance de certains de leurs travaux, allons-nous d'emblée arriver à la grande révolution astronomique qui a marqué l'aube des temps modernes : Copernic allait établir les bases du système héliocentrique de notre monde planétaire.

127. — L'histoire de la théorie de Copernic. Les causes de la renaissance astronomique.

L'une des raisons majeures qui ont porté l'esprit des XVe et XVIe siècles vers des conceptions astronomiques nouvelles est la démonstration donnée par la navigation de la sphéricité de la terre. Cette notion renversa de fond en comble les conceptions du moyen âge.

Les idées de Pythagore avaient en effet été bien oubliées durant les dix premiers siècles de l'ère chrétienne. On apprit bien, grâce aux documents que les Arabes apportèrent lors de leur arrivée en Europe, que les anciens avaient eu l'idée bizarre d'assimiler la terre à un globe, mais l'hypothèse que des hommes auraient pu habiter aux antipodes de nos régions paraissait une absurdité, parce que, disait-on, ils auraient dû marcher la tête en bas. On se bornait à se figurer la terre comme un disque plat avec Jérusalem au centre et la voûte céleste au-dessus. Certaine mappemonde, dressée en 1417 par l'archevêque de Reims, représente encore la terre comme un cercle, avec l'Europe, l'Asie, l'Afrique enveloppant la Méditerranée et, tout autour de ces trois contrées, l'océan s'étendant jusqu'aux confins du monde.

Pourtant les intérêts commerciaux poussaient de plus en plus les peuples aux voyages lointains. Les progrès de la navigation leur étaient propices.

Dès le XIIIe siècle les Arabes avaient fait connaître la boussole imaginée depuis longtemps par les Chinois. L'aiguille aimantée, fixée sur un bouchon de liège flottant sur l'eau, marquait la direction du nord. Elle devint un auxiliaire précieux pour le marin quand on l'eut montée sur un pivot métallique et placée sous verre d'après l'ingénieuse idée d'un Italien d'Amalfi. D'ailleurs de grands perfectionnements étaient en même temps apportés à la construction des vaisseaux et déjà l'appât des richesses d'Orient, connues par les relations du célèbre voyageur vénitien Marco Polo, avait rendu plus hardis les navigateurs de l'ouest. Les Portugais rêvèrent de gagner les Indes par mer en tournant l'Afrique. Barthélemy Diaz doubla le cap de Bonne-Espérance, Vasco de Gama atteignit par cette voie Calicut, ville indienne de la côte de Malabar.

Ces expéditions aventureuses préparaient le tour de force de Christophe Colomb.

Les idées des anciens sur la sphéricité terrestre s'insinuaient silencieusement avec l'influence de la science arabe. Un savant distingué du xve siècle, le cardinal Pierre d'Ailly, chancelier de l'université de Paris, avait émis l'opinion que le continent asiatique doublant les antipodes, devait reparaître à l'ouest de notre horizon et qu'une petite distance séparait l'Espagne des Indes. A la fin du même siècle (1492) un Allemand de Nüremberg, Martin Behaim, construisait le premier globe terrestre connu, document célèbre dans l'histoire de la connaissance du monde et dans celle de l'astronomie.

N'en était-ce pas assez pour décider les armateurs? Moins d'un an après, Christophe Colomb s'embarquait à Palos, port méditerranéen de la province de Murcie en Espagne, et partait à la recherche des Indes à l'ouest à travers l'Océan. C'est l'Amérique qu'il rencontra sans le savoir, mais Magellan, 15 ans après le dernier voyage de Colomb, doublait le sud de l'Amérique et retrouvait de l'autre côté la route des Indes. Si la mort l'empêcha de goûter la gloire du triomphe, son navire, ramené par le pilote del Cano, depuis les Philippines jusqu'en Europe, par le cap de Bonne-Espérance, rapportait la preuve définitive de la sphéricité du globe.

Est-il étonnant qu'à la suite de ces découvertes géographiques une bruyante rénovation de la science astronomique ait bouleversé le monde, jetant le désarroi jusque dans les dogmes de la philosophie et des croyances?

L'esprit humain d'ailleurs était mûr pour cette rénovation, et avant même la fin du xve siècle, le cardinal de Cusa à Ferrare avait osé émettre l'hypothèse que la terre tourne autour du soleil; mais comme bien souvent lorsque paraît une idée neuve, on n'en vit pas tout de suite la portée. Ce n'est qu'en 1543, plus d'un demi-siècle après, que Copernic se basant d'une part sur la sphéricité de la terre, d'autre part sur l'étude des mouvements sidéraux, attira l'attention des savants et des théologiens en donnant la formule complète d'un nouveau système héliocentrique.

128. — Le système de Copernic (1473-1543).

Copernic, astronome polonais, originaire de Thorn, médecin, puis prêtre et chanoine, d'ailleurs neveu d'un évêque, naquit en 1473; il étudia les théories astronomiques en philosophe d'abord plus qu'en mathématicien. Avant qu'il fût tout à fait démontré géographiquement que la terre a la forme d'une sphère, il tint cette idée pour vraie se basant sur des preuves connues, telles que la forme de la silhouette terrestre projetée sur le globe lunaire pendant les éclipses, ou la disparition progressive, depuis la coque jusqu'à la pointe des mâts des navires qui s'éloignent à la surface de la mer. Puis il reprit la doctrine de Pythagore et Philolaüs faisant de tous les mouvements sidéraux des mouvements circulaires excentrés et uniformes, mais il imagina une orientation de notre système planétaire toute différente de celle de l'école pythagoricienne.

Il plaça le soleil au centre du monde. Les planètes

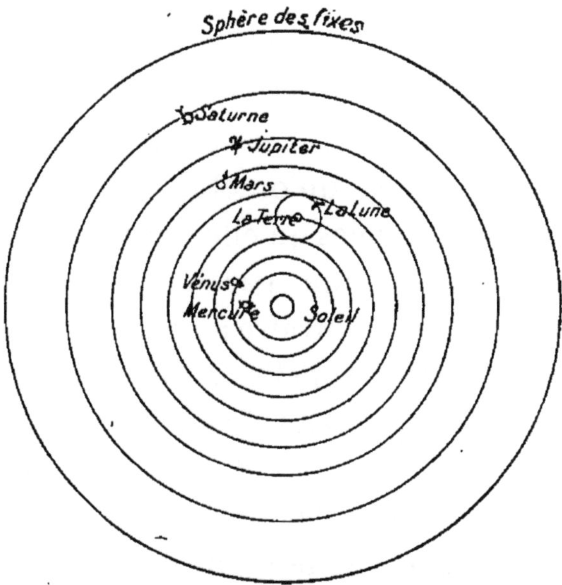

Fig. — 52. Le système de Copernic. D'après un dessin de son ouvrage. Les épicycles n'y sont pas figurés.

décrivaient autour de lui des orbes circulaires excentrées de plus en plus éloignées de lui dans l'ordre suivant : Mercure, Vénus, la Terre avec autour d'elle son satellite la Lune, Mars, Jupiter, Saturne. Au-delà de Saturne, il plaçait la sphère des étoiles fixes.

A la terre il attribua, outre son mouvement de rotation annuelle autour du soleil, un mouvement de rotation diurne sur son axe, rotation qui rendait compte du mouvement apparent du ciel en sens contraire et qui était la cause de la succession des jours et des nuits.

Pour expliquer les inégalités des mouvements planétaires, il crut devoir conserver, non seulement l'excentricité de l'orbe circulaire, mais aussi les épicycles du système de Ptolémée.

L'une des raisons pour lesquelles les savants n'accueillirent qu'avec une grande réserve le système de Copernic est la suivante : on se figura que si la terre décrivait un vaste cercle autour du soleil, les étoiles, qu'on était loin de croire aussi éloignées qu'elles le sont, devaient présenter une parallaxe annuelle, ce qui était contraire à l'expérience :

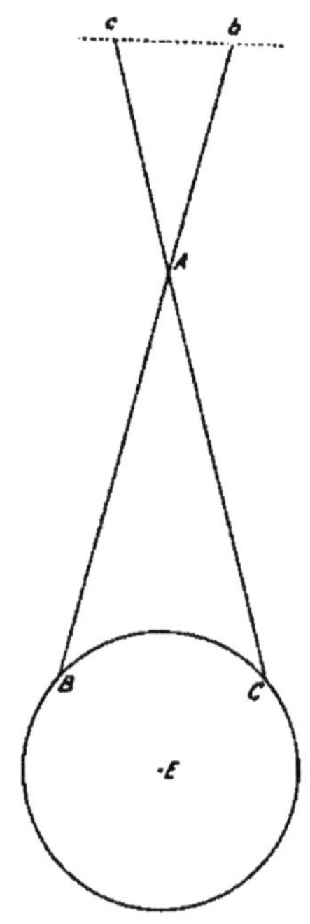

Fig. 53. — Mouvement parallactique.

On appelle parallaxe d'un point A l'angle BAC formé par les deux rayons visuels suivant lesquels le voit un observateur placé successivement en B et en C. Si le point A représente un astre et si le cercle EBC représente la terre, dans notre figure, c'est le mouvement de rotation diurne qui transporte l'observateur, et la parallaxe de l'astre A est appelée parallaxe diurne. Si le cercle, ayant son centre en E, représente approximativement l'orbite annuelle de la terre autour du soleil, on conçoit qu'on ait de même une parallaxe d'un astre A immobile dans l'espace quand la terre passe de la situation B à la situation C. C'est alors la parallaxe annuelle du point A. L'angle parallactique entraîne un déplacement apparent du point A parmi des objets *b*, *c*, situés plus loin ; de sorte que cet effet de parallaxe permet de conclure au déplacement de l'observateur de B en C. Les étoiles sont si éloignées de la terre que l'effet parallactique est apparemment nul pour elles.

Cependant un peu plus tard, à la suite des observations de Riccioli, Picard et de différents autres astronomes qui constatèrent un changement relatif dans la position de plusieurs étoiles, on attribua ce déplacement à un effet parallactique, lié à la révolution annuelle de la terre. Des mesures plus rigoureuses de S. Molyneux et Brodely ont montré au XVIIIe siècle qu'il est dû en réalité à la combinaison de deux phénomènes : non instantanéité de la transmission lumineuse ; mouvement de la terre dans son orbite. De là une *aberration de la lumière* qui fait que nous ne voyons pas les astres exactement à la place qu'ils occupent.

En résumé, le système de Copernic a posé les bases du vrai système de notre monde solaire. Au centre, le soleil immobile. Autour de lui, les planètes parcourant leur orbite en des temps différents et la terre, planète elle-même, nous emportant à une vitesse vertigineuse dans son double mouvement de rotation diurne autour de son axe polaire, et de révolution annuelle autour de l'astre central.

Copernic ne vit pas que l'hypothèse, inconcevable physiquement, des épicycles sur des déférents excentrés, pouvait être remplacée par celle d'une orbite simplement elliptique ; il ne discerna pas non plus le principe de la gravitation, quoiqu'il l'eût effleuré. Il se représenta d'une façon erronée la distance et les grandeurs relatives des planètes. Il crut que les étoiles, comme les planètes, réfléchissaient la lumière du soleil, centre de l'univers tout entier. Son œuvre n'en reste pas moins le monument astronomique le plus remarquable que les temps modernes aient imposé à l'admiration de la science future.

129. — Accueil fait au système de Copernic. Le système de Tycho-Brahé (1546-1601).

Le système de Copernic eut le privilège de soulever des polémiques ardentes. Si ces polémiques furent d'abord confinées dans les limites du monde savant, elles débordèrent bientôt plus loin à cause de ses conséquences philosophiques. Copernic n'avait-il pas dit que la terre, vue des planètes éloignées ou des étoiles, ne serait qu'un point brillant dans l'espace? N'avait-il pas expliqué l'absence de parallaxe diurne ou annuelle des étoiles par la petitesse même de notre globe et de son orbite annuelle en regard de la distance stellaire. Ainsi notre univers si vaste avec ses plaines immenses, ses montagnes et ses océans n'était plus qu'une particule errante parmi l'infinité des univers semblables. Etait-ce donc là ce monde créé pour l'homme, ce centre de la sollicitude divine dont le premier livre du Pentateuque donnait aux peuples d'Occident une idée si remarquablement concrète, encore mieux précisée par la tradition populaire! Un sentiment de révolte, vague au début, fit tenir pour suspecte la nouvelle hypothèse. C'est peut-être ce sentiment qui inspira une théorie rétrograde à un astronome dont le nom mérite d'ailleurs à d'autres titres de s'imposer à notre mémoire et dont l'erreur est largement rachetée par de remarquables travaux. Tycho-Brahé crut devoir restituer à la terre sa position immuable au centre de l'univers et faire tourner en un jour autour de l'axe du monde la lune, le soleil et le ciel des étoiles fixes. Quant aux planètes, elles tournaient elles-mêmes autour du soleil qu'elles accompagnaient dans sa course circulaire.

Deux hommes ont fait bruyamment triompher le système de Copernic :

Galilée, avec sa lunette astronomique nouvelle, apporta des preuves frappantes à la théorie héliocentrique. Képler découvrit les lois des révolutions planétaires, substituant des orbes elliptiques simples au système des épicycles et des déférents excentrés. Après ces trois génies, Copernic, Galilée, Képler, une théorie physique des mouvements sidéraux devenait possible; les temps étaient mûrs pour la découverte du grand principe de la gravitation universelle ; il ne manquait plus qu'un Newton pour le mettre au jour. Le siècle de la gravitation universelle a suivi immédiatement dans l'histoire le siècle de Copernic.

Nous allons continuer de suivre l'astronomie à travers les âges en abordant les travaux de ces savants illustres; cette marche nous conduit mieux que tout autre aux notions qui bientôt vont nous permettre de mieux comprendre la matière, sa nature, sa genèse et son évolution.

130. — L'œuvre de Galilée (1564-1642.)

Il semble que ce soit tout à fait à la fin du XIIIe siècle ou au commencement du XIVe que l'on imagina les verres de lunettes et il est difficile d'en déterminer l'inventeur. C'est au commencement du XVIIe que les lunetiers hollandais (Jansen ou bien Lippershey, ou peut-être Jacques Métius) construisirent les premières lunettes d'approche. De son côté, au même moment, (1609), Galilée découvrait à Padoue la combinaison de verres capables de produire le rapprochement des objets, et l'étude qu'il en fit lui permit d'obtenir un grossissement efficace capable de porter ses fruits en astronomie.

Galilée peut donc être regardé comme le véritable inventeur de la lunette astronomique, et dès lors les découvertes vont se presser rapides. C'est le mouvement de rotation des planètes sur elles-mêmes qui est mis à jour; c'est l'écorce lunaire qui se dévoile à nos yeux avec ses vallées et ses montagnes dont Galilée lui-même peut apprécier la hauteur; ce sont les quatre satellites de Jupiter, aperçus pour la première fois, et qui montrent à l'homme comme un schéma des mouvements sidéraux puisqu'ils lui révèlent la loi approximative des masses : les petits astres évoluant autour des plus gros.

Des preuves tangibles, accessibles à tous, venaient frapper les esprits. La théorie de Copernic, grâce à Galilée, se vulgarisait, mais en se vulgarisant, elle allait soulever des objections avec lesquelles on dut compter, même dans les milieux savants, d'autant plus que certaines critiques avaient une apparence de raison scientifique. Sans parler de celles que nous avons déjà signalées, il en est qui répondirent plus directement à l'œuvre vulgarisatrice de Galilée. Tantôt on en appelait au témoignage de nos sens : si la terre tourne avec une si grande vitesse, disait-on, comment admettre que nous ne percevions pas ce mouvement? On allait jusqu'à rééditer, en plein XVIIe siècle, cet argument déjà en honneur au temps de Pythagore : comment admettre que les oiseaux puissent retrouver leur nid, si pendant leur vol, le sol se déroule devant eux avec une vitesse si considérable ! Tantôt on invoquait les effets de la force centrifuge et, en l'absence de données précises, on prétendait que les objets et les êtres de la surface terrestre devraient être projetés au loin dans l'espace; ne valait-il pas mieux faire tourner avec une vitesse inaccessible à notre conception la sphère immense des étoiles fixes?... Peut-être, étant clouées dans la voûte céleste, celles-ci paraissaient moins exposées aux effets de la centrifugation!...

Mais l'objection la plus formidable qui se dressa contre la théorie nouvelle fut qu'elle était contraire aux Écritures. De cette opposition allait naître le duel étrange qui, sur bien des points, se poursuit encore de nos jours : les découvertes de la science, changeant l'explication du monde donnée par les traditions et les légendes, allaient être mises en doute au nom des croyances populaires.

La conséquence de ces polémiques fut que plus d'un demi-siècle après la mort de Copernic, son ouvrage, qui jusque là n'avait que peu attiré l'attention du blic, fut mis à l'index, et Galilée qui crut devoir discuter non seulement les objections d'ordre scientifique faites au système de Copernic, mais encore celles que l'on tirait de la Bible, vit ses travaux déférés au tribunal de l'Inquisition; condamné, il dut rétracter « ses erreurs ». Si son incarcération fut douce, puisqu'il eut pour prison le palais de l'archevêque de Sienne, son élève, il est certain que ces luttes déplorables jouèrent un rôle fâcheux dans la vie du grand savant et paralysèrent une partie de ses efforts.

Malgré les résistances, la vérité scientifique triompha peu à peu. Les lois du monde solaire allaient recevoir leur formule mathématique et la grande figure de Képler allait illustrer cette période pénible de la science humaine.

131. — Les lois du système solaire de Képler (1571-1630).

L'illustre mathématicien allemand Képler naquit à Magstatt (Wurtemberg) en 1571. Il fut à Prague l'élève de Tycho-Brahé, alors astronome et astrologue de l'empereur Rodolphe II et auteur de l'hypothèse peu heureuse que nous connaissons (Cf. § 129), sur la constitution du système solaire. Il travailla avec lui en particulier à l'étude des mouvements de Mars, et il ne cesse d'admirer dans ses écrits la remarquable précision des observations du maître. Cette précision même est certainenent l'une des causes qui amena Képler à la découverte des grandes lois qui sont demeurées la base de l'astronomie actuelle; en effet une petite erreur dans la théorie de Mars, erreur dont il ne voulut pas suspecter les résultats expérimentaux de Tycho, le conduisit à rejeter son explication géocentrique du système solaire; il rejeta en même temps l'hypothèse compliquée des orbites circulaires excentrées comme des épicycles, conservée par Copernic.

Tycho-Brahé d'ailleurs n'avait-il pas quelque inquiétude sur la valeur de son système? Ne trouvait-il pas que l'observation ne le vérifiait pas assez rigoureusement ? Il est difficile de le dire. Le fait est qu'à son lit de mort il fit promettre à Képler de conserver intactes ses hypothèses.

Peu après Képler, de plus en plus pénétré de l'exactitude de la conception de Copernic, mais frappé des écarts entre le calcul et l'observation, entreprenait le fameux travail qui lui permit de définir les orbites de Mars et de la Terre en partant des résultats obtenus par Tycho lui-même.

Repérant les positions de la terre par rapport au soleil fixe et à Mars considéré périodiquement au même moment de sa révolution, c'est-à-dire occupant ainsi le même point fixe à de longs intervalles, il put déterminer les rayons vecteurs de notre orbite. Cela fait, il recommença la même opération pour Mars en repérant la position de cette planète par rapport au soleil fixe et à la terre dans une position connue.

Le calcul le conduisit à la première des trois lois qui portent son nom :

1re Loi de Képler. — *Les planètes décrivent autour du soleil des courbes planes. Ces courbes sont des ellipses dont le soleil occupe un des foyers.*

L'observation de la vitesse variable avec laquelle un astre parcourt son orbite, observation qui marchait de pair avec le repérage de l'orbite même, amena Képler à formuler cette 2e loi connue sous le nom de loi des aires :

2e Loi de Képler. — *La vitesse avec laquelle chaque planète circule sur son ellipse est telle que son rayon vecteur décrit des aires proportionnelles au temps.* Ainsi dans la figure 54, si la planète considérée parcourt le chemin AB dans le même temps que le chemin CD, les aires ASB et CSD sont égales.

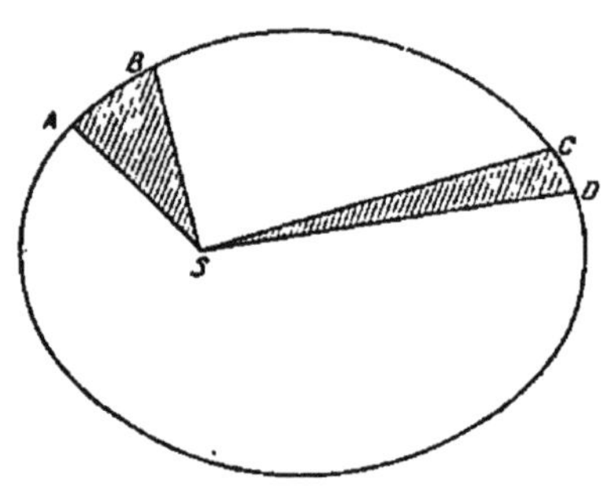

Fig. 54. — Loi des aires.

Ce n'est qu'une dizaine d'années plus tard que Képler, après bien des tâtonnements, formula sa troisième loi relative au rapport des révolutions planétaires avec leurs distances au soleil.

Toutes sortes de considérations entrèrent en jeu dans l'élucubration de cette loi, jusqu'à celle d'une finalité divine, Dieu lui paraissant avoir conçu les cieux en utilisant comme gabarits les cinq polyèdres réguliers à faces polygonales régulières égales et à angles solides égaux : le tétraèdre, le cube, l'octaèdre, le dodécaèdre et l'isocaèdre qui peuvent être compris entre deux sphères concentriques, l'une inscrite, l'autre circonscrite. Un dodécaèdre circonscrit à la sphère de la terre se trouverait inscrit dans celle de Mars; un tétraèdre circonscrit à celle-ci se trouverait inscrit dans celle de Jupiter; un cube circonscrit à cette dernière pourrait être inscrit dans la sphère de Saturne, etc...

Ces conceptions, dont les origines remontent à sa

première jeunesse, montrent chez lui une tournure d'esprit qui ne se démentit jamais. Au moment où d'admirables calculs l'amenait à sa troisième loi, il démontrait encore l'harmonie du monde en montrant Saturne et Jupiter faisant la basse, Mars le ténor, Vénus le contralto, dans le concert des astres, et il ne craignait pas, en rendant grâce à Dieu de lui avoir révélé une si grande découverte, de déclarer que le Créateur avait enfin trouvé après 6.000 ans d'attente un contemplateur conscient de ses œuvres !

En dépit de la complexité de ces conceptions où l'astrologie coudoyait les mathématiques précises, il sut en dégager cette proposition qui complète l'œuvre de génie du savant dont le nom s'impose à l'admiration des siècles :

3e Loi de Képler. — *La durée de la révolution des planètes autour du soleil est proportionnelle à la racine carrée du cube de leur distance moyenne au soleil.*

Le système de Copernic reposait dorénavant sur une base inébranlable. L'astronomie allait entrer dans une nouvelle phase. Les lois sidérales étant connues, leur raison d'être allait être mise au jour. Newton allait doter la science de la découverte de la gravitation universelle.

132. — Newton et la gravitation (1642-1727).

Les forces centrales, les forces qui divergent d'un point donné de l'espace, décroissent en raison inverse du carré des distances, c'est-à-dire que si à un mètre elles ont une intensité P, à 2 mètres elles auront une intensité égale à $\frac{1}{4}$ de P, à 3 mètres, une intensité égale à $\frac{1}{9}$ de P, etc. Borelli, en 1666, tenta d'appliquer à la théorie des satellites de Jupiter cette loi dite du carré des distances, déjà antérieurement formulée, et il émit l'hypothèse que les planètes peuvent être attirées, vers l'astre autour duquel elles évoluent, par une force centrale, contrebalancée à tous moments par la force centrifuge. Différents mathématiciens, Hooke, qui entrevit la variation de la pesanteur aux différentes altitudes, Wren, Halley, émirent des idées semblables. Elles prirent corps avec le physicien anglais Newton, qui exposa la théorie de la gravitation dans un ouvrage célèbre : les *Principia*, qu'il présenta à la Société Royale, en 1686.

Voici le raisonnement qui le conduisit à sa mémorable découverte : quand nous voyons la lune décrire autour de la terre une orbite elliptique, nous devons admettre qu'une force attractive, unissant les deux astres, contrebalance la force centrifuge. Si à un moment donné L, la force attractive disparaissait, la lune, au lieu de suivre la courbe LL′ approximativement circulaire ayant son centre en T à la terre, prendrait la tangente LA.

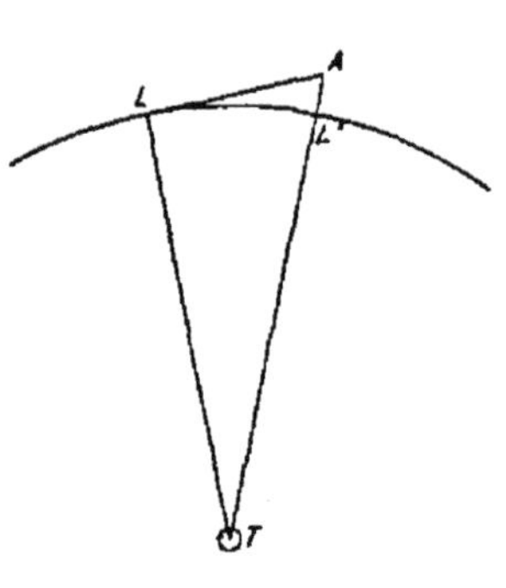

Fig. 55.

Or si nous considérons le moment L′, nous voyons que la lune au lieu d'être en A est réellement en L′ : c'est donc qu'elle a été attirée par la terre de telle façon que cette attraction lui a occasionné une chute vers la terre de la longueur AL′. Autrement dit, pendant le parcours LL′ la lune tombe vers la terre d'une hauteur AL′ d'ailleurs facilement calculable et approximativement égale à $\frac{\overline{LL'}^2}{2r}$, quantité connue puisque r est la distance déjà déterminée de la terre à la lune et LL′ est approximativement l'arc d'ellipse parcouru dans le temps considéré.

Or la loi de la chute des corps commençait à être connue. On sait que Newton démontra, expérimentalement que tous les corps, légers ou lourds, tombent avec la même vitesse dans le vide, et, avant lui, Galilée avait attribué l'inégalité de vitesse de chute dans l'air à la résistance même de cet air. C'est Galilée aussi qui établit la loi universelle de la chute des corps : les espaces parcourus sont proportionnels aux carrés des temps employés à les parcourir, et la vitesse acquise à un moment donné est proportionnelle au temps écoulé depuis le commencement de la chute (1).

C'est ici qu'éclate le trait de génie de Newton. Il considère la lune L (fig. 55), comme soumise à l'attraction de la terre T absolument de la même manière que les objets placés à la surface de notre globe, mais en attribuant à la pesanteur une intensité 60^2 fois plus faible que celle qu'elle possède à la surface de la terre parce que la lune est à une distance r de nous, égale à 60 fois environ le rayon terrestre r'.

(1) Ces deux propositions sont fondamentales : si l'on appelle v la vitesse acquise au bout d'un temps t, e l'espace parcouru, et g l'accélération ou vitesse de chute prise au bout de l'unité de temps, la seconde (la vitesse initiale étant zéro), on peut les résumer dans ces deux formules : $v = gt$ $e = \frac{1}{2} gt^2$

L'intensité de la pesanteur étant γ à la distance r' du centre de la terre (1), ne sera plus que de $\gamma' = \frac{\gamma}{60^2}$ à la distance de la lune.

Or si en une seconde, à la surface de la terre, un corps parcourt environ 15 pieds en chute libre, il ne parcourra que $15/60^2$ pieds, s'il est placé à la distance de la lune, puisque les accélérations sont proportionnelles à l'intensité des forces. En une minute, c'est-à-dire en un temps 60 fois plus grand, il parcourrait un espace 60^2 fois plus grand d'après la loi ci-dessus du carré des temps; un corps placé à la distance de la lune, tombant en chute libre vers la terre, parcourrait donc durant la 1re *minute*, le même espace qu'il parcourrait durant la 1re *seconde* à la surface de la terre : il parcourrait 15 pieds.

Or ayant déterminé la longueur AL (fig. 55), c'est-à-dire l'espace parcouru par la lune tombant vers la terre quand la durée de LL' est une minute, Newton trouva 15 pieds environ. Ainsi tout se passe comme si la lune obéissait simplement à la loi banale de la pesanteur.

Généralisant cette proposition, Newton posa ainsi le principe de la gravitation universelle : deux particules de matière s'attirent proportionnellement à leur masse

(1) On sait que l'intensité de la pesanteur est de 1 gramme dans nos régions, c'est-à-dire qu'une masse de 1 gramme-masse (ou si l'on veut 1 cm^3 d'eau) est attirée vers le centre de la terre avec une force de 1 gramme-force. Si la pesanteur était assez faible pour qu'en une seconde, elle fasse prendre à cette masse une vitesse de 1 cm. seulement, on dirait que l'intensité de la pesanteur est 1 dyne. En réalité, elle lui fait prendre une vitesse de 981 cm. environ parce que son intensité est de 981 dynes. Cela signifie que le gramme-force vaut 981 dynes. (Cf § 6 et 7, T. I).

et en raison inverse du carré de la distance qui les sépare.

Cette loi que la science a rigoureusement vérifiée depuis, tient tout entière dans la formule suivante dite formule des forces centrales.

$$F = K \frac{mm'}{d^2}$$

dans laquelle F représente la force d'attraction m et m' les masses respectives des deux particules de matière, d leur distance et K l'intensité de la force gravide ou intensité de la force avec laquelle s'attirent deux masses égales à l'unité et placées à l'unité de distance.

133. — Justification mathématique des lois de Képler par le principe de Newton.

Le lecteur qui n'a pas étudié d'une façon spéciale la mécanique et les lois du mouvement d'un mobile soumis à des forces variées se posera sans doute une question qu'il ne pourra pas résoudre en considérant simplement les lois de Képler et de Newton. Pourquoi les astres suivent-ils des orbes elliptiques? Est-ce là une chose de hasard ou bien le résultat d'une loi mathématique? Y a-t-il à cela des raisons cachées, mystérieuses pour l'intelligence humaine, ou bien la mécanique céleste est-elle la même que la mécanique des forces maniées par l'homme? Dans le premier cas, nous conserverons ce malaise que l'esprit humain éprouve devant un problème incomplètement résolu. Dans le second, nous devrons concevoir clairement les trois lois de Képler comme la conséquence forcée, inévitable, du principe de Newton.

Les mathématiciens savent qu'un mobile, lancé avec une certaine vitesse dans l'espace en même temps qu'il est soumis à l'attraction d'une force émanant d'un point fixe, suit une trajectoire déterminée. Ils savent que si la force attractive est fonction inverse du carré de la distance qui sépare le mobile du centre d'attraction, la courbe est une ellipse, une parabole ou une hyperbole suivant la vitesse du mobile. Nous pourrions donc simplement nous incliner sur la foi de leurs affirmations.

Cependant, je crois que si l'esprit ne peut avoir la prétention d'embrasser toutes les connaissances humaines, s'il doit souvent se contenter d'admettre pour démontrées les conclusions de savants spécialisés dans une branche quelconque de la science, il est bon, toutes les fois qu'on le peut, de donner au lecteur au moins un commencement de preuve, de lui montrer comment, en consacrant un peu de temps et d'effort à l'étude d'une question ébauchée, il pourra arriver à parfaire sa conviction. Ordinairement même, quand il possède ce commencement de preuve, il s'en contente, et le malaise dont je parlais tout à l'heure est complètement dissipé, quand il entrevoit le mode de démonstration capable de s'imposer à la raison.

Ce serait certes sortir de notre cadre que d'écrire ici un chapitre de mécanique céleste, et les formules desquelles dérivent les équations propres à chaque trajectoire sortiraient des limites accessibles au lecteur non spécialisé dans les sciences mathématiques. Mais nous pouvons facilement lui fournir le commencement de preuve donné par la géométrie courante, en y ajoutant quelques principes de balistique très accessibles.

Nous allons nous placer à la surface de la terre figurée par la ligne AX (fig. 56). Nous allons en A lancer un projectile dans la direction AB avec une vitesse initiale v_0. Nous négligerons la résistance de l'air et nous étudierons la trajectoire de ce projectile, soumis à l'action de la pesanteur dirigée à tout moment suivant la verticale, c'est-à-dire suivant des normales à AX toujours parallèles entre elles en raison de l'éloignement du centre

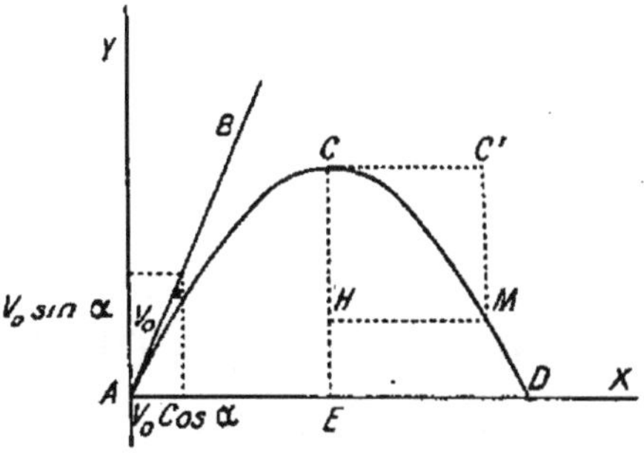

Fig. 56.

de la terre. Appelons α l'angle BAD. On peut décomposer la vitesse v_0 en deux composantes, dirigées, l'une suivant AX et égale à $v_0 \cos \alpha$, et l'autre suivant AY et égale à $v_0 \sin \alpha$. La résistance de l'air étant supposée nulle, $v_0 \cos \alpha$ se conserve indéfiniment égale à elle-même, puisqu'aucune force contraire ne la diminue. Mais $v_0 \sin \alpha$ diminue avec le temps parce que la pesanteur agit directement en sens contraire. Au bout d'un temps t cette vitesse n'est plus que $v_0 \sin \alpha - gt$ (g étant l'accélération de la pesanteur) et, à ce même moment t, le projectile est à une hauteur :

$$v_0 \sin \alpha . t - \frac{1}{2} g t^2 .$$

Si nous appliquons ces formules, nous voyons que, au point C, où le mobile suit une direction horizontale :

$$v_0 \sin \alpha = gt;$$

et au point D : $$v_0 \sin \alpha . t = \frac{1}{2} gt^2$$

puisque le projectile est tombé, pendant le temps t, exactement de la hauteur où il serait monté pendant ce temps. En rapprochant ces deux égalités on voit que :

$$t = \frac{v_0 \sin \alpha}{g} \text{ pour le point C}$$

et $$t' = \frac{2\, v_0 \sin \alpha}{g} \text{ pour le point D.}$$

Ce qui nous montre que notre courbe est symétrique de part et d'autre de la verticale CE, le même raisonnement pouvant être répété pour chaque point de la courbe.

Si nous considérons le projectile au point C nous pouvons le regarder, à partir de ce moment, comme partant horizontalement avec la vitesse $v_0 \cos \alpha$, et comme parcourant en un temps t un espace horizontal $v_0 \cos \alpha . t =$ H M en même temps qu'il tombe verticalement de $\frac{1}{2} gt^2 =$ CH.

Or nous pouvons par rapport aux axes de coordonnées CY et CX, interchangés, regarder CH comme l'abscisse x du point M et HM comme son ordonnée y, et écrire :

$$\frac{y^2}{x} = \frac{\text{HM}^2}{\text{CH}} = \frac{v_0^2 \cos^2 \alpha . t}{1/2 gt^2} = \frac{2\, v_0^2 \cos^2 \alpha}{g} = \text{Constante.}$$

La courbe est donc une parabole dont le sommet est en C et dont le paramètre p est égal à $\frac{v_0^2 \cos^2 \alpha}{g}$, car on sait que la parabole est définie par la propriété suivante : chacun de ses points, repéré par rapport à son axe CX pris comme axe des abscisses avec son origine au sommet C et par rapport à la tangente au sommet CY prise comme axe des ordonnées, est caractérisé par le rapport constant $\frac{y^2}{x} = 2p$.

Ainsi un mobile, lancé avec une vitesse v_0 et une obliquité α et soumis à une force attractive dont l'origine est infiniment éloignée par rapport à l'amplitude de sa trajectoire, décrit une parabole dont le paramètre est $\frac{v_0 \cos^2 \alpha}{g}$, ou, si l'on veut une ellipse dont le sommet est en C, le premier foyer à une distance de ce sommet égale à $\frac{{v_0}^2 \cos^2 \alpha}{2g}$ et le 2e foyer reculé à l'infini. Ce 2e foyer peut être regardé comme le centre de la force attractive.

C'est là un cas particulier et facile d'un théorème beaucoup plus général. Si au lieu de supposer la force attractive toujours parallèle à elle-même nous la supposions émanant d'un point fixe que nous ferions avancer depuis l'infini où nous le placions tout à l'heure jusqu'à une distance de plus en plus faible du foyer de notre parabole, un calcul un peu plus compliqué nous amènerait à la définition de la trajectoire qui passerait progressivement de la parabole à l'ellipse, avec une distance progressivement décroissante des deux foyers.

Ce même calcul nous montrerait que dans ces conditions la vitesse aréolaire, c'est-à-dire la variation de l'aire ASB (fig. 54) balayée par le rayon vecteur SA, réunissant le foyer d'attraction au mobile, est constante avec le temps. Ainsi la 2e loi de Képler comme la première ressortirait de ce calcul. Il nous montrerait enfin que le paramètre p de l'ellipse est égal à $\frac{4\,a^2}{K}$ a étant l'aire balayée par le rayon vecteur OM dans l'unité de temps et K l'intensité de la force gravide de l'unité de masse à l'unité de distance). Partant de cette égalité et remarquant que l'aire de l'ellipse $\pi\alpha\beta$ (α demi-grand axe, β demi-petit axe) est égal à aT, il serait facile de voir que :

$$a^2T^2 = \pi^2\alpha^2\beta^2$$

ou en remplaçant β^2 par sa valeur en fonction du paramètre ($\beta^2 = p\alpha$)

$$a^2T^2 = \pi^2\alpha^3\,p$$

d'où en substituant à a^2 sa valeur $\frac{pK}{4}$

$$T^2 = \frac{4\,\pi^2\alpha^3}{K}$$

ce qui nous montre que le temps de la révolution complète serait fonction de la racine carrée du cube du demi-grand axe : c'est la 3e loi de Képler.

Cet aperçu suffira, je l'espère, à faire voir au lecteur que notre système planétaire est soumis aux lois de la mécanique rationnelle d'une façon rigoureuse, que nul mystère ne nous cache les raisons d'être des mouvements sidéraux, et que si nous pouvions lancer dans un espace vide absolu, soustrait à l'action de la pesanteur, des billes de diverses masses autour d'une bille centrale beaucoup plus grosse et exerçant sur elles des forces attractives, nous les verrions décrire des orbites auxquelles s'appliqueraient les trois formules de Képler.

134. — Conséquences de la loi de Newton. Les perturbations. Découverte de Neptune.

Le soleil attire donc chacune des planètes en raison directe de sa propre masse et de la masse de chacune d'elles, et en raison inverse du carré des distances qui les séparent de lui. La terre se comporte de même envers la lune. Chaque planète est régie par les mêmes lois vis-à-vis de ses satellites. Les comètes périodiques elles-mêmes ne sont que des satellites solaires dont l'ellipse est très allongée.

Ainsi la loi de Newton jetait un jour nouveau sur l'étude des phénomènes célestes. Elle expliquait des faits jusque là mystérieux. La cause des marées se trouvait dévoilée : elles résultaient simplement de l'attraction du milieu fluide par la lune et le soleil. Le phénomène de la précession des équinoxes ou rotation lente de l'axe terrestre autour de l'axe de l'écliptique devenait un effet dû à l'attraction du renflement équatorial de la masse terrestre par le soleil et la lune. Mais ce qui, surtout, eut une importance énorme, ce fut la déduction suivante tirée de la loi de gravitation : les planètes, bien qu'elles aient des masses incomparablement plus petites que celle du soleil, doivent, suivant leurs distances très variables dans le temps, exercer les unes sur les autres une attraction capable de modifier leur route respective : de là les *perturbations* observées dans les révolutions planétaires. Si le soleil avait une masse plus faible, si quelques-unes des planètes du système solaire avaient une masse plus considérable, les perturbations causées par celles-ci sur les autres seraient assez importantes pour que les lois de révolution devinssent excessivement complexes. Ce qui fait la simplicité relative des mouvements de notre système c'est la grande prépondérance de la masse solaire sur la masse des planètes.

A l'étude des perturbations planétaires s'attachent les noms d'astronomes célèbres : Laplace, les Bernoulli, etc. De cette étude allait sortir une démonstration éclatante des lois de Newton; un astre nouveau allait être découvert par le calcul en raison des perturbations causées par lui sur la marche des astres voisins, avant que la lunette l'ait trouvé là où le plaçaient les équations de l'astronomie.

L'histoire de cette découverte ne saurait être trop répétée.

Tout d'abord il faut rappeler que, au système de Copernic, qui ne connaissait que Mercure, Vénus, la Terre, Mars, Jupiter et Saturne vint s'adjoindre en 1781 une nouvelle planète découverte par Herschel, *Uranus*, plus éloignée du soleil que toutes les planètes connues. Bouvard, astronome de Paris, étudia les mouvements de la planète d'Herschel; il détermina les perturbations apportées à sa marche et il s'aperçut que les calculs ne donnaient pas une représentation exacte de la réalité. Le Verrier, sur le conseil d'Arago, reprit le calcul des perturbations de Jupiter, de Saturne, et d'Uranus, énorme travail qui l'amena à cette conclusion inquiétante déjà pressentie et même formulée à la même date par Adams de l'Université de Cambridge : la théorie d'Uranus est impossible à moins d'admettre une énorme planète encore plus éloignée qu'elle du soleil, si éloignée même qu'elle ne puisse perturber les mouvements de Saturne d'une façon sensible. Il la plaça à une distance double d'Uranus; puis par une série de déductions et de calculs qu'il n'y a pas lieu de rappeler ici, Le Verrier put annoncer, à l'Académie des Sciences le 31 août 1846, que la planète perturbatrice devait se trouver à une longitude vraie de 326° avec une erreur possible maxima de 10°. C'est à 1°24 seulement de cette position qu'elle fut trouvée en septembre par un astronome de Berlin. La planète Neptune était découverte et cette découverte faisait éclater aux yeux du monde étonné le triomphe des théories newtoniennes.

135. — Le système solaire, tel que nous le connaissons aujourd'hui.

Nous voici arrivés au milieu du siècle dernier. Les lois newtoniennes ont expliqué les mouvements planétaires et l'étude de leurs perturbations nous ont mis en mains tous les éléments qui règlent la marche de chaque planète. Grâce à cette étude, grâce à la connaissance parfaite de la force de pesanteur, grâce à la détermination précise des parallaxes planétaires, les distances, les masses et les dimensions de tous les astres de notre système solaire ont pu être déterminées.

Nous pouvons désormais donner une image exacte de sa constitution.

1° Au centre est le Soleil, 1.280.000 fois plus gros que notre Terre, mais d'une densité 4 fois plus faible, sa masse gravide étant 324.000 fois supérieure à la nôtre. Il tourne sur lui-même en 25 jours.

2° A 15 millions de lieues de lui, Mercure effectue en 88 jours terrestres sa révolution autour de l'astre central. Sa masse est les 7/100 seulement de celle de la terre et son diamètre les 4/10 du nôtre environ, ce qui nous montre que sa densité est supérieure à celle de la terre (densité = 1,376).

3° A 26 millions de lieues, Vénus tourne autour du soleil en 225 jours. Par son volume, sa masse et sa densité, cette planète ressemble beaucoup à notre Terre.

4° A 37 millions de lieues, la Terre parcourt son orbite longue de 232 millions de lieues en un an, nous emportant dans l'espace à la vitesse moyenne de 106.000 kilomètres à l'heure ou 30 kilomètres à la seconde environ. Son volume est de 1 trillion de kilomètres cubes environ, son poids de 5.875 sextillions de kilogrammes., et sa densité moyenne est 5 fois et demie plus grande que celle de l'eau.

Elle entraîne avec elle dans ce mouvement rapide son satellite. la Lune, dont la révolution autour de nous s'accomplit en 27 jours, 7 heures, 43 minutes environ.

5° A 56 millions de lieues, gravite Mars entourée de ses deux satellites. Planète plus petite que la Terre, puisque son diamètre représente les 54/100 du diamètre terrestre et que son volume est les 16/100 du nôtre, Mars parcourt son ellipse, dont l'excentricité est d'ailleurs très marquée, en 1 an et 322 jours, de sorte que tous les 26 mois, elle se trouve tout près de nous à l'opposé du soleil.

Avant d'aller plus loin, il est utile de fixer par une image les dimensions relatives de cette partie centrale de notre système,... la banlieue du soleil, comme dit un de nos astronomes les plus populaires. La figure 57 en donne une idée. Le Soleil et les quatre planètes les plus rapprochées y sont représentés avec leurs distances

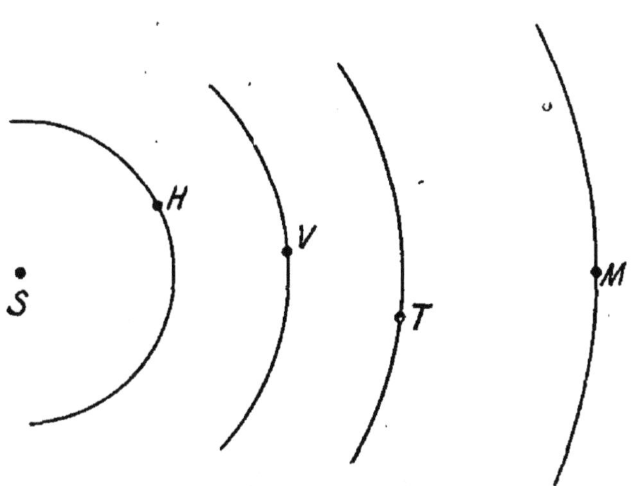

Fig. 57. — Les planètes les plus rapprochées du soleil à l'échelle de 1 m/m pour 1 million de lieues.

S Soleil qui, à l'échelle de cette figure, ne doit pas mesurer plus de $\frac{1}{4}$ de m/m de diamètre.

H Mercure à 15 millions de lieues de S. (15 m/m).
V Vénus à 26 . . . . (26 m/m).
T Terre à 37 . . . . (37 m/m).
avec la Lune, distante d'elle de 95.000 lieues seulement, 0m/m095. La Terre et l'orbite lunaire se trouvent réduits à un point de moins de $\frac{1}{5}$ de m/m à cette échelle.
M Mars à 56 millions de lieues.... (56 m/m).

respectives à l'échelle de 1 m/m pour un million de lieues.

A cette échelle, le Soleil devrait être représenté par un point de $\frac{1}{4}$ de m/m de diamètre seulement.

Eloignons-nous davantage du Soleil à présent.

6° Entre Mars et Jupiter, on a découvert au cours du

XIXe siècle une série de petites planètes dont le nombre dépasse 430.

7° A 192 millions de lieues du Soleil, chemine une planète énorme, Jupiter, accompagnée de ses quatre satellites. Sa masse est 310 fois plus grande que celle de la Terre et 1.000 fois plus petite que celle du Soleil ; elle serait représentée sur notre figure 57 à 20 c/m environ du point S par un point de $\frac{1}{40}$ de m/m de diamètre seulement. Son diamètre est en effet 11 fois plus grand que le diamètre de la Terre, son volume 1.400 fois plus considérable environ et sa densité n'est que les $\frac{236}{1000}$ de la nôtre.

8° A 355 millions de lieues, Saturne avec ses anneaux translucides et ses huit satellites dont le plus important Titan est plus gros que Mercure et Mars, parcourt son orbite en 29 ans et 167 jours. Son volume est 864 fois supérieur à celui de notre Terre, sa masse 92 fois plus grande, et sa densité, très faible, n'est que les $\frac{121}{1000}$ de la nôtre.

9° Vient ensuite Uranus 16 fois plus lourd que la Terre, 75 fois plus volumineux, d'une densité de 0,208 environ par rapport à la nôtre, et qui effectue sa révolution en 84 ans et 89 jours à une distance de 733 millions de lieues du Soleil.

10° Enfin Neptune, à 1.100 millions de lieues met 164 ans et 226 jours pour parcourir son orbite ; 18 fois plus pesante que la Terre et 85 fois plus volumineuse, cette planète a une densité qui n'est que les $\frac{216}{1000}$ de celle de la nôtre. Elle prendrait place sur notre figure 57 à 1 m. 10 du Soleil.

Cette figure 57 nous a fait concevoir la petitesse de la Terre dans la première zone des satellites du Soleil. Alors même qu'on étendrait le royaume de notre

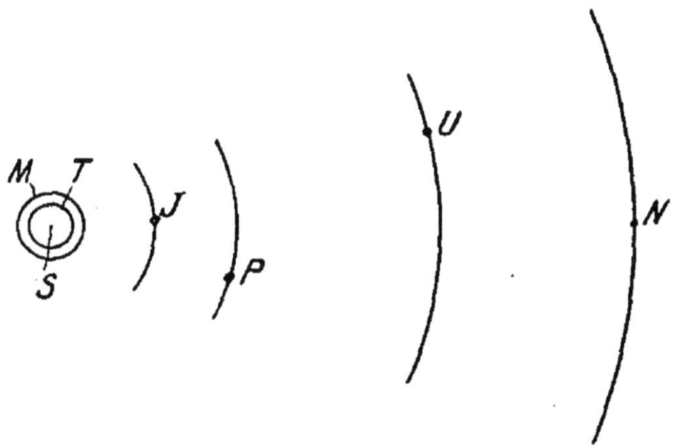

Fig. 58. — Les planètes éloignées à l'échelle de 1 m/m pour 20 millions de lieues.

J. Jupiter à 192 millions de lieues du Soleil (9 m/m 6 à l'échelle de la figure).
P. Saturne à 355 . . . . (17 m/m 7).
U. Uranus à 733 . . . . (36 m/m 6).
N. Neptune à 1.100 . . . . (55 m/m).
M, T, Orbes de Mars et de la Terre figurés à leurs distances respectives par rapport aux planètes éloignées.

planète jusqu'aux confins de l'orbite lunaire de manière à nous attribuer un diamètre de 190.000 lieues, c'est par un point de $\frac{1}{5}$ de m/m qu'il faudrait figurer la Terre et tout l'espace qui l'entoure jusqu'à cette limite lointaine, et si l'on voulait représenter à la même échelle notre planète toute seule, c'est par un point de $\frac{1}{300}$ de m/m de diamètre qu'il faudrait la marquer.

Nous allons recourir à une échelle encore 20 fois plus petite pour faire voir les distances relatives de toutes les planètes connues de notre système. A cette échelle la Terre ne devrait plus être marquée que par un point de $\frac{1}{6.000}$ de m/m ou $\frac{1}{6}$ de μ. La figure 58 montre l'étendue du système solaire loin de l'astre central et des premières planètes, Mercure, Vénus, la Terre qui l'entourent.

Elle nous donne une idée de la valeur relative de ces distances qui, pour l'œil humain levé vers le ciel, sont si inaccessibles. Les planètes les plus rapprochées du Soleil nous apparaissent là comme un groupe serré, isolé dans un espace vide immense où gravitent seulement dans le lointain Saturne, Uranus, Neptune. Bientôt nous allons être obligés de restreindre encore notre échelle pour représenter les distances stellaires; alors le système solaire avec tous les satellites y compris les plus éloignés ne nous apparaîtra plus que comme un point unique. Tout détail de ce système deviendra imperceptible, en regard des distances des étoiles même les plus proches. Ce coup d'œil progressif jeté sur les mondes de plus en plus éloignés est bien propre à nous donner une idée juste de notre vraie grandeur dans l'immensité.

Mais avant de franchir les limites de notre système solaire nous devons encore parler de ces astres mystérieux qui, à première vue, semblent échapper à la loi de Newton : les comètes.

136. — Les comètes.

Quand nous avons étudié les raisons d'être mathématiques de la forme des orbites planétaires, nous avons vu que la nature de la courbe est déterminée avant tout par le rapport de la vitesse initiale à la force gravide qui attire les satellites vers l'astre central. On conçoit d'après cela que les ellipses de certains satellites puissent être excessivement allongées; on conçoit d'autre part que si un de ces satellites subit une accélération de vitesse par la perturbation d'une planète passant à proximité de son orbite, son ellipse puisse se transformer en parabole, voire même en hyperbôle ou inversement. Ainsi si la terre passait brusquement de la vitesse de 30 kilomètres à la seconde à celle de 42 kilomètres, nous prendrions une marche parabolique et notre planète sortirait pour toujours du système solaire.

Les comètes sont des astres qui, au lieu d'avoir des orbes elliptiques de faible excentricité, comme les planètes, évoluent autour du soleil suivant des courbes qui varient depuis l'ellipse très excentrée jusqu'à la parabole et à l'hyperbole. Dans le premier cas, elles constituent des satellites du soleil au même titre que notre terre; il s'agit de comètes périodiques. Dans le deuxième cas, astres errants soumis momentanément à l'attraction solaire, elles viennent inopinément décrire autour de lui leurs courbes ouvertes, apparaissent à l'improviste à nos yeux et disparaissent pour toujours, échappées de la sphère d'attraction gravide de notre système.

Des comètes périodiques, subitement perturbées dans

leur marche par l'accélération que leur imprime une planète volumineuse, peuvent modifier leur route et parfois cesser d'apparaître à date fixe, de même que des comètes non périodiques peuvent, sous l'influence de perturbations inverses, être captées par le soleil et devenir des satellites périodiques.

Ces irrégularités d'apparition, l'aspect spécial de ces astres bizarres dont les chevelures lumineuses couvrent un espace immense du ciel, expliquent assez les terreurs qu'ils ont inspirées à l'humanité.

Newton et Halley, les premiers, sont arrivés à démontrer que les caprices apparents de leur course tenaient avant tout à l'excentricité très accusée de leur orbite, et Halley, poursuivant seul ses travaux sur la marche de la comète de 1682, qui aujourd'hui porte son nom, put déterminer la date où elle reviendrait en vue de la terre. Il mourut d'ailleurs 17 ans trop tôt pour voir la confirmation de ses conclusions. Le géomètre Clairaut, aidé de calculateurs infatigables qui, durant plusieurs mois, travaillèrent à la solution de ses équations, précisa la prévision de Halley en déterminant rigoureusement les retards apportés à la marche de la comète par Saturne et Jupiter, et le retour de cet astre put être fixé au mois d'avril 1759 à un mois près. C'est le 12 mars de cette année-là, après une révolution de 75 ans qu'elle apparut dans le ciel. La comète de Halley s'éloigne du soleil jusqu'à 1.300 millions de lieues environ ; c'est-à-dire qu'à son *aphélie*, au moment où elle est à l'extrémité du grand axe de l'ellipse la plus distante du soleil, elle se trouve au-delà de l'orbite de Neptune; tandis qu'à son *périhélie*, au moment où elle double l'extrémité opposée la plus proche du soleil, elle est bien moins distante que nous de l'astre central.

Tout le monde se rappelle encore aujourd'hui le dernier passage de la comète de Halley le 18 mai 1910. Quoique nous soyons loin du temps où ces astres errants étaient regardés comme un instrument de la colère divine pour châtier les fautes de l'humanité, son approche ne fut pas contemplée partout sans effroi. Les astronomes en effet avaient annoncé que l'astre chevelu, interposé entre le soleil et nous, allait balayer la surface terrestre de sa queue lumineuse, et les suppositions allaient leur cours parmi ceux dont la science astronomique meuble l'esprit de notions plus prodigieuses que précises. Plus d'un parmi ceux-là ont, pour se protéger contre la toxicité des gaz délétères que devait déverser dans notre atmosphère la queue de la comète de Halley, calfeutré d'ouate leurs portes et leurs fenêtres hermétiquement closes !

On connaît actuellement un nombre considérable de comètes et l'on peut dire sans risque d'erreur que ces astres sont les plus nombreux de notre système, mais sur les 800 les mieux connues il n'y en a qu'un très petit nombre dont la périodicité soit rigoureusement vérifiée. Il en est en effet dont l'ellipse est tellement allongée, dont l'aphélie est si lointaine (1000 fois, 30.000 fois, et même 40.000 fois la distance du soleil à la terre) que le retour demandera pour s'effectuer, s'il a lieu, des milliers et des milliers d'années. Ce sont celles-là dont le périhélie est si proche du soleil, qu'il est difficile d'imaginer comment elles peuvent, sans transformation visible, supporter de telles températures. La comète de 1843 a passé à 200.000 lieues du centre du soleil ou 30.000 lieues seulement de sa surface ! Il est vrai qu'elle cheminait à la vitesse de 550 kilomètres par seconde, balayant l'espace d'une queue de 80 millions de lieues de long, dont l'extrémité, toujours placée à l'opposé du soleil, devait décrire sa courbe immense à une vitesse voisine de celle de la lumière (220.000 kilomètres à la seconde environ).

D'ailleurs on assiste souvent à des transformations en apparence extraordinaires de ces astres ; on les voit parfois se dédoubler, telle la comète de Biéla qui, au commencement de 1846, se divisa en 2 astéroïdes dont la marche devint de plus en plus divergente, puis qui disparut.

Tous ces phénomènes propres à la vie et à la marche des comètes sont facilement explicables si l'on se rend compte de leur constitution. Formées d'un noyau et d'un prolongement lumineux, elles sont constituées évidemment par de la matière gravide, mais par de la matière extrêmement légère et peu dense : quand le noyau d'une comète passe devant une étoile ou devant le soleil, il ne se montre nullement opaque ; et la queue, bien plus légère encore, est constituée par des particules excessivement ténues toujours repoussées à l'opposé du soleil, probablement à cause de la pression de radiations. Ces particules paraissent être surtout, de l'avis d'un grand nombre d'astronomes, des particules cathodiques analogues à celles que nous avons maintes fois rencontrées au cours de cette étude.

Nous allons voir d'ailleurs bientôt ce que nous apprendra l'étude spectrale de ces astres qui ont de tout temps si vivement préoccupé la curiosité humaine.

137. — Le système solaire au milieu des autres systèmes stellaires.

Jusqu'où l'attraction gravide du soleil peut-elle se manifester? Théoriquement jusqu'à l'infini, puisque les forces centrales décroissent d'une façon inversement proportionnelle au carré des distances. Ce n'est qu'à une distance infinie qu'elle peuvent s'annuler. Pratiquement, il existe une distance où elles cessent de manifester des effets décelables. Neptune, la planète la plus lointaine, subit l'attraction gravide à 1 milliard 110 millions de lieues de l'astre central, mais c'est bien plus loin qu'il faut étendre la zone d'attraction manifeste. Certaines comètes, à orbes elliptiques, telle que la Comète de 1863, ont peut-être leur aphélie à une distance 1.000 fois plus grande. La comète de 1864, d'après les calculs les plus précis, s'éloignerait même jusqu'à environ 1.500 milliards de lieues! Il est vrai que la périodicité de cette comète ne peut nous être démontrée d'une façon rigoureuse, puisque les mêmes calculs fixent la date de son retour dans 20 à 30.000 siècles! Quoi qu'il en soit, si l'on porte les yeux au-delà de notre système solaire, c'est à une distance 10.000 fois plus grande que celle de Neptune qu'on rencontre l'étoile fixe la plus proche de nous.

L'étoile α du Centaure est en effet à 10 trillions de lieues.

L'étoile 61 du Cygne à 17 trillions;

L'étoile Σ 2.398 du Dragon à 22 trillions;

Sirius à 23 trillions;

et ce sont les plus proches.

Véga est à plus de 50 trillions de lieues. Arcturus à plus de 80 trillions, la Polaire à 86 trillions.

Représentons à l'échelle de 1 m/m pour 500 milliards de lieues (fig. 59) les deux étoiles les plus rapprochées :

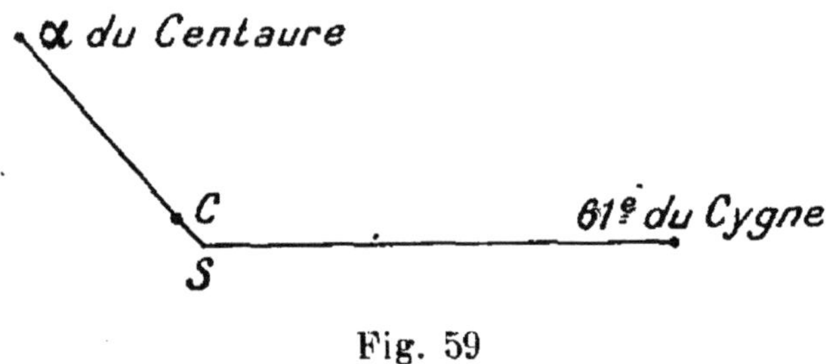

Fig. 59

Echelle : 1 trillion de lieues = 2 m/m.
Le diamètre de l'orbite de Neptune serait 4 μ.
La comète de 1843 à son aphélie (1 trillion $\frac{1}{2}$ de lieues) serait à 3 m/m de S, au point C.

α du Centaure et la 61e du Cygne. La première sera à 20 m/m du soleil sur notre figure, la 2e à 34 m/m. Eh bien, si sur cette figure nous voulions représenter l'orbite de Neptune, dont le diamètre est de 2.200 millions de lieues environ, il faudrait lui donner ici $\frac{4}{1.000}$ de m/m de diamètre! Ainsi dans cette figure, le soleil et ses satellites les plus éloignés se trouvent réduits à un point imperceptible. Bien plus, même si l'on voulait tracer sur cette figure l'orbe elliptique de la comète dont l'aphélie est la plus lointaine et presque hypothétique, l'orbe de la comète de 1864 qui irait jusqu'à 10.000 fois la distance de Neptune et qui pour un peu deviendrait un astre à courbe parabolique, une comète errante interstellaire, on ne devrait attribuer au grand axe de cette ellipse qu'une longueur de 3 m/m qui serait encore bien peu de chose à côté de la distance de l'étoile α du Centaure.

Ainsi nous percevons nettement ce fait que le soleil avec ses satellites constitue seulement un numéro parmi les atomes pareils qui peuplent l'infini.

Imaginons un moment notre atome solaire comme une sphère dont la limite est l'orbe de Neptune, c'est-à-dire comme une sphère de 2 milliards de lieues de diamètre et prenons comme moyenne distance du soleil aux étoiles les plus proches et des étoiles entre elles 20 trillions ou 20.000 milliards de lieues, nous voyons que la distance moyenne de nos atomes stellaires vaut à peu près 10.000 fois leur diamètre. Reportons-nous aux mensurations que nous avions faites des molécules matérielles : nous nous rappelons que la molécule d'oxygène peut être regardée comme ayant un diamètre de 0 μμ,3 (T. I, p. 277) et si l'on considère ce gaz à la pression de 1 atmosphère, pression à laquelle 70.10^{22} molécules occupent un espace de $22^{l},4$, la distance moyenne de ces molécules peut être évaluée à 4 μμ environ (T. I, p. 276).

Pour que nos molécules d'oxygène soient à une distance moyenne les unes des autres comparable à celle des systèmes stellaires, il faudrait réduire leur nombre à 1 millionième, dans le même espace ou mettre ces 70.10^{22} molécules dans un espace 1 million de fois plus grand, c'est-à-dire réduire la pression à 1 millionième d'atmosphère.

Pour soutenir la comparaison de la densité stellaire dans l'univers avec la densité moléculaire des gaz dans un espace clos, il faudrait avoir recours à ces états de vide de l'ordre du millionième d'atmosphère que nous manions couramment aujourd'hui, depuis que le vide de Crookes est employé à la production des rayons X. Cette comparaison peut nous donner une idée lointaine de la répartition des astres dans l'immensité.

138. — Ce que nous savons des groupements et des mouvements stellaires.

Pour l'observateur qui, de l'infini, contemplerait la région de l'espace occupée par le système solaire et les quelques millions d'étoiles les moins lointaines, le soleil avec ses satellites, n'apparaîtrait donc que comme une molécule infime, parmi tant d'autres semblables, telles les molécules gazeuses que nous imaginons dans le vide des tubes de Crookes.

Nous ne pouvons faire cette comparaison sans qu'une question surgisse immédiatement devant notre esprit. Les systèmes stellaires sont-ils immobiles dans l'espace comme le seraient les molécules gazeuses au zéro absolu, ou bien subissent-ils des translations les uns vers les autres, se déplacent-ils dans l'espace, vivent-ils dans une agitation perpétuelle comme le font les infiniment petits? S'ils subissent des déplacements, s'agit-il de déplacements périodiques, ou errent-ils au hasard dans l'immensité? Ces déplacements sont-ils tels que chaque étoile puisse être regardée comme faisant partie d'un aggloméral, de même que font partie des agrégats atomiques, les électrons qui évoluent dans l'atome? Y a-t-il des agglomérats stellaires, comme il y a dans la matière des agglomérats électroniques, des agglomérats atomiques, des agglomérats moléculaires? Dès lórs que l'on aborde ces vastes problèmes de l'infiniment grand, l'esprit se perd en conjectures. Nous devons savoir limiter le champ de notre observation. Il est assez vaste pour que nous y laissions de tous côtés des problèmes insolubles.

La question de l'immobilité des étoiles préoccupe depuis longtemps l'esprit humain. Notre observation, limitée dans le temps, nous conduit à première vue à cette conclusion, que la position relative des étoiles est immuable. L'ancienne sphère des fixes se présenterait aujourd'hui à Ptolémée comme il l'a observé il y a près de deux mille ans; et le pilote phénicien, qui reviendrait, après 35 siècles, demander à la carte du ciel sa route sur la Méditerranée, retrouverait en tout point la même topographie.

Mais avant de juger le problème de l'immobilité sidérale, il faut se rendre compte d'un fait capital. Considérons une des étoiles les plus rapprochées, l'étoile Véga par exemple, qui se trouve à 50 trillions de lieues de nous. Supposons-la animée d'un mouvement de translation rapide de 100 kilomètres à la seconde, dans le sens le plus apparent pour nous, dans le sens transversal. Elle parcourrait dans le ciel 2 millions de lieues chaque jour environ ou 800 millions de lieues par an ou 2 trillions et demi de lieues durant les 30 siècles qui nous séparent de la période chaldéenne. Or, que l'on songe que ce parcours énorme de 2 trillions et demi de lieues ne nous apparaîtrait à la distance de Véga que sous un angle de moins de 3 degrés!

Que des déplacements aient lieu dans des directions

moins favorables, qu'ils soient moins rapides, qu'il s'agisse d'étoiles plus lointaines, et l'on conçoit que les milliers d'années de l'histoire humaine soient insuffisantes pour que l'observation grossière du ciel les ait révélés.

C'est donc aux mesures astronomiques précises que nous devons demander la réponse à cette question capitale.

Elles nous disent que certaines étoiles, Castor, Sirius, Capella, la plupart des étoiles de la Grande-Ourse, etc., etc., s'éloignent de nous à des vitesses de 30, 40 kilomètres par seconde, ou plus ; que d'autres, telles que Véga, Arcturus, Pollux, etc., s'en approchent à des vitesses en général plus considérables. Ces vitesses sont évidemment les résultantes des mouvements combinés du système solaire et des étoiles, et les déductions les plus rationnelles de l'observation et du calcul indiquent que notre système solaire se déplace à la vitesse d'environ 20 kilomètres à la seconde dans la direction de Véga de la constellation de la Lyre.

Tout nous porte à croire que les soleils de l'espace cheminent en tous sens à des vitesses fantastiques. Peut-être vont-ils zigzaguant au hasard comme les particules gazeuses en agitation thermique dans un espace vide ; peut-être subissent-ils en même temps d'immenses mouvements de giration que l'absence de repère nous empêche de percevoir, et qui groupent les astres de l'univers en une multitude de systèmes particuliers dont notre univers visible est un numéro !

La simple contemplation du ciel ne nous justifie-t-elle pas cette manière de voir ? Qu'est-ce que cette bande laiteuse qui s'étend, arche immense, d'un bord à l'autre de notre horizon, qu'est-ce que la voie lactée? Est-ce, comme le voulait la poétique légende grecque, la goutte de lait que le sein trop florissant de Junon laissa tomber sur la voûte céleste un jour que, distrait, Hercule interrompit son repas, ou bien n'est-elle pas plutôt l'aspect sous lequel se présente dans son plan équatorial l'un des groupements stellaires de l'infini, celui dont notre soleil est un élément? Nous sommes en effet conduits à admettre que nous faisons partie d'un vaste agrégat discoïde d'étoiles. Tout observateur placé en un point quelconque de cet agrégat, pourvu que ce ne soit pas trop près des bords, doit apercevoir dans le lointain, suivant le plan du disque, cette condensation de la clarté sidérale qui l'entoure de toute part comme dans un cercle immense. D'ailleurs le télescope révèle que dans cette agglomération les étoiles ne sont pas uniformément réparties; il fait voir des groupements irréguliers, séparés par des espaces variables. On a déterminé plus de mille de ces groupements d'étoiles distincts, un plus grand nombre encore nous apparaissent sous l'aspect de fausses nébuleuses, c'est-à-dire de clartés dans lesquelles le télescope perçoit à grand'peine un agrégat de soleils distincts.

Dirigeons notre télescope hors du plan de la voie lactée, les étoiles sont plus rares. Il semble que là, plus loin que les soleils épars vus de notre planète, c'est le vide infini, comme si notre disque stellaire, atome complexe dont les 500 millions d'étoiles visibles seraient les électrons, se trouvait isolé dans l'immensité, ou du moins séparé d'autres atomes semblables par des espaces insondables.

Explorons avec attention cette région du ciel, située de part et d'autre de la zone équatoriale de notre agglomérat stellaire. Parmi les étoiles, de moins en moins nombreuses à mesure que nous nous éloignons de la voie lactée, nous apercevons des clartés remarquables, analogues à première vue à ces amas d'étoiles si lointains qu'ils ne donnent plus qu'une luminosité vague et fusionnée : ce sont les nébuleuses. Nous les étudierons plus loin parce que le spectroscope va nous donner sur leur matière comme sur celle des autres astres les renseignements les plus précieux.

CHAPITRE II

Étude de la matière des astres. La spectroscopie sidérale.

139. — Le problème des origines de la matière et la spectroscopie sidérale.

Au cours de notre premier volume et des trois premiers livres du deuxième, nous avons étudié la matière terrestre. A travers bien des difficultés nous nous sommes, pas à pas, acheminés vers cette conclusion que l'unité matérielle, la molécule, était réductible; que non seulement elle était réductible en atomes simples, mais que ceux-ci manifestaient des propriétés dépendant du nombre et de l'arrangement d'éléments constituants, les électrons. Nous avons ainsi touché de près au problème des origines de la matière, et nous nous sommes demandé si l'électron ne serait pas, à lui seul, le substratum même, l'unité fondamentale de la matière. Nous avons analysé cet électron. Nous avons trouvé que ses propriétés étaient réductibles à des manifestations énergétiques de l'éther ambiant. Ainsi l'éther immatériel s'est laissé voir comme le réceptacle universel de toutes les énergies, la source de toutes les forces de la nature dont l'électron constitue le point d'application, et nous avons pu nous poser cette deuxième question : l'éther ne serait-il pas aussi la matrice même, qui donne naissance à l'électron et par suite à toutes les formes de la matière? Questions insolubles, sources d'hypothèses trop vastes quand nous limitons à la matière terrestre le champ de notre observation!

Mais ce même éther qui nous entoure, cet éther grâce auquel notre œil voit la lumière des sources lointaines ou des objets qui la réfléchissent, cet éther qui fait l'inertie, la masse et toutes les forces connues, s'étend bien au-delà de notre système solaire, au moins jusqu'aux confins de l'univers lactéen. Les ondulations lumineuses, qui nous viennent des soleils les plus lointains, témoignent que tel nous le voyons ici, tel il est là-bas avec ses mêmes propriétés électromagnétiques. Ainsi nous pouvons contempler loin de nous les autres manifestations de son énergie et les autres fruits attribués à son activité créatrice.

Le premier chapitre de notre 4e livre nous a révélé la richesse et la variété des mondes planétaires et stellaires. Il nous a montré à côté de notre système solaire 500 millions, un milliard de systèmes analogues qui s'agitent dans l'intérieur de cette vaste pastille que nous appelons l'univers lactéen et dont la voie lactée dessine les bords à nos yeux.

Sachons restreindre ici notre curiosité à l'étude de cet univers lactéen, sans nous demander ce qui existe au delà, sans chercher à savoir si l'éther uniforme s'étend plus loin encore ou si cet univers est une goutte, une « bulle » d'éther dans le néant, avec de toutes parts et loin d'elle d'autres gouttes, d'autres bulles semblables. Dans ce champ limité et pourtant déjà si vaste de notre observation, dans cet espace que la lumière met des milliers et des milliers d'années à parcourir pour nous apporter l'énergie rayonnée par ses soleils les plus lointains, qu'allons-nous donc trouver qui puisse nous éclairer sur les origines de la matière, sur son évolution, sur sa vie?

Ici c'est le spectroscope qui va être notre principal instrument d'étude. Grâce à lui, nous allons pouvoir obtenir des renseignements précis sur la matière des astres et sur leur état physique. De la diversité d'aspect qu'ils nous offriront, peut-être pourrons-nous conclure à une différence de phase dans leur évolution; peut-être pourrons-nous sérier ces différences et trouver la succession des états de la matière. Au besoin quelques observations tirées de l'histoire de notre terre, telles que nous les donnent les sciences géologiques, compléteront ces documents. Nous pourrons aussi faire appel à l'étude des aérolithes en discutant leur provenance.

Telle est aujourd'hui la face sous laquelle se pose le problème des origines de la matière. L'étude physique de l'unité matérielle en est la base, comme l'étude des caractères anatomiques et physiologiques est la base du problème de l'origine de l'homme. Les documents apportés par l'étude des astres forment un musée historique qui nous permettra de reconstituer les étapes parcourues dans le passé, comme les musées d'anatomie comparée, les pièces embryologiques et les restes paléontologiques sont pour nous les éléments capables de révéler les secrets de la genèse humaine.

140. — Étude de la matière du soleil. Spectroscopie solaire.

L'étude spectroscopique du soleil nous donne de précieux renseignements sur sa constitution. Nous savons en effet que le spectre fourni par la lumière solaire est continu et coupé de raies d'absorption noires dont une partie seulement est due aux gaz de notre atmosphère. Cela signifie d'abord que la lumière est produite par un noyau incandescent sous un état physique tel que son spectre soit continu, et ensuite qu'elle traverse une atmosphère solaire gazeuse. Cette atmosphère absorbe les radiations de certaines longueurs d'ondes, d'où les raies noires du spectre.

Il y a donc deux choses à étudier dans le soleil : 1° le noyau incandescent ou plutôt la surface émissive de la lumière : on l'appelle la *photosphère* ; 2° la couche gazeuse absorbante, dans laquelle nous distinguerons bientôt la *chromosphère* et l'*atmosphère coronale*.

I. — Le noyau incandescent ou *photosphère* est-il solide, liquide ou gazeux?

Solide? Il ne peut l'être, car on le voit perpétuellemen agité, il tourne sur lui-même d'un mouvement inégal, la rotation se faisant en moins de 25 jours à l'équateur et en plus de 26 jours et demi à 35° à peine de latitude ; il se creuse de trous béants moins lumineux, trous irréguliers qui changent rapidement d'aspect, s'agrandissent, passent par un maximum, puis diminuent et disparaissent laissant à leur place une élevure, comme un vaste sommet volcanique, qui s'efface avec le temps. Ces trous sont les *taches solaires*, ces élevures sont les *facules*.

Liquide? Mais comment concevoir qu'un astre, dont la densité est de 1,45 seulement, quand celle de la terre est de 5,5, puisse être liquide, surtout quand on sait que le fer et autres métaux y abondent?

Alors gazeux? Mais comment interpréter la continuité du spectre qui, nous le savons, caractérise l'état solide et l'état liquide? Or, on sait aujourd'hui que les gaz chauffés et comprimés à plusieurs millions d'atmosphères donnent comme les liquides un spectre continu; on sait aussi que si dans un gaz se trouvent des particules solides ou liquides incandescentes, comme les poussières de charbon de la flamme d'une bougie, le spectre intense donné par ces particules incandescentes est continu. On sait enfin que la consistance des gaz très comprimés est celle de la poix visqueuse; et, les calculs de Schuster l'ont établi, les gaz soumis à la pression énorme due à l'attraction de la masse solaire pourraient acquérir une densité voisine de 1,45. Tous ces faits amènent à cette conclusion que la photosphère est constituée par une couche sphérique de gaz incandescents, comprimés jusqu'à la tension visqueuse et enveloppant le noya central.

C'est dans cette couche que s'ouvrent les trous dont nous parlions tout à l'heure, trous qui se présentent à nous sous forme de *taches*, parce que la partie béante de ces trous est moins lumineuse que le reste de la photosphère.

Les taches solaires, dues sans doute à l'éruption, hors de la couche visqueuse, des gaz du noyau central, nous permettent de plonger le regard dans ce noyau lui-même. Le spectroscope nous révèle que ce noyau est incandescent et qu'il donne un spectre continu, ce qui n'a rien d'étonnant étant donnée l'énorme tension à laquelle les gaz y sont soumis. D'autre part, il est probable que de l'hydrogène incandescent s'échappe par ces orifices en se décomprimant d'où les raies brillantes du spectre d'émission de ce gaz qui se surajoutent au spectre continu du fond. Ces mêmes jets formidables d'hydrogène constituent les protubérances de la chromosphère dont nous allons parler tout à l'heure.

L'examen des bords des taches solaires a permis d'évaluer à 2.000 ou 3.000 kilomètres l'épaisseur de cette couche lumineuse.

Telle est la photosphère. Autour d'elle nous avons dit que se trouve une couche gazeuse absorbante. Elle se compose de deux zones : la *chromosphère*, qui enveloppe immédiatement la photosphère, et l'*atmosphère coronale*.

II. — La chromosphère, épaisse de 8 kilomètres environ, est lumineuse par elle-même et donne, quand on la considère indépendamment de la lumière centrale, le spectre de raies brillantes caractérisque des gaz et des vapeurs. Mais quand on observe à travers cette zone la lumière beaucoup plus intense de la photosphère, elle joue le rôle d'un milieu absorbant et se révèle par les raies noires caractéristiques du spectre d'absorption des gaz et des vapeurs.

Autrefois on ne pouvait étudier la chromosphère que pendant les éclipses totales. Janssen et Lockyer ont montré, il y a une cinquantaine d'années, le moyen d'étudier le bord du soleil avec le spectroscope de manière à recueillir le spectre de la chromosphère indépendamment de celui de la photosphère, ce qui a même permis de dessiner les contours de l'astre lumineux avec une remarquable précision. Hale et Deslandres sont arrivés à des résultats bien plus précis encore grâce au spectro-héliographe qu'ils ont imaginé et qui permet de n'utiliser qu'une seule radiation monochromatique.

Ces procédés d'investigation ont établi que la chromosphère se compose d'hydrogène, d'hélium, de fer, de magnésium, de sodium, de calcium, etc., à l'état de gaz ou vapeurs. Que l'on remarque ici la présence de ce gaz aujourd'hui bien connu : l'hélium. On peut dire qu'il a été découvert dans le soleil, à 37 millions de lieues de nous, avant de l'être sur la terre! Les astronomes ont en effet reconnu dans le spectre de la chromosphère une raie jaune qui ne caractérisait aucun des corps terrestres connus, et ils ont dû conclure à la présence d'un gaz propre à l'atmosphère de cet astre, d'où le nom d'hélium qui lui a été donné : aujourd'hui nous savons le rôle remarquable que joue l'hélium dans les phénomènes radio-actifs; nous assistons quotidiennement à la fabrication de ce gaz.

La prédominance de l'hydrogène dans la chromosphère donne au disque solaire son aspect rouge caractéristique et l'on a tout lieu de croire que les immenses éruptions qui s'échappent du noyau central sont des jets d'hydrogène. Les fissures de la photosphère qui leur livrent passage ne sont autres que les taches solaires. Il y a peu de temps encore on ne connaissait de ces éruptions que les langues de feu ou protubérances observées pendant les éclipses totales tout autour du disque solaire. Aujourd'hui, grâce au spectroscope, on peut, en étudiant tout le tour du soleil, voir que la chromosphère est ornée irrégulièrement de ces protubérances à l'aspect changeant, témoins en agitation perpétuelle de l'activité solaire. L'une des plus belles éruptions solaires a été observée par Young, en septembre 1871. A ce moment, une protubérance de plus de 160.000 kilomètres de longueur et de près de 90.000 kilomètres de hauteur s'étendait sur l'un des points de la circonférence solaire, quand une sorte d'explosion se produisit et des langues de feu s'élevèrent à plus de 300.000 kilomètres au-dessus de la surface solaire. La vitesse de l'ascension, supérieure à 250.000 kilomètres à la seconde, aurait été voisine de celle de la lumière.

III. — Autour de la chromosphère que nous venons d'étudier se trouve l'*atmosphère coronale*, lumineuse aussi par elle-même, mais d'un éclat beaucoup plus faible. Elle ne peut guère être étudiée en dehors des éclipses totales. On y constate les raies d'émission de l'hydrogène, de l'hélium, du fer, du titane, etc., et une raie verte inconnue dans la spectroscopie terrestre ; cette raie verte correspond à un gaz que nous n'avons pas encore rencontré parmi nos éléments et qu'on a appelé le *coronium*. On l'observe surtout dans les régions les plus élevées de la couronne. Serait-ce que son poids atomique est plus faible que celui de l'hydrogène? L'atome de coronium serait-il le plus petit atome matériel de notre système? Il est difficile de répondre à cette question.

Les limites de la couronne sont imprécises. Elle s'étend sous forme de lueur diffuse loin du disque central, rappelant la terminaison des queues cométaires. Les particules qui la composent dans ces parties lointaines sont extrêmement raréfiées, et d'après Newcomb, on devrait n'en compter qu'une par kilomètre cube (1). Ces particules subissent une pression de radiation énorme, étant donné l'intensité de la radiation solaire à cette distance; on a évalué cette pression à 2,75 milligrammes par cm^2 et elle serait, pour une particule de 0 μ,16 de diamètre, 10 fois supérieure à son poids. Ces particules sont donc chassées loin du soleil à une vitesse énorme et forment ces aigrettes de plusieurs millions de kilomètres de long qui rayonnent autour de l'astre central, pour toujours expulsées de sa sphère d'activité.

Quelle est la nature de ces particules ainsi émises par le soleil? On est porté à les croire composées de carbure d'hydrogène et de gaz rares, hélium, krypton, etc. Ces poussières cosmiques, qui émanent du soleil et se répandent dans tout notre système et au-delà dans les profondeurs de l'éther, provoquent vraisemblablement, en pénétrant dans les atmosphères planétaires, des phénomènes analogues à ceux auxquels donnent lieu les noyaux électrisés. On a constaté la condensation de la vapeur d'eau plus énergique au moment de la plus grande activité solaire, non seulement dans notre atmosphère, mais dans celle des autres planètes; les aurores boréales, lueurs dues à des particules cathodiques ou à des poussières électrisées orientées par le champ magnétique terrestre, pourraient bien avoir cette

(1) Voir à ce sujet E. Coustet. Le Soleil. *Revue scientifique* du 9 décembre 1911.

provenance (Nordmann). Villard leur attribue plutôt une origine tellurique.

Il faut noter d'ailleurs que l'agitation formidable des particules solaires donne lieu à des phénomènes magnétiques qui témoignent de la charge électrique portée au moins par certaines d'entre elles. Les tourbillons éruptifs qui s'échappent par les cratères béants de la photosphère, par les taches solaires, créent des champs magnétiques puissants qui donnent lieu au phénomène de Zeeman dans le spectre des taches (Hale), ce qui a fait évaluer à 3 ou 4.000 gauss le champ ainsi créé. Ces perturbations magnétiques et les émissions cathodiques expliqueraient les effets lointains des éruptions solaires, les orages magnétiques et certains troubles électriques de notre planète.

Que conclure de cette étude trop rapide de l'astre central de notre système? Ce qui nous frappe avant tout n'est-ce pas l'identité de constitution chimique du soleil et de la terre, avec des différences d'état physique que justifient toutes les lois de la dynamique terrestre? Et cette identité n'éveille-t-elle pas dans notre esprit une idée de parenté? Mais avant de conclure, dirigeons notre spectroscope vers les autres planètes qui, à travers leur atmosphère traversée deux fois, nous réfléchissent la lumière solaire. Etudions leur surface à l'aide du télescope. Qu'allons-nous apprendre de leur structure?

141. — Les planètes, la lune, les comètes et la spectroscopie.

Les planètes ne sont pas lumineuses par elles-mêmes. Le spectre de la lumière qu'elles nous envoient est celui de la lumière solaire augmenté de raies noires correspondant aux raies d'absorption des gaz de leur propre atmosphère.

Notre satellite la lune ne modifie en rien la lumière solaire, ce qui fait supposer qu'elle ne possède pas d'atmosphère. Cette hypothèse se trouve confirmée par ce fait qu'aucun nuage ne vient jamais voiler sa surface et qu'elle ne présente pas de crépuscule : la ligne d'ombre qui sépare sa partie sombre de sa partie éclairée dans les périodes autres que la pleine lune est nette : aucune atmosphère n'y produit la dégradation, la pénombre crépusculaire. D'autre part, quand la lune passe devant une étoile, les rayons stellaires ne subissent aucune réfraction aux approches de son bord, et le spectroscope indique que ces rayons ne sont en rien modifiés jusqu'à ce qu'ils soient éclipsés par son disque. Cependant il est bon de signaler que quelques observateurs ont cru saisir une légère modification lorsque l'occultation est près de se produire et comme le télescope nous fait voir la surface lunaire accidentée de montagnes élevées et de vallées profondes, il n'est pas interdit de supposer une faible couche atmosphérique ne dépassant que peu le sommet des plateaux. A part les analogies d'aspect de la surface de la lune et de la terre nous ne pouvons guère trouver de documents qui nous renseignent sur la composition de notre satellite ; l'absence de rotation de cet astre sur lui-même nous fait d'ailleurs toujours apercevoir le même hémisphère, ce qui donne libre cours aux hypothèses quant à l'hémisphère opposé : on y a supposé une végétation luxuriante et une faune comparable à la nôtre. Rien n'empêche d'y voir aussi des civilisations avancées pour lesquelles nous sommes comme l'antichtone ou le pivot central des pythagoriciens lunaires, à moins que nous soyons l'enfer des damnés de leurs religions!

L'étude des planètes du système solaire est plus instructive. Mercure et Vénus, les deux mondes qui s'inscrivent avant nous dans la liste des satellites les plus voisins du soleil et qui, sans doute, viennent après nous dans l'histoire de la genèse, présentent une grande analogie avec notre monde terrestre. Les nuages, les pénombres crépusculaires, les raies d'absorption spectrale de leur atmosphère, l'indice de réfraction de ces couches gazeuses qui les entourent, la topographie de leur surface, tout nous montre une analogie frappante de leur système et du nôtre.

Mars, elle aussi, se rapproche beaucoup de nous. Les raies spectrales de son atmosphère sont les mêmes que les raies telluriques, la vapeur d'eau y prédomine, et les taches blanches de ses zones polaires plus étendues au cours de ses hivers, semblent bien indiquer que, comme nous, elle a ses neiges et ses glaces.

Les planètes plus éloignées, Jupiter, Saturne, Uranus, Neptune, offrent des aspects un peu différents du nôtre. Tandis que les quatre premiers satellites du soleil ont une densité assez voisine de celle de la terre, elles sont en moyenne quatre fois plus légères à volumes égaux, signe indiquant que leur état physique est bien différent.

Jupiter, qui tourne autour de son axe avec une rapidité vertigineuse, est remarquable par ses nuages atmosphériques qui s'étendent sous forme de bandes immenses parallèles à son équateur et qui cachent la surface du globe à nos yeux. La présence de ces nuages très changeants semble indiquer une température élevée, plus élevée que ne l'expliquerait la radiation solaire reçue par cette planète. Outre la vapeur d'eau, l'examen spectroscopique de l'atmosphère jovien indique des raies qui ne correspondent pas parfaitement aux raies terrestres. La pression atmosphérique y étant très élevée en raison de la masse énorme de la planète, et la densité globale étant très faible, il y a tout lieu de croire que Jupiter tient le milieu, quant à son état physique, entre un soleil incandescent et une terre refroidie. Peut-être possède-t-il une croûte liquide en voie de solidification avec un noyau gazeux surpressé.

On pourrait en dire autant de Saturne avec ses nuages épais, signe d'une température au moins aussi élevée que la nôtre malgré sa distance du soleil, avec ses anneaux translucides formés vraisemblablement de particules solides en rotation autour de lui et distantes les unes des autres, avec son atmosphère chargée de vapeur d'eau et assez analogue à celle de Jupiter. Enfin Uranus, Neptune, renferment dans leur atmosphère des gaz différents des nôtres.

Ne quittons pas le système solaire sans diriger le spectroscope du côté des lueurs cométaires.

Les comètes, ces astres bizarres dont les uns sont des satellites solaires, les autres des voyageurs interstellaires, nous apparaissent comme formées d'un noyau solide ou d'aérolithes solides portés à l'incandescence au périhélie; leur spectre présente trois bandes brillantes d'émission gazeuse, qui ne correspondent pas en général aux raies du spectre solaire, mais le carbone paraît y dominer. Dans la queue nous trouvons surtout l'hydrogène et les hydrocarbures; et tout près du noyau certains autres corps connus de nous, tels que le fer, le chlore, etc.

Tel est l'état de nos connaissances sur la chimie et la physique du système solaire. Lorsque nous limitons notre observation à cette petite partie de l'espace, voici donc l'image qui s'impose à nos yeux :

Autour d'un astre central gravitent, suivant des orbes mathématiquement calculables, toutes les planètes et comètes du système. Parmi ces planètes, la plupart ont autour d'elles des satellites qui gravitent suivant les mêmes lois. Tous ces astres se présentent à nous comme constitués par une matière soumise aux mêmes forces que la matière terrestre : les forces gravides les régissent tous; la masse, l'inertie, sont des propriétés communes.

Les formes de la matière, je veux dire les édifices atomiques que nous constatons sur notre terre, se retrouvent en partie dans le soleil et les autres planètes. Si quelques éléments paraissent y exister, qui ne se voient pas sur la terre, les conditions physiques différentes que nous observons dans chacun des astres du système rendent en grande partie compte des différences constatées.

Ajoutons, pour confirmer ces conclusions, que, durant le cours de la révolution terrestre, des fragments de matière nous arrivent parfois à travers l'espace de provenance inconnue : des aérolithes, des bolides, des étoiles filantes apportent à notre curiosité des documents précieux; or ces documents n'ont jamais été pour nous la révélation d'une substance nouvelle. Il y a lieu de croire que les étoiles filantes, particulièrement remarquables à deux époques fixes de l'année, le 10 août et le 14 novembre, proviennent de débris de noyaux cométaires jadis captés par notre système. Par suite, il est permis de supposer que leur provenance est des plus lointaines. Les fragments de matière tombés du ciel peuvent avoir d'ailleurs aussi pour origine des éruptions planétaires, ou d'anciennes éruptions terrestres. D'où qu'ils viennent, jamais on n'a trouvé dans les uranolithes, dont la masse varie de quelques milligrammes à plusieurs milliers de kilogrammes, que du fer, du magnésium, du silicium, du calcium, du nickel, du carbone, de l'hydrogène, de l'oxygène, etc.

Ainsi plus nous avançons dans notre étude et plus nous sommes frappés par la similitude de constitution des astres de notre système et par la généralité des lois qui nous régissent, plus il nous apparaît que la diversité d'aspect du soleil et des planètes n'est qu'une différence de phase de leur évolution dans le temps, et plus il nous semble apercevoir une communauté d'origine de la matière qui les forme.

Déjà nous nous sentons prêts à concevoir une genèse, à édifier une théorie, et nous pouvons envisager avec fruit les hypothèses émises. Pourtant notre système solaire, ne l'oublions pas, n'est qu'un numéro parmi les 500 millions ou le milliard de soleils semblables de l'univers lactéen, et il faut songer que la vie de ce système ne doit pas être différente de celle de tous les autres. Aussi avant de discuter aucune hypothèse, nous devons demander à la spectroscopie des étoiles ce qu'elle peut nous révéler. Va-t-elle nous dire que la matière stellaire, elle aussi, est comparable à la nôtre? Va-t-elle nous montrer que les étoiles du ciel sont à des phases différentes de leur évolution physique? Allons-nous assister au spectacle grandiose de la vie d'un univers qui a ses nouveau-nés, ses adultes et ses vieillards, ou bien allons-nous rencontrer l'uniformité immuable?

142. – Les étoiles et la spectroscopie. Les variations stellaires.

Nous savons que la lumière émise par un *solide*, un *liquide*, ou même un *gaz surpressé* incandescent donne un spectre continu, et que le maximum d'intensité du spectre se déplace d'autant plus vers le violet que la température est plus élevée, d'après la loi établie par Wien (§ 70).

Quand une source lointaine de matière incandescente nous envoie ses rayons lumineux, l'analyse spectrale de sa lumière peut donc nous fixer sur sa température, comme les raies d'émission ou d'absorption gazeuses peuvent nous fixer sur la nature des éléments atomiques qui composent cette source. Aussi l'analyse physique et chimique se joue-t-elle des trillions de lieues qui nous séparent des étoiles.

Frauenhofer avait déjà, dès le commencement du XIXe siècle, dirigé son spectroscope sur les étoiles les plus proches, Sirius, Capella, etc, mais ce n'est que dans la deuxième moitié de ce même siècle et au commencement du XXe avec les astronomes anglais, Huggins, Miller, Sir Norman Lockyer, avec les Français,

Janssen, Wolff, Rayet, avec l'Italien Secchi, l'Allemand Vogel, etc., que la spectroscopie stellaire donna des résultats vraiment importants.

Sirius, la brillante étoile blanche qui scintille á 23 trillions de lieues de nous, présente les raies de l'hydrogène, du sodium, du magnésium, du fer. Aldébaran, à 32 trillions de lieues, nous envoie une lumière rouge pâle qui nous montre ces mêmes raies avec celles du calcium, du bismuth, du tellure, du mercure. Véga, la belle étoile blanche de la Lyre, présente le spectre de l'hydrogène, du sodium, du magnésium ;... et ainsi de suite.

Le P. Secchi, se basant sur les différences spectrales des étoiles, les a réparties en trois catégories.

1° Les étoiles blanches, telles que Véga, Sirius, les plus nombreuses de toutes, avec deux grosses raies (F et H de Frauenhofer); ce sont les étoiles à hydrogène.

2° Les étoiles jaunes à raies fines assez semblables aux raies solaires, Arcturus, Pollux, etc.; étoiles analogues au soleil avec le fer, le calcium, le sodium, le magnésium, etc., en plus de l'hydrogène.

3° Les étoiles jaune rouge à bandes claires avec des raies noires, telles que α d'Hercule; l'hydrogène ne s'y voit plus.

Nordmann(1) a étudié le maximum d'intensité spectrale pour déterminer, d'après la loi de Wien, les températures relatives des étoiles.

Le soleil aurait une température voisine de 5.320°

Moins chaudes que lui seraient les étoiles du type aldé-

(1) Ch. Nordmann. Sur les atmosphères absorbantes et les éclats intrinsèques de quelques étoiles. *C.R. Ac. des Sc.*, 14 Mars 1910. V. aussi Nordmann, *C. R.* 21 Février 1910.

barien, 4.260° (Aldébaran) et antarien, 2.870° (ρ de Persée), tandis que celles des types polarien (8.200° Polaire), procyonien, sirien, algolien, crucien, taurien, présenteraient des températures croissant de 6.000 à 18.000° et pouvant atteindre plus de 40.000° pour la dernière catégorie!

Ainsi lorsque nous contemplons notre univers sidéral, nous constatons qu'il est formé de centaines de millions d'étoiles à des températures différentes, et que ces étoiles offrent toutes une certaine analogie de constitution, révélée par les analogies spectrales, avec une certaine diversité liée de façon étroite à la variété de l'état thermique qui les caractérise.

N'est-ce pas que chacune d'elles représente un stade de la vie stellaire, comme dans une société chaque individu représente une des étapes qui nous conduit du berceau à la tombe? N'est-ce pas que chacune d'elles a sa naissance, son évolution et sa vieillesse? N'avons-nous pas lieu de croire que chaque étoile a, comme notre soleil, des satellites dont l'âge est variable aussi; et n'est-il pas présumable que ces satellites peuvent, comme notre terre, à un moment donné de leur évolution, devenir le siège de ce phénomène extraordinaire dont nous ne parlerons pas dans ce volume : la vie animale ou végétale!

Cependant une question un peu troublante pourra ici se poser à l'esprit du lecteur. Si les astres ont leur évolution, cette évolution est-elle toujours si lente et si progressive que l'humanité ne puisse en apprécier le cours? Ne verrons-nous jamais un changement dans le ciel, un trouble dans la vie sidérale qui puisse lever nos doutes? Or ici l'observation humaine a été favorisée; et ceux qui ont coutume de rapporter tous les effets des lois de l'univers à la sollicitude d'une volonté supérieure à l'égard de notre espèce, pourraient formuler cette affirmation que Dieu a voulu donner à l'homme une preuve quasi-miraculeuse des mutations et de l'évolution de son univers en lui offrant, de temps en temps, le spectacle étrange d'une étoile nouvelle qui s'allume au firmament. L'histoire nous en a rapporté quelques cas; tel celui de l'étoile magnifique dont Tycho, en 1572, nous raconta l'évolution. Les exemples se multiplient depuis que la carte du ciel est mieux connue.

En 1901, les lunettes des observatoires étaient toutes dirigées sur la constellation de Persée, où, au mois de février, était apparue une nouvelle étoile. Aujourd'hui, pendant que j'écris ces lignes, c'est vers la constellation des Gémeaux que converge l'observation des astronomes. Là, M. Enebo a découvert, le 13 mars 1912, une nova, dont l'éclat paraît diminuer de jour en jour en suivant une courbe irrégulière, et qui a passé successivement de la teinte jaune orangé à la teinte rouge comme l'avait fait la nova de Persée il y a 11 ans.

On sait en outre aujourd'hui qu'il existe des étoiles à éclat variable dans le temps, telle η du Navire qui, en 1837, était de première grandeur et qui diminua progressivement jusqu'en 1871 où elle parut s'éteindre. La période glaciaire, dont la terre porte des vestiges certains, ne correspond-elle pas elle-même à une période de faible activité solaire?

D'ailleurs pour interpréter ces variations, il faut faire intervenir une part d'hypothèse et sortir du domaine positif de la science. C'est aux théories cosmogoniques proposées que nous demanderons une explication plausible des phénomènes observés, mais avant d'en aborder l'étude nous devons compléter les connaissances acquises en disant quelques mots des nébuleuses : leur notion touche de près à celle des novæ.

143. — Les nébuleuses.

On sait qu'on appelle nébuleuses, des clartés vagues et diffuses, à contours indécis, observées dans diverses régions du ciel. Les unes sont immédiatement résolubles en étoiles pour peu qu'on les observe avec persistance ou qu'on arme son œil d'un puissant télescope. Les autres paraissent être irrésolubles: les mieux caractérisées ressemblent « à une flamme de chandelle vue à travers une feuille de corne », pour employer l'expression d'un astronome du XVIIe siècle. Ce sont celles-là qu'on rencontre surtout hors de la zone d'étoiles denses, hors du plan équatorial de la voie lactée. Ce sont les nébuleuses du Baudrier d'Orion, de la constellation du Lion, du Dragon, de la Grande Ourse, etc.

Cependant il ne faudrait pas se hâter de conclure à deux classes tout à fait différentes de nébuleuses : les fausses, qui sont des amas stellaires, les vraies qui sont irrésolubles; le spectroscope nous fait en effet pénétrer plus loin dans l'étude de ces dernières et nous pouvons, avec Huggins, les répartir elles-mêmes en deux catégories, les vertes et les blanches : ces dernières vont voisiner avec les amas d'étoiles.

La première catégorie comprend les nébuleuses vertes qui donnent un spectre de raies brillantes comme les gaz luminescents des tubes à vide de Plücker soumis au passage d'un courant électrique. On les rencontre en particulier dans la direction de la constellation d'Hercule. La raie spectrale qui domine est la raie verte d'un gaz inconnu, auquel on a donné le nom de nébulium; puis viennent les raies de l'hydrogène et de l'hélium. Il est à remarquer que la raie verte n'occupe pas tout à fait la même position spectrale dans toutes les nébuleuses. Ceci ne tient pas à une différence de l'élément luminescent qui la produit, mais très probablement au déplacement du système solaire vers la région d'Hercule : les longueurs d'onde subissent une modification apparente quand le récepteur ou la source courent l'un vers l'autre à grande vitesse, comme les longueurs d'onde du son paraissent décroissantes et le son de plus en plus aigu, lorsqu'une locomotive donne son coup de sifflet en approchant à toute vapeur du passage à niveau d'où nous la voyons venir. Ces petites différences spectrales constituent même pour nous un moyen de constater notre déplacement parmi les objets du ciel, et de déterminer sa direction.

La deuxième catégorie d'Huggins comprend les nébuleuses blanches, qui donnent le spectre continu des amas d'étoiles. Mais ici la matière cosmique paraît fortement condensée vers le centre. Ainsi la nébuleuse d'Andromède présente un point central nettement différencié. On trouve dans le ciel tous les degrés de condensation du noyau central, depuis la simple ébauche jusqu'à l'état d'*étoiles nébuleuses* où la région centrale nous offre l'aspect d'une véritable étoile.

Mais ce n'est pas tout : parmi les nébuleuses que l'on a crues tout d'abord non résolubles en étoiles, et où l'on distinguait toutes les apparences d'un noyau de condensation central, il en est qui suscitent à juste titre la curiosité des astronomes : ce sont les nébuleuses spirales. Elles offrent un aspect très caractéristique; des traînées lumineuses les entourent, non pas *concentriques* mais en *spirales*, c'est-à-dire enroulées autour du noyau de condensation en une grosse gerbe divergente. Découvertes par lord Rosse, en 1850, elles ont donné lieu récemment à des hypothèses cosmogoniques hardies sur la formation des mondes stellaires, et leur étude est certainement l'une de celles qui, aujourd'hui, offrent le plus d'attrait en astronomie.

Les nébuleuses spirales font-elles partie de la voie lactée? Tandis que les nébuleuses ordinaires se rencontrent surtout hors du plan galactique, on peut croire, à première vue, que les nébuleuses spirales se trouvent à peu près uniformément réparties dans toutes les directions de l'espace; et comme une étude approfondie de ces nébuleuses montre ordinairement en elles un très grand nombre de noyaux de condensation qui se résolvent le plus souvent en amas stellaires, on pourrait admettre qu'elles représentent elles-mêmes d'autres univers lactéens situés très loin de nous. D'autre part, on a observé que beaucoup de nébuleuses, supposées simples, présentent à un examen plus approfondi la forme spirale qui pourrait bien être la forme de la plupart des nébuleuses, et dès lors il deviendrait difficile d'expliquer leur position d'élection par rapport au plan galactique si elles étaient toutes indépendantes de l'univers lactéen.

L'examen spectroscopique des nébuleuses spirales donne, non pas le spectre à raie verte des nébuleuses vraies, mais le spectre continu des nébuleuses résolubles en étoiles ou tout au moins de nébuleuses où la lumière de noyaux de condensation prime la luminescence gazeuse (1).

Enfin nous devons observer encore que, parmi les nébuleuses, il en est qui sont variables : quelques-unes paraissent et disparaissent au cours des années, comme si elles subissaient des vicissitudes périodiques. Il en est d'autres dont la forme paraît changeante. Ainsi la nébuleuse d'Orion présente des spires, des langues luminescentes, dont les dessins recueillis au cours des derniers siècles offrent trop de dissemblance pour que l'on n'ait pas au moins quelque doute sur la stabilité de ces aspects. D'autres enfin sont doubles et semblent animées d'un mouvement de rotation géminé.

Nébuleuses vraies à spectres de raies, *nébuleuses à noyaux de condensation* uniques ou multiples, avec leurs spectres continus, *nébuleuses spirales* dont les unes sont peut-être les étapes par lesquelles passent les nébuleuses à raies pour devenir des étoiles nébuleuses, et dont les autres, immenses, sont peut-être des univers stellaires conservant à l'âge adulte la forme originelle du milieu cosmique où se sont formés les noyaux de condensation, telle est l'image qu'imposent à notre esprit ces objets du ciel, qui semblent nous inviter impérieusement à franchir les portes du nouveau domaine devant lequel nous nous sommes arrêtés tout à l'heure : le domaine de la genèse sidérale, le domaine de la cosmogonie.

(1) V. à ce sujet. PUISEUX. Les nébuleuses spirales. *Rev. scientif.* 6 avril 1912 et H. POINCARÉ. *Loc. cit.*

CHAPITRE III

Les théories cosmogoniques.

144. — La théorie de Laplace.

Nous ne passerons en revue que les hypothèses rigoureusement scientifiques les plus accréditées. L'une des plus remarquables et des premières en date est celle de Laplace (1749-1827).

Le marquis de Laplace, mathématicien et astronome, originaire d'un village du Calvados, fit en somme la synthèse des travaux de Newton, de Halley et des astronomes qui, au cours du XVIIIe siècle, continuèrent l'étude des lois de la gravitation. C'est dire que la théorie de Laplace est surtout une théorie du système solaire.

Ce système aurait été constitué à l'origine par une nébuleuse gazeuse animée d'un mouvement de rotation et formant en son centre un noyau de condensation. En se refroidissant et en se contractant, cette nébuleuse aurait formé dans le plan équatorial une série d'anneaux, qui auraient donné naissance aux planètes.

Laplace appuie surtout son système sur la considération des phénomènes suivants :

1° Les mouvements des planètes autour du soleil et le *mouvement de rotation du soleil sur lui-même* se font dans le même sens et presque dans le même plan.

2° Les mouvements de rotation des planètes autour de leur axe polaire et les mouvements de leur satellite autour d'elles s'effectuent aussi dans le même sens. On ne connaissait pas alors le mouvement de rotation rétrograde d'Uranus et de Neptune sur leur axe polaire pas plus que le mouvement rétrograde des satellites les plus excentriques de Jupiter et de Saturne sur leur orbite.

3° Le peu d'excentricité des orbes planétaires constituait aussi une preuve de la révolution annulaire primitive des éléments constituants.

Pour que les mouvements planétaires se soient tous produits dans le même sens, il faut, dit Laplace, que l'astre central ait été enveloppé d'un fluide continu jusqu'aux limites de l'orbe de la planète la plus lointaine et même au-delà. Par condensation, ce fluide a diminué de volume en se refroidissant.

La vue des nébuleuses lointaines présentant un noyau de condensation, une étoile en leur centre, apportait un appui solide à cette conception; les formes spirales n'étaient pas connues alors. Ces nébuleuses ne nous donnaient-elles pas l'image d'un des premiers stades de l'évolution sidérale, stade qu'aurait précédé celui de nébuleuse diffuse dont le ciel offre aussi des exemples. Plus loin encore dans le passé aurait existé la nébuleuse tellement peu dense qu'elle aurait été invisible.

D'après la théorie de Laplace, au fur et à mesure que la nébuleuse se contracte, il y a aplatissement de l'atmosphère gazeuse et tendance à la séparation des particules les plus excentriques sous forme d'un anneau. Toutefois, il faut, pour concevoir cette évolution, admettre, comme l'a montré Roche, que le refroidissement n'a pas été uniforme, sans quoi on n'arriverait qu'à la conception d'un disque d'épaisseur croissante de la périphérie vers le centre. Un autre résultat de la contraction due au refroidissement est la diminution du diamètre de l'anneau gazeux : par suite les particules de chaque anneau, obéissant toujours à la loi des aires, accélèrent leurs vitesses respectives, mais par suite du frottement les particules internes et les particules externes tendent à prendre la même vitesse angulaire, de sorte que ces dernières ont finalement une vitesse linéaire plus grande, condition indispensable dans la théorie de Laplace pour expliquer le mouvement de rotation de toutes les planètes dans le même sens.

La condensation progressive de l'anneau, toujours fluide d'ailleurs, amène bientôt sa dislocation. Maxwell en effet a prouvé depuis que, pour que l'anneau soit stable, il faut que sa densité soit comprise entre certaines limites. Dès lors que le refroidissement a fait franchir la limite supérieure, il y a rupture en plusieurs masses gazeuses qui, n'ayant pas forcément leurs vitesses rigoureusement égales, finissent par se rejoindre et se fondre en une seule. La différence de vitesse linéaire des particules les plus externes et les plus internes de chaque anneau entraîne la rotation sur elle-même de la masse sphéroïdale formée.

Laplace ajoute que ce n'est que tout à fait exceptionnellement qu'un anneau peut passer à l'état solide en conservant sa forme, comme celui de Saturne, qu'il croyait constitué par une masse compacte. Hirn a montré que l'anneau de Saturne, s'il était solide, devrait, étant données les inégalités d'attraction qu'il subit de la part de l'astre central et de la part des satellites, suivant le moment de la rotation, posséder une rigidité supérieure à tout ce qu'on peut concevoir, et les calculs de Maxwell ont établi que cet anneau ne peut être formé que d'astéroïdes séparés.

Chaque planète, étant primitivement gazeuse et animée d'un mouvement de rotation, serait par conséquent capable de se comporter comme la masse gazeuse de la nébuleuse primitive, de former des anneaux, de faire des satellites.

Si la faible excentricité des orbes elliptiques planétaires est en rapport avec le mouvement de l'anneau originel, au contraire la grande excentricité des orbes cométaires serait la contre-partie du raisonnement : les comètes, en effet, d'après Laplace, seraient des astres d'origine étrangère, captés par le soleil.

La théorie rend compte aussi de ce fait que les distances moyennes des planètes à l'astre central sont dans un rapport simple (progression géométrique augmentée d'un nombre constant), puisque la formation des anneaux peut être regardée comme une fonction du refroidissement qui, lui-même, est une fonction du temps. Elle rend compte enfin de certains autres phénomènes : ainsi la lumière zodiacale est attribuée par Laplace à la présence dans le ciel de particules très ténues de la nébuleuse primitive restées en dehors des condensations planétaires.

Différentes objections ont été faites à cette théorie : la réunion des fragments d'anneaux en une seule masse planétaire paraît, dans une certaine mesure, assez hypothétique. Le mouvement de rotation rétrograde de Neptune et d'Uranus et la marche de leurs satellites en sens inverse des autres systèmes planétaires ont paru mettre complètement en défaut l'hypothèse des anneaux; bien plus, la découverte récente autour de Jupiter et de Saturne de satellites à marche rétrograde sur leur orbite parut incompatible avec l'idée d'une masse gazeuse en rotation initiale autour de son centre.

Il est vrai que ces objections peuvent être en partie levées : à la première on peut répondre que de petites différences de vitesse entre les fragments d'anneaux existent à peu près fatalement, puisque leurs distances au soleil varient forcément de l'un à l'autre, et l'on peut, par suite, admettre que les fragments se rejoignent le long de leur orbite alors qu'ils sont encore à l'état gazeux. Toutefois Kirkwood a calculé que deux fragments d'un anneau solaire placé à la distance de Neptune, l'un à 1.000 milles plus près que l'autre de l'astre central et diamétralement opposés mettraient 150 millions d'années à se rejoindre. Mais dans ce fait même on peut trouver une réponse à la seconde objection. On peut admettre, en effet, que tantôt la conjonction se fait assez rapidement alors que les sphéroïdes sont encore à l'état gazeux, tantôt elle se fait très lentement de sorte que le refroidissement a le temps de faire son œuvre. Alors le plus petit fragment est capté par le plus gros à titre de satellite, et l'on conçoit que d'après les conditions de cette captation le mouvement de ce satellite puisse être direct ou rétrogade. Il n'en est pas moins vrai que dans l'esprit de Laplace et de tous ceux qui, au début, acceptèrent sa théorie, la découverte d'un mouvement rétrograde, soit de rotation d'un astre sur lui-même, soit de révolution d'un satellite, aurait été un coup porté à l'hypothèse des anneaux. Aussi, le jour où l'on s'aperçut que Neptune et son satellite étaient rétrogrades, et que le plan équatorial d'Uranus était tellement incliné sur celui de son orbite qu'il dépassait la normale et rendait ainsi sa rotation presque rétrograde, de nouvelles hypothèses furent émises, telles celles de Faye, de M. du Ligondès, de Darwin, etc. Nous allons les envisager sommairement.

145. — Théories opposées à celle de Laplace (1).

D'après Faye l'univers, au début, aurait été occupé par une matière extrêmement rare, mais dans laquelle se seraient trouvés tous les éléments connus, animés de mouvements variés de giration et translation qui auraient séparé des lambeaux les uns des autres et auraient formé des noyaux de condensation animés de mouvements tourbillonnaires. Chacun de ces amas aurait été l'origine d'un système : soit qu'un soleil unique progressivement condensé en occupât le centre si l'amas eût été sphérique, homogène et animé d'une rotation globale unique ; soit que plusieurs étoiles s'y formassent en des régions diverses, si les mouvements tourbillonnaires y eussent été multiples ; ces étoiles auraient été emportées dans un mouvement de giration autour du centre de l'amas. Le système solaire aurait été, à l'origine, une nébuleuse sphérique et homogène animée d'un lent mouvement tourbillonnaire. De ce

(1) V. H. Poincaré. *Leçons sur les hypothèses cosmogoniques*. Paris, 1911.

mouvement serait résultée la formation d'anneaux qui auraient pris naissance dans l'intérieur même de la nébuleuse, les particules non employées à la constitution des anneaux venant augmenter la masse du noyau de condensation centrale. Suivant le rapport des vitesses des particules internes et externes de chaque anneau la planète formée lors de la rupture aurait eu une rotation directe ou rétrograde. Faye établit, par le calcul, qu'au début, le rapport des vitesses devait être tel que la rotation aurait été directe; plus tard, elle serait devenue rétrograde. Ainsi les planètes les plus anciennement formées seraient les planètes à marche directe, les planètes les plus rapprochées du soleil; au contraire Uranus, Neptune, seraient de date plus récente, contrairement aux idées de Laplace. Les comètes auraient originellement, d'après Faye, appartenu au monde solaire et auraient été formées de matériaux qui n'auraient pas pris part à la formation des anneaux et auraient échappé à la condensation centrale.

M. du Ligondès, de son côté, admet, au début, un milieu chaotique où les particules sont animées de mouvements quelconques. Ce milieu se divisant en lambeaux, chaque lambeau possède une résultante globale des mouvements particulaires ordinairement différente de zéro : c'est le moment de rotation total du système. Ce moment de rotation est très variable suivant les systèmes. Ainsi il est plus considérable pour les systèmes qui ont donné naissance aux étoiles doubles, que pour le système solaire. Ce moment est d'ailleurs constant à partir du jour où le système est assez séparé des autres pour être regardé comme autonome.

Un système ainsi isolé et supposé approximativement sphérique, tend à s'aplatir surtout par le mécanisme suivant : les molécules animées de mouvements quelconques ont des chances de se rencontrer; leur vitesse s'annulant, elles sont précipitées vers le centre : or, les chances de rencontre existent surtout en dehors de la zone équatoriale parce que dans cette zone équatoriale les mouvements sont mieux orientés. De là la condensation centrale et la formation d'un disque plat qui se transforme en anneaux; chaque anneau forme une planète. H. Poincaré analysant cette théorie, fait observer le contraste qu'elle présente avec la théorie cinétique des gaz. Tandis que des molécules gazeuses placées dans un espace clos conservent indéfiniment leur force vive, tandis que les chocs de ces molécules ne produisent pas de perte d'énergie cinétique, au contraire les particules chaotiques de M. du Ligondès perdent de leur force vive, la transforment en chaleur et tombent vers le centre. Il suffit pour comprendre ce contraste, dit H. Poincaré, de concevoir la particule gazeuse comme parfaitement *élastique* dans la théorie cinétique, tandis que les petites masses chaotiques de M. du Ligondès sont *molles*.

La variation de la pesanteur avec le temps expliquerait la rotation directe ou rétrograde des planètes. En effet, proportionnelle à la distance au centre au début, elle est, à la fin, inversement proportionnelle au carré de la distance : le calcul montre que dans ces conditions, le rapport des vitesses linéaires à la partie centrale et à la partie périphérique d'un anneau varie avec le temps; la période directe aurait duré peu de temps pour Uranus et Neptune et au moment de leur formation ces planètes se seraient trouvées en pleine phase rétrograde. Au contraire, la période directe aurait été beaucoup plus longue pour les planètes plus rapprochées qui se seraient formées bien avant la date d'apparition de la phase rétrograde. M. du Ligondès croit que les planètes seraient apparues dans l'ordre suivant: Jupiter, Neptune, Uranus, Saturne, la Terre, Mars, Vénus, Mercure.

Certains phénomènes restent en dehors des explications cosmogoniques données jusqu'ici. Ainsi tandis que le refroidissement et la contraction progressive des systèmes amènent l'accélération de vitesse, conformément à la loi des aires, le phénomène des marées, produit par un astre sur un astre voisin, constitue une cause retardatrice. Cette cause a dû être considérable au début quand toute la masse de l'astre influencé était fluide. Sir G. H. Darwin attache à ce phénomène une importance considérable. Pour lui, la Lune serait née, non pas comme le veut Laplace, d'un anneau de la nébuleuse terrestre, mais de la déformation de la terre fluide par marée solaire. Une intumescence aurait pris naissance et la masse fluide de notre globe, déformée, aurait pu, à un moment donné, prendre une période d'oscillation de marée en résonnance avec la marée solaire. D'où, exagération des phénomènes et séparation de l'intumescence qui serait devenue la Lune. La Lune se serait donc formée tout près de nous; elle aurait provoqué alors de fortes marées terrestres qui auraient ralenti le mouvement de rotation de notre globe, comme l'attraction terrestre aurait ralenti la rotation lunaire jusqu'à l'arrêter, explication de l'immobilité lunaire d'ailleurs conforme aux idées de Laplace.

En outre, le frottement des marées diminuant le moment de rotation terrestre, tandis que le moment de rotation total du système formé par la terre et la lune reste constant, il en résulte que la distance de la lune à la terre doit augmenter. Eloignement progressif de la Lune, ralentissement progressif de la rotation terrestre, tels seraient d'après Darwin les deux phénomènes actuels qui seraient les témoins du phénomène cosmogonique formidable qui aurait donné naissance à la Lune, et qui aurait joué un rôle prépondérant dans l'histoire des autres astres.

146. — Cosmogonies fondées sur l'observation des systèmes stellaires. Théories de Sir N. Lockyer, Arrhénius, Belot.

Un grand nombre de théories ont été émises sur l'histoire générale de notre univers lactéen; leur dissemblance montre combien nous devons être prudents avant de donner des conclusions définitives.

Sir Norman Lockyer, se basant sur les différences spectrales des étoiles, admet que toute étoile passe par le cycle suivant : d'abord la nébuleuse qu'il regarde comme très froide, bien qu'elle émette une lumière propre à spectre de raies : c'est une luminescence analogue, nous le savons, à celle des gaz raréfiés dans les tubes à vide, luminescence qui peut se produire à des températures voisines du zéro absolu et en particulier à celle de l'air liquide comme l'a montré Jean Becquerel. La matière très raréfiée des nébuleuses se condenserait autour des centres formés au hasard au milieu de sa masse. Les chocs de ces éléments provoqueraient une élévation thermique progressive.

Nous arriverions ainsi à la formation d'étoiles de plus en plus chaudes, jusqu'au stade d'étoile très chaude du type argonien qui serait caractérisé par un état de *dissociation* des éléments : d'où le spectre particulier de ces vapeurs d'éléments dissociés, proto-métaux, proto-hydrogène. A partir de ce moment les étoiles, se refroidissant, passeraient par les états inverses et au cours de ce refroidissement on verrait apparaître successivement les différents éléments simples, toujours dans le même ordre, en allant des poids atomiques les plus faibles vers les plus élevés, si bien que les atomes lourds, le plomb, le bismuth, et plus loin les atomes radio-actifs, seraient les derniers formés. N'est-il pas remarquable que ce soient aussi les premiers détruits quand, sur un astre refroidi comme le nôtre, nous voyons ces éléments se transformer en atomes plus légers en laissant échapper une particule α, c'est-à-dire un atome d'hélium.

M. Arrhénius admet que les soleils refroidis, c'est-à-dire les soleils encroûtés dans une enveloppe solide non lumineuse, se rencontrant dans l'espace au hasard des mouvements sidéraux, forment une *nova*, une étoile nouvelle, animée d'un mouvement de rotation rapide par suite du choc toujours plus ou moins tangentiel. Une formidable élévation de température résulte de ce choc, et des jets de vapeur incandescents projetés excentriquement donnent à l'astre nouveau l'aspect des nébuleuses spirales. Après la phase d'échauffement survient, comme dans la théorie de Lockyer, le refroidissement progressif jusqu'au stade de soleil éteint, qui reformera un jour une étoile nouvelle. M. Arrhénius fait jouer un rôle prépondérant, dans sa théorie, à la pression de radiation, qui chasse les particules les plus petites loin des centres radiants. Il admet que les nébuleuses ordinaires, amas cosmiques excessivement froids ne sont lumineuses que parce que les particules cosmiques qui errent dans l'espace viennent les illuminer, à la manière des rayons cathodiques. Il les assimile à un gaz en équilibre adiabatique, à chaleur spécifique négative, de sorte que, malgré les radiations stellaires, elles restent froides et tendent à se refroidir encore dans le champ radiant, et il met ainsi l'univers tout entier à l'abri des conséquences du principe de Carnot : la mort des mondes stellaires dans l'égalisation des différences thermiques (Cf. § 158.)

Une théorie qui ne donnerait comme origine possible aux nébuleuses spirales que la rencontre de deux soleils éteints, serait vraisemblablement trop étroite, étant donné la colossale complexité de ces objets dont quelques-uns nous apparaissent comme constituant, à eux seuls, un univers d'étoiles. Sans doute c'est là l'une des raisons qui a conduit M. Sée à regarder les nébuleuses spirales comme résultant de la rencontre de deux nuages cosmiques, de deux lambeaux chaotiques, dirigés en sens contraire, et s'agrippant plus ou moins tangentiellement. Les différentes modalités de cet agrippage expliqueraient les différences de formes de l'ensemble, depuis les nébuleuses en anneau comme celle de la Lyre, jusqu'aux grandes nébuleuses à multiples noyaux stellaires, ou aux nébuleuses ordinaires non résolubles par nos moyens d'investigation, mais dans lesquelles existent sans doute des astéroïdes très nombreux et très petits.

M. E. Belot a proposé, il y a quelques années, une théorie commune à la formation de tous les systèmes stellaires et qui est tout à fait différente de celle de Laplace pour l'explication des origines de notre monde solaire. M. Belot part de cette observation que la planète Uranus a son équateur à peu près perpendiculaire au plan de son orbite, que Neptune, dont la révolution est de sens direct autour du soleil, possède un satellite à marche rétrograde, et enfin que Jupiter et Saturne ont des satellites à révolution directe (les plus proches) et un satellite à révolution rétrograde (le plus éloigné).

Cette constatation, dit M. Belot, n'évoque-t-elle pas l'idée des *différentiels* employés en mécanique? Un engrenage satellite peut avoir sa révolution directe ou rétrograde sans que les engrenages de commande changent rien dans leur rotation sinon le rapport de leurs vitesses respectives. Que l'on admette non pas seulement un tourbillon originel, mais un tourbillon et un nuage cosmiques animés de vitesses différentes et entrant en conflit, il sera facile de concevoir la formation de centres tourbillonnaires de condensation dont les rotations auront un sens variable suivant les vitesses rotatives des éléments de chaque nébuleuse.

Ainsi nous reprenons ici l'idée cartésienne des tourbillons de matière cosmique ou même d'éther, et nous introduisons l'idée d'un dualisme originel : du conflit d'une masse tourbillonnaire et d'un nuage cosmique naîtraient des centres tourbillonnaires multiples dont le sens de rotation serait variable comme le sens des différentiels en mécanique. Durant cette période, que M. Belot appelle la phase cartésienne de l'évolution d'un monde, les lois de gravitation ne sauraient, bien entendu, s'appliquer. Elles ne commencent à entrer en scène qu'à partir du moment où des centres de condensation importants sont formés. Aussi ne doit-on pas chercher à appliquer à la rotation tourbillonnaire la loi des aires de Képler, au nom de laquelle Newton condamnait l'hypothèse cartésienne. Ce n'est qu'à la phase suivante, à la phase newtonienne, que les lois de gravitation sont justifiées. D'ailleurs, même aujourd'hui, comme le fait remarquer M. Belot, alors que nous sommes entièrement sous le joug des lois de gravitation, ne voyons-nous pas toutes les manifestations des vitesses moléculaires et des vitesses électroniques échapper complètement à ces lois, et ces mouvements ne sont-ils pas des témoins de l'ancien régime, du régime des particules cosmiques disséminées dans l'éther?

En somme M. Belot admet que le phénomène de la création d'un monde nouveau, dont les *novæ* seraient des exemples, consiste essentiellement dans la rencontre, non pas de deux soleils éteints, comme le veut Arrhénius, non pas d'un soleil éteint et d'un nuage cosmique comme le proposent Seeliger et Halm, ni de deux nébuleuses quelconques comme le croit Sée, mais de deux nébuleuses dont l'une possède un mouvement rotationnel en plus de sa vitesse de translation, constituant ainsi un « tube-tourbillon analogue à une trombe (1) ».

(1) E. Belot, *C.R. Ac. Sc.* 4 Déc. 1905. 8 Janvier et 24 Déc. 1906. — *C. R. Congrès de l'A. F. A. S.* 1908 et 1909. — Les tourbillons et le dualisme en cosmogonie. *Rev. Gén. des Sc.*, 15 août 1910 et *Revue scientifique*, 17 Déc. 1910.

Il existe, dans l'univers stellaire, des objets qui peuvent nous prouver la réalité de ces tubes-tourbillons. Les filaments nébuleux qui réunissent les Pléiades, étoiles jeunes d'après leur analyse spectrale, ne sont autre chose, d'après M. Belot, que *des tourbillons de matière nébuleuse* qui participent à la translation et à la rotation des étoiles qu'ils traversent, et qui dessinent l'axe des étoiles d'où ils semblent s'échapper. Les lueurs divergentes des nébuleuses spirales sont aussi un exemple des mouvements tourbillonnaires, et le système solaire lui-même, emporté vers la constellation d'Hercule pendant qu'il tourne autour de son axe, décrit dans l'espace un mouvement hélicoïdal ou tourbillonnaire, qui est vraisemblablement celui de tous les systèmes stellaires.

Remarquons avec M. Belot, que de ces deux mouvements : translation et rotation, le plus important au point de vue des forces vives est sans contredit la translation; le calcul indique en effet que l'énergie cinétique de translation du système solaire est 200 fois plus grande que son énergie cinétique giratoire. Le système cosmogonique de Laplace ne fait entrer en ligne de compte que l'énergie giratoire.

Voici d'après la conception de M. Belot, quelle serait l'origine de notre système solaire.

Le tube-tourbillon de matière cosmique aurait eu son axe dirigé vers la position actuelle de la constellation d'Hercule, son plan de rotation aurait été parallèle à l'écliptique XX′ (fig. 60). Il aurait rencontré une nébuleuse amorphe occupant l'espace AAA′A′ et ayant un mouvement de translation peu rapide par rapport à la sienne. En pénétrant dans cette nébuleuse, il aurait subi un choc : or on sait que les particules gazeuses des milieux raréfiés sont susceptibles de mouvements oscillatoires rapides, et qu'un jet de gaz envoyé dans un milieu raréfié se met à vibrer en présentant des nœuds et des

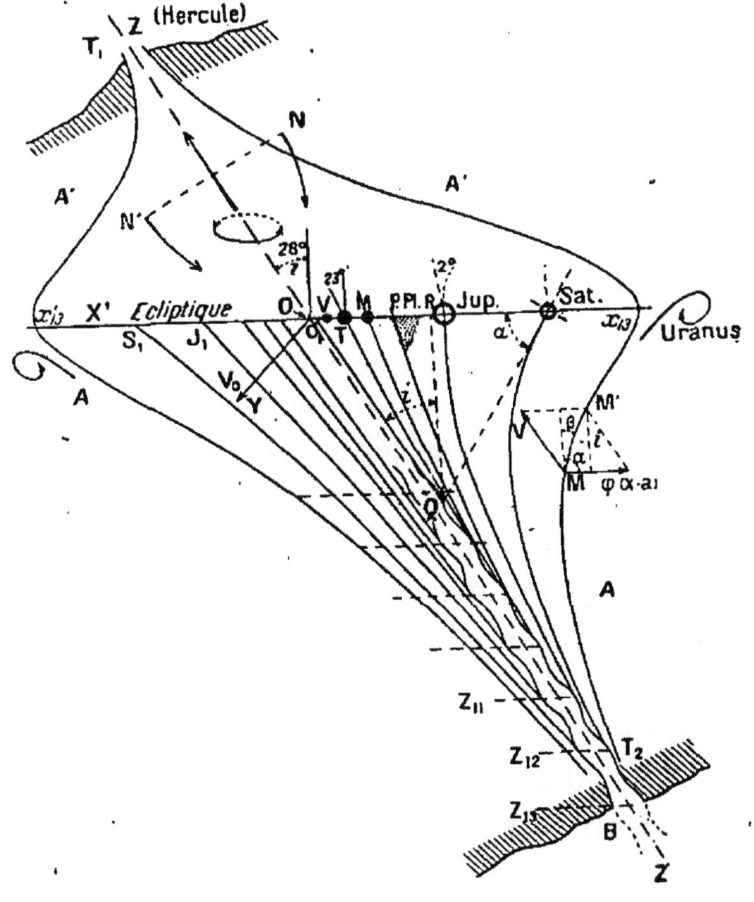

Fig. 60.

ventres comme une corde sonore, phénomène qui a pu être fixé par la photographie (1). M. Belot admet donc que, par suite du choc, le tube-tourbillon se met à vibrer

(1) V. la reproduction d'un cliché du Dr Emden. *Rev. des Sc.*, 1910, p. 644.

et que, de chacun des gigantesques ventres tourbillonnaires ainsi formés, se sépare une couche extérieure de sa matière qui forme une nappe évasée, sorte de tulipe divergente dont la figure 60 montre la coupe. Ce sont les nappes planétaires.

Le calcul a permis à M. Belot de déterminer la vitesse avec laquelle les projectiles cosmiques cheminaient aux différents ventres : cette vitesse serait voisine de 75.000 kilomètres à la seconde, vitesse comparable à celle des projectiles cathodiques obtenus dans certaines conditions. Il a déterminé aussi le temps qui aurait séparé le choc de la nébuleuse, quand le tube-tourbillon était en B, du moment où le système a atteint son épanouissement en O. Il l'a trouvé égal à 2 ans environ, ce qui montrerait que la durée d'épanouissement de la nova solaire a été à peu près la même que celle de la nova de Persée en 1901.

Dans la formation des autres systèmes stellaires, suivant la densité de la nébuleuse rencontrée, l'épanouissement se ferait plus ou moins vite. Quand la densité est très élevée les tourbillons secondaires se formeraient tout de suite, d'où les nébuleuses spirales avec leurs multiples centres de condensation et leurs tourbillons d'étoiles.

147. — Lumières apportées par les recherches cosmogoniques à la notion de l'origine de la matière.

Peut-être le lecteur, qui nous aura suivi dans cet exposé sommaire des différents systèmes cosmogoniques, emportera-t-il cette impression désagréable que nous ne l'avons pas conduit au but qu'il rêvait :

je veux dire à la conception nette de la genèse des mondes. Nous lui avons fait voir des hypothèses variées, toutes grandioses, toutes ingénieuses, toutes séduisantes, mais nous n'avons pas entraîné sa conviction enthousiaste vers l'un d'eux à l'exclusion des autres. Bien plus, nous lui aurons peut-être fait perdre la quiétude scientifique que lui avait donnée, en lui enseignant la théorie de Laplace comme une doctrine classique, l'enseignement primaire ou secondaire.

Mais ne faut-il pas aujourd'hui qu'on s'habitue à respecter les secrets de la nature tant que la science ne les a pas dévoilés? Le temps n'est plus où la conviction d'un homme entraînait celle des foules. Chacun se fait à soi-même sa doctrine, non pas d'après la pensée des autres, mais d'après les raisons et les observations que les autres lui apportent.

Lorsque nous avons engagé le lecteur dans le domaine de la cosmologie, notre but était, non pas de le conduire à une théorie cosmogonique définitive, mais de lui montrer que tous les systèmes reposent sur des données communes, utiles pour nos recherches sur l'origine et la conception de la matière. Quelles sont ces données communes?

L'une des plus importantes est l'analogie, ou tout au moins, la similitude de constitution de la matière des astres. Les éléments de notre terre se retrouvent dans les planètes du système solaire, dans le soleil, dans les étoiles. Les poussières cosmiques, les particules électrisées qui cheminent dans les milieux interstellaires, ne nous sont pas inconnues; nous manions tous ces éléments sur notre terre. Quel que soit le mécanisme de nos origines, nous concevons notre globe comme une petite unité semblable à celles qui l'entourent, et le milieu générateur nous apparaît avec une certaine uniformité.

Une autre, non moins importante, est la notion des mouvements sidéraux : mouvements très divers, si l'on envisage les déplacements relatifs des masses éloignées les unes des autres, les déplacements des étoiles; mouvements régis par les lois newtoniennes si l'on envisage les systèmes organisés où peuvent s'exercer les forces gravides. Cette notion de la cinétique sidérale est pour nous d'une grande importance, puisqu'elle nous entraîne à considérer une force vive globale de l'univers matériel qui serait la sommation de tous les mouvements élémentaires et de tous les mouvements d'ensemble. Si le principe de la conservation de l'énergie doit être étendu à l'univers tout entier, on conçoit qu'il se trouve singulièrement élargi, puisque les forces vives sidérales constituent une phase des modalités énergétiques, une maille qui précède ou qui suit les mutations matérielles observées par la physique et la chimie, dans la chaîne des phénomènes.

Enfin une troisième donnée est celle de l'évolution des astres. Nous constatons une activité intense dans la vie stellaire. Notre soleil est un brasier incandescent qui nous laisse apercevoir de formidables déflagrations, de perpétuels changements, et qui dissipe dans toutes les directions de l'espace de colossales quantités d'énergie tirées de lui-même. Dès lors qu'une unité dissipe de l'énergie, elle se transforme, elle évolue : il y a une vie des astres comme il y a une vie des êtres et des choses, et nous savons que le ciel nous donne le spectacle grandiose d'étoiles à différentes phases de leur existence. Si tout le monde n'est pas d'accord sur l'enchaînement rigoureux de ces phases, l'évolution stellaire s'impose à l'esprit comme un fait tangible, comme une vérité démontrée.

Si, pénétrant plus loin dans l'analyse, nous essayons de caractériser les différentes phases de l'évolution des astres, nous sommes obligés de constater qu'il existe pour eux une période de chaleur maxima : il a fallu qu'antérieurement ils l'atteignent ; il faudra qu'ils la perdent peu à peu par la suite. C'est donc que certaines mutations de l'énergie les ont portés peu à peu à ce maximum, et que cette énergie sera restituée pendant le refroidissement. Or, quelle que soit la théorie cosmogonique que l'on admette, on s'aperçoit que chaque phase de l'évolution est caractérisée par la présence de tels ou tels éléments chimiques; la formule chimique d'un astre est comme une fonction de son degré d'évolution thermique. Tout nous fait croire que les éléments formés d'abord sont les plus simples : les premiers atomes sont les plus légers. Les éléments plus complexes, les atomes plus lourds n'apparaissent ensuite que progressivement.

D'autre part, l'étude physique de la matière terrestre nous avait conduits à regarder l'atome comme un agrégat d'unités plus petites, comme un système d'électrons en équilibre cinétique. Elle nous avait conduits aussi à envisager les phénomènes radio-actifs comme une désagrégation des atomes les plus pesants, qui, en se disloquant, libèrent de l'hélium et des électrons. Dès lors n'apercevons-nous pas les soleils de l'espace comme les immenses laboratoires où s'agrègent les atomes, qui évoluent ensuite dans les astres plus froids, pour aboutir à la désagrégation finale? Cette désagrégation les rendra à l'espace, chassés par la pression des radiations stellaires hors de l'attraction des forces gravides, libres d'aller au loin former d'autres nuages cosmiques et peut-être d'autres mondes.

Nous demandons aux systèmes cosmogoniques non pas de nous révéler dès aujourd'hui le comment indiscutable de l'agrégation, mais seulement de nous dire s'il est de ce phénomène une explication plausible, si la science peut l'asseoir sur des bases rationnelles : or les cosmogonies proposées nous ont démontré que la mécanique céleste est résoluble en formules et que les lois cinétiques observées sont compatibles avec l'hypothèse de mouvements originels très simples, très accessibles à notre conception.

Aussi devant l'incertitude du *modus faciendi* de la genèse, l'esprit humain n'éprouve-t-il pas ce malaise pénible que laisse un problème insoluble : les solutions proposées sont en partie satisfaisantes, elles sont vraisemblables; l'intelligence humaine qui, de déductions en déductions, arrive à poser les jalons de l'histoire de la matière, ne se heurte pas ici à une fin de non-recevoir : c'est tout ce que la science de notre siècle peut demander. Les données de la cosmologie confirment les données de la physique : n'est-ce pas là un résultat inespéré qui justifie cette incursion un peu longue que nous venons de faire loin de la matière terrestre!

148. — Force et matière.

Depuis les poussières cathodiques, depuis les nuages électroniques qui parcourent les espaces interstellaires jusqu'aux nébuleuses de matière cosmique, jusqu'aux étoiles gazeuses incandescentes à hydrogène et à hélium, jusqu'aux étoiles refroidies à éléments multiples, l'imagination peut suivre les étapes de la genèse des mondes. Au cours de ce voyage, tout n'est pas rêverie. Il est un fait capital qui s'impose à notre attention, c'est le rôle universel du mouvement.

Chaque fois d'une part que la cosmologie cherche une explication à la genèse d'un monde sidéral, elle doit faire entrer en ligne de compte *le mouvement*. Aucun système rationnel ne saurait tirer le monde de l'immobilité : le terme primordial auquel doit s'arrêter la science positive c'est le nuage cosmique de particules matérielles, disons même si l'on veut d'électrons, possédant une force vive de translation ou de giration. A partir de ce terme primordial, la mécanique peut s'emparer du problème et montrer comment les mouvements actuels dérivent des forces vives initiales.

Chaque fois, d'autre part, que la physique cherche une explication à la genèse de l'atome ou à la genèse des phénomènes physiques tels que la chaleur, les radiations, etc., elle doit faire appel à l'hypothèse du mouvement élémentaire. Des électrons et du mouvement : cela suffit pour faire un atome; la physique peut ensuite partir de ces données pour expliquer les phénomènes de la matière.

N'y a-t-il pas là une analogie frappante entre la

genèse de l'infiniment grand et celle de l'infiniment petit? Des électrons possédant une certaine force vive et liés dans un même mouvement tourbillonnaire suffisent à la conception de l'atome, comme les masses matérielles des astres avec leur énergie cinétique et leur force gravide suffisent à la conception d'un système solaire. D'ailleurs les forces intra-atomiques comme les forces de l'équilibre newtonien ne sont pas les seules manifestations primordiales de l'énergie liée à la matière : les systèmes sidéraux ont leur énergie de translation comme les atomes et les molécules ont leur énergie d'oscillation thermique.

Or, on conçoit que dans les systèmes sidéraux l'énergie de translation et l'énergie giratoire puissent se transformer l'une dans l'autre; les systèmes cosmogoniques les plus séduisants font appel à l'une pour expliquer l'autre. De même l'énergie giratoire intra-atomique peut se transmuter en énergie de translation : les radiations d'émission β en sont un exemple; et celle-ci peut se transformer en énergie d'oscillation thermique quand le projectile β rencontre la matière. Dès lors, nous voyons que tous les phénomènes matériels que nous percevons sont des modalités du mouvement, des mutations de l'énergie.

Ce sont les mutations de l'énergie qui font naître les atomes et les astres, qui font la chaleur, la lumière, tous les phénomènes connus, tout ce qui fait la vie d'un monde et tout ce qui tombe sous nos sens. Nous ne percevons en effet jamais l'énergie elle-même : une énergie stable, une énergie de repos ne produit pas de phénomènes. Quelle que soit la somme d'énergie stable d'un système, si ce système est supposé idéalement immobile et à l'abri des mutations, c'est un système mort. Ceux que préoccupe l'avenir lointain de notre univers ont autant à craindre l'arrêt des mutations de l'énergie, que la perte même de cette énergie. L'univers ne mourrait-il pas fatalement dans l'opulence de ses réserves énergétiques si l'équilibre universel le maintenait dans le statu quo ? Et ne voit-on pas dès lors, qu'invinciblement nous sommes acculés à cette nécessité d'envisager les lois des mutations de l'énergie autant que celle de la conservation de l'énergie dans l'univers, si nous voulons pénétrer un peu de son avenir.

CHAPITRE IV

L'évolution de l'énergie.

149. — Les lois qui régissent l'évolution de l'énergie.

L'étude que nous avons faite de la matière, soit par la physique et la chimie du monde terrestre, soit par la cosmologie, nous a donc conduits à cette conclusion que l'histoire de notre univers tient tout entière dans l'histoire des mutations de l'énergie. Si la prudence ne nous avait pas arrêtés dans la voie des déductions, nous aurions pu même aller plus loin, et après avoir montré comme probable la réduction de l'atome matériel à un agrégat d'électrons, nous aurions pu faire voir combien il était logique de réduire l'électron à une manifestation cinétique, tourbillonnaire sans doute, du milieu immatériel, l'éther, où il prend naissance.

Mais sans aller aussi loin, et en laissant ces conceptions d'ordre métaphysique dans le domaine de l'hypothèse, nous avons pu constater que tous les phénomènes dont nous sommes témoins procèdent des lois générales qui régissent l'évolution de l'énergie. De l'étude des faits particuliers, la science est arrivée à abstraire ces lois, et quelle que soit leur nature, quelles que soient leur universalité et leur nécessité, il nous apparaît comme certain qu'elles s'appliquent sans exception aux phénomènes qui se déroulent dans toute la sphère de notre observation.

Grouper ces lois générales, discuter leur valeur hors de cette sphère restreinte où s'étendent les investigations de la science, c'est-à-dire discuter leur universalité, et cela non seulement dans le présent, mais dans le passé et dans l'avenir, c'est poser les bases mêmes de la solution du problème dont la science ne peut se désintéresser et que j'énonçais au début du premier volume de cet ouvrage : le problème des origines et des destinées de la matière.

Nous savons à présent de la matière ce que la science du xxe siècle nous a appris, nous connaissons les lois des phénomènes dont elle est le siège; il nous reste à faire ce travail de généralisation qui, rapprochant les grands principes établis, nous montrera les limites actuelles de la connaissance humaine.

Or les grands principes qui ont été énoncés maintes fois au cours de cet ouvrage sont les suivants :

1° C'est d'abord le principe de Lavoisier ou loi de conservation de la matière, battu en brèche, comme nous le savons, par la découverte de la radio-activité et les nouvelles conceptions sur la nature de l'atome;

2° C'est le principe de Robert Mayer, ou loi de conservation de l'énergie, la première des trois lois fondamentales de la thermo-dynamique;

3° C'est ensuite le principe de Carnot-Clausius, la deuxième des lois de la thermo-dynamique, celle d'où Clausius a tiré la notion de l'augmentation indéfinie de l'entropie au cours des mutations non réversibles d'un système isolé, celle d'où les physiciens anglais ont tiré la notion parallèle de la dégradation de l'énergie;

4° On peut y ajouter le principe de Hamilton qui complète les lois fondamentales de la thermo-dynamique et qui nous dit la loi d'enchaînement des phénomènes : quand une action doit se produire, elle se produit par la voie qui demande le minimum d'effort entre l'état initial et l'état final.

Depuis que nous savons la matière réductible à de l'énergie, depuis que nous pouvons prévoir comme prochain le jour où l'on saura déterminer l'équivalent énergétique (1) de la matière comme on a déterminé l'équivalent énergétique de la chaleur, depuis, en un mot, que la loi de la conservation de la matière s'absorbe dans la loi de la conservation de l'énergie, ce sont surtout les 2e et 3e principes, celui de Robert Mayer et celui de Carnot-Clausius qui demandent à être discutés et interprétés. Cette discussion, ce travail d'interprétation sont nécessaires, si l'on veut concevoir l'enchaînement des phénomènes qui se déroulent dans un système donné tel que celui où nous vivons. Les deux principes de Mayer et de Carnot-Clausius transformés, élargis depuis leur découverte, peuvent aujourd'hui être énoncés comme *les deux lois fondamentales de l'énergétique*.

(1) Quelques essais de détermination ont déjà été proposés; ainsi Le Bon, admettant comme vitesse moyenne des électrons expulsés par les atomes radio-actifs la vitesse de 100.000 kilomètres à la seconde, et supposant la proportionnalité dans l'atome des masses et des forces vives, estime que 1 gramme de matière équivaut à 510 milliards de kilogrammètres.

150. — Première loi fondamentale de l'énergétique. Loi de la conservation de l'énergie. Principe de Robert Mayer. Ce qui reste du principe de Lavoisier.

En 1841, le Docteur Robert Mayer, né à Heilbronn et alors âgé de 26 ans à peine, proposait à l'éditeur des *Annales de physique* un mémoire dont l'impression fut refusée par Poggendorff, le directeur de cette revue. Dans ce mémoire se trouvait formulé pour la première fois le principe que nous pouvons regarder aujourd'hui comme la loi capitale de l'énergétique, le principe de l'équivalence de la chaleur et du travail, *le principe de la conservation de l'énergie*.

Le refus de Poggendorff, l'indifférence des savants, ont pu créer un joli thème à ceux que révolte parfois l'indifférence de la science officielle à l'énoncé d'idées nouvelles. Les médecins, dont la culture intellectuelle générale est ordinairement poussée assez loin, mais chez lesquels l'insuffisance d'éducation mathématique laisse de déplorables lacunes, sont peut-être les plus exposés à ces déconvenues.

Mais quel directeur de revue, à la place de Poggendorff, n'eût agi comme lui, en parcourant un manuscrit criblé d'erreurs fondamentales, où l'énoncé d'une idée qui choquait la science officielle voisinait avec des formules fausses, telle celle qui faisait de l'énergie cinétique d'un mobile, le produit d'une masse par une vitesse ?

Cependant une idée vraie finit toujours par triompher et Robert Mayer a eu cette gloire posthume, que ne possèdent pas tous les inventeurs, de se voir attribuer tout le mérite de sa découverte. L'idée d'ailleurs était dans l'air. Leibniz avait déjà ramené toutes les formes de l'énergie à l'énergie de mouvement; Joule et Helmholtz, peu après Mayer, et sans connaître ses travaux, regardaient la chaleur comme de nature mécanique.

Aujourd'hui le principe de Robert Mayer peut s'énoncer ainsi : *Dans un système fermé, la somme de l'énergie reste constante, quelles que soient les mutations énergétiques dont il est le siège.*

Par *système fermé*, il faut entendre une région de l'espace occupée par de la matière sous toutes les formes possibles et isolée de toutes les régions voisines, de telle façon qu'elle ne puisse ni par conduction, ni par convection, ni par radiation, ni autrement recevoir ni abandonner aucune parcelle d'énergie. Cela revient à dire : dans un système fermé, l'énergie ne se perd, ni ne se crée.

Nous avons trop souvent, au cours de cet ouvrage, insisté sur l'équivalence des diverses formes de l'énergie et en particulier sur l'équivalence de la chaleur et du travail pour nous attarder ici à cette étude. Le principe de Robert Mayer que nous formulons est comme un résumé des idées développées dans les chapitres précédents. Mais la question qui se pose est celle de la limite jusqu'à laquelle on peut l'appliquer.

Lorsque la science, opérant la synthèse d'une série de phénomènes observés, en extrait une loi, lorsque, passant de l'observation à l'expérimentation, elle constate l'application de cette loi à tous les faits particuliers qui pourraient la vérifier ou la contredire, elle a le droit de conclure qu'elle a mis au jour un principe qui présente un caractère de généralité et de nécessité au moins *très étendu*.

A-t-elle le droit, parce qu'elle ne lui trouve actuellement aucune exception, de conclure à son universalité et de le déclarer vrai hors du cercle de son observation? Non évidemment, et tout au plus peut-elle regarder son application comme une *grande probabilité*; sans quoi elle s'expose à des erreurs.

Je n'en veux pour exemple que l'histoire du principe de la conservation de la matière. A la suite de mémorables expériences, Lavoisier conclut qu'au cours des réactions chimiques et des changements d'état physique, pas une parcelle de matière ne se perd dans la nature. Et l'avenir n'a pas démenti la rigueur de ses observations. Des expériences de H. Landolt exécutées depuis dans des conditions de précision à l'abri de toute critique n'ont-elles pas vérifié que le poids des produits d'une réaction est bien égal à la somme des poids des corps réagissant, et que jamais les écarts constatés ne dépassent les limites des erreurs expérimentales possibles? Cette déduction restera éternellement vraie si on la renferme dans les limites du champ d'observation où s'est placé le grand chimiste du siècle de la révolution française. Elle ne serait plus qu'une probabilité si on allait au delà; or il y a deux moyens d'aller au delà; c'est d'abord d'observer des phénomènes qui ne sont ni des réactions chimiques, ni des changements d'état physique proprement dits; c'est ensuite de ne plus considérer seulement les changements de masse décelables par la balance, mais ceux qui se révèlent à nous par des manifestations d'un autre ordre, et qui sont trop faibles pour que des pesées, même très précises, puissent les traduire.

Nous savons déjà que les phénomènes radio-actifs qui ne sont ni des réactions chimiques, ni des changements d'état physique ordinaires ont mis en défaut le principe de Lavoisier. Nous savons d'autre part qu'une certaine radio-activité constatée au cours de quelques réactions chimiques a pu faire émettre des doutes sur la conservation rigoureuse de la masse des composants; et, bien que les physiciens soient presque tous d'accord pour ne pas voir dans cette radio-activité un phénomène de désagrégation atomique, bien que les expériences les plus récentes confirment encore cette opinion que pas un phénomène physique ni chimique n'active, ni ne retarde les processus de désagrégation des substances radio-actives, il faut tout au moins n'affirmer qu'avec une grande prudence et une certaine réserve la conservation absolue de la masse au cours des mutations matérielles.

Que ces remarques soient pour nous un enseignement. En effet, à quelles conséquences ne nous aurait pas conduits le principe de Lavoisier, si nous lui avions attribué l'universalité absolue? La matière étant indestructible et par suite éternelle; c'était le dualisme originel du monde qui s'imposait à la philosophie, à moins que des croyances extra-scientifiques n'eussent fait intervenir le miracle dans la genèse.

Aujourd'hui si le principe de la conservation de la matière est restreint à des cas particuliers, celui de la conservation de l'énergie, ou principe de Robert Mayer, jouit d'une autorité incontestée. Bien plus, la matière tendant de plus en plus à être regardée comme une phase de l'énergie, les deux principes de Lavoisier et de

Robert Mayer se complètent pour faire considérer la première loi de l'énergétique contemporaine comme une loi générale.

Cette loi nous paraît s'appliquer à tous les mouvements de la nature, aux forces vives sidérales, comme à la cinétique de l'infiniment petit, à la mécanique de la matière, comme à l'agitation thermique, comme aux forces intra-atomiques, comme aux ondulations de ce milieu qui n'est plus de la matière et qui nous transmet l'énergie à travers les espaces vides. Si bien que l'intelligence humaine ne conçoit rien en dehors de la sphère tributaire du grand principe de la conservation de l'énergie; et, ne pouvant rien concevoir en dehors de cette sphère, elle est naturellement portée à faire de lui une loi universelle dont l'application est illimitée dans le temps et dans l'espace.

Devant cette tendance à l'universalisation du principe, n'oublions donc pas cette restriction fondamentale que tout système philosophique doit poser en tête de ses colonnes : le principe de la conservation de l'énergie est certain et rigoureux *dans tout le champ actuel de l'observation humaine*; au-delà il doit seulement être regardé comme une probabilité. Nous verrons plus tard dans quel sens on peut entendre cette réserve.

151. — Deuxième loi fondamentale de l'énergétique. Sa première ébauche. Principe de Carnot.

Nous allons ici nous trouver en présence de notions encore peu vulgarisées. Le premier principe de l'énergétique est devenu classique, le second ne l'est pas encore. La raison en est surtout dans ce fait qu'il est difficile à exposer. Pourtant son importance est considérable. Les déductions philosophiques qu'il entraîne sont bien faites pour captiver l'attention de tous les penseurs.

Essayons d'en préciser les termes.

Tout d'abord rendons-nous compte de la valeur de cette expression : *quantité d'énergie*, dont nous a parlé le premier principe. L'énergie, nous le savons, n'est pas directement accessible à notre conception : nous jugeons de la quantité d'énergie par l'effet qu'elle produit quand cet effet nous est accessible ; et l'effet *travail mécanique* est le plus facile à apprécier : quand différentes modalités de l'énergie produisent une même quantité de travail mécanique, les quantités d'énergie mises en jeu sont égales à supposer que la transformation soit intégrale, je veux dire, à supposer que toute l'énergie dépensée soit convertie en travail mécanique. En pareil cas le travail mécanique pourra, en se détruisant, reconstituer la quantité d'énergie qui lui a donné naissance; et si l'on considère le système en voie de transformation on devra admettre qu'indifféremment, à ce moment considéré, la transformation de l'énergie puisse s'accomplir dans un sens ou dans l'autre. C'est ce qu'on appelle une *transformation réversible.*

Or nous savons déjà (Cf. § 12), que la quantité d'énergie, capable de produire le même travail mécanique, peut être de qualité(1) différente.

(1) Le mot *qualité* est pris dans un sens général; on dit de même : qualité des rayons X pour indiquer le degré de leur pouvoir de pénétration, qualité des rayons lumineux pour indiquer leur place dans la gamme des longueurs d'onde. Certains physiciens, et Brunhes en particulier, entendent la *qualité de l'énergie* dans le sens de *valeur d'utilisation* de l'énergie : la chaleur est ainsi une forme de l'énergie de *qualité* inférieure.

Ainsi l'énergie rendue disponible dans la chute de 100 litres d'eau, d'une hauteur de 1 mètre, est la même que celle donnée par 1 litre d'eau tombant de 100 mètres. Une machine idéale, où le coefficient de transformation serait égal à l'unité, permettrait, avec les 100 kilogrammètres donnés par la chute des cent premiers litres, d'élever 1 litre à 100 mètres, ou inversement.

De même l'énergie rendue disponible par la chute de 100 coulombs d'une hauteur de 1 volt, ou, si l'on veut, par la chute de potentiel de 1 volt subie par une quantité d'électricité de 100 coulombs, est égale à l'énergie de 1 coulomb tombant de 100 volts.

Il en est de même de toutes les formes de l'énergie ; ce que nous appelons quantité d'énergie est ordinairement un produit de deux facteurs. Dans les exemples cités, l'un d'eux est une *tension* ou une hauteur de chute, l'autre une *quantité de quelque chose*, quantité de matière ici, quantité d'électrons là.

Si je rappelle ces notions, déjà exprimées au cours de cet ouvrage, c'est pour arriver à concevoir, sous sa juste face, la quantité d'*énergie thermique*, conception sans laquelle le 2e principe de l'énergétique est incompréhensible.

Si, par analogie, nous disions : la quantité d'énergie thermique est faite de deux facteurs : un facteur tension, le *degré thermométrique*, et un facteur *quantité de quelque chose*, nous arriverions d'emblée à concevoir ce second principe comme l'a conçu Carnot, c'est-à-dire d'une façon erronée.

Sadi Carnot, fils de Lazare Carnot dont l'histoire de la Révolution a conservé le nom glorieux, publia en 1824, à l'âge de 28 ans, son ouvrage principal sur le fonctionnement des machines à vapeur. « *Réflexions sur la puissance motrice du feu* ».

Dans cet ouvrage, il formule cette idée que le travail produit par la machine à vapeur est assimilable au travail produit par une chute d'eau. La chaleur tombe d'un degré thermométrique plus élevé à un degré inférieur *en se conservant entière*, comme l'eau tombe d'un niveau supérieur à un niveau inférieur sans diminuer sa masse. Cette chute de tension produit le travail mécanique.

Cette idée lui paraît tellement claire qu'il ne craint pas de la développer. « La production de la puissance motrice, « conclut-il à la suite d'un de ses exposés, est donc due « dans les machines à vapeur, non à une consommation « réelle du calorique, mais à son transport d'un corps « chaud à un corps froid... Il ne suffit pas, pour donner « naissance à la puissance motrice, de se procurer de la « chaleur, il faut encore se procurer du froid. Sans lui « la chaleur serait inutile ». Ecoulement du calorique entre la chaudière et le condenseur : tel est, d'après lui, le phénomène essentiel qui donnait lieu à la puissance motrice.

Quand la chaleur s'écoule par conduction (frottement par exemple) sans produire de travail, il y a, d'après Carnot, perte de travail et tout changement qui s'accompagne de perte de travail n'est pas réversible.

De ces considérations, il tire la théorie suivante : Dans une machine thermique supposée réversible, il y a travail mécanique produit si de la chaleur passe d'une source plus chaude à une source plus froide ; mais dans les machines réelles, de la chaleur peut passer d'une source plus chaude à une source plus froide sans production de travail. Dans toutes ces mutations, la *quantité de chaleur* reste entière.

Telle est la première forme sous laquelle s'est présenté le 2e principe de l'énergétique. Il renferme en puissance la loi fondamentale de la dégradation de *l'énergie utilisable* en *chaleur*.

152. — Contradiction apparente entre la loi ébauchée par Carnot et le principe de la conservation de l'énergie.

Le lecteur qui aura cherché à comprendre l'énoncé de Carnot, après s'être pénétré du principe de l'équivalence de la chaleur et du travail aura certainement aperçu une contradiction manifeste entre les deux lois. Le mot *quantité de chaleur* s'y trouve en effet employé dans deux sens différents.

Aujourd'hui nous sommes habitués à regarder la chaleur comme de l'énergie de mouvement : la quantité de chaleur est une quantité d'énergie, *c'est dans ce sens que la considère le principe de Mayer*. Si nous comparons les phénomènes thermiques aux phénomènes électriques, la quantité d'énergie thermique est assimilable à une quantité de watts (produit du nombre de coulombs par le nombre de volts qui les mobilisent.)

Au contraire, quand nous étudions la formule de Carnot la quantité de chaleur désigne autre chose que de l'énergie. Il faut d'ailleurs bien se représenter que ce travail est de 20 ans antérieur à celui de Mayer, et qu'à ce moment, personne ne soupçonnait l'équivalence de la chaleur et de l'énergie mécanique. Pour que cette quantité de chaleur devienne une source d'énergie d'après Carnot, il faut, telle une quantité d'eau, telle une quantité de coulombs électriques, qu'elle soit dénivelée, qu'elle présente une hauteur de chute ou une différence de potentiel, qu'elle présente une *différence de degré thermométrique* avec un autre corps du système. En vertu de cette dénivellation elle tombe *sans se consommer :* son déplacement produit du travail.

Cette sorte de contradiction, qui a pu arrêter un moment le lecteur, a préoccupé aussi beaucoup de physiciens 25 ans après la publication de l'opuscule de Sadi Carnot. A ce moment en effet, les travaux de Robert Mayer, Joule, Helmholtz, commençaient à être connus. On entrevoyait à peu près nettement le principe de la conservation de l'énergie ; on comprenait les mutations de l'énergie thermique et de l'énergie mécanique, et, la nature cinétique de la chaleur étant mise au jour, le terme *quantité de chaleur* commençait à prendre son juste sens, je veux dire celui de *quantité d'énergie.*

Lord Kelvin (alors W. Thomson) aperçut la contradiction sous son aspect le plus troublant, en se posant cette question : si dans les machines à feu, la chaleur, tombant d'un degré plus élevé à un degré plus bas, produit du travail, comment peut-il se faire que la chute de température par conduction s'opère sans production de travail? D'autre part, si de la chaleur disparaît quand il y a travail produit, conformément au principe de Mayer et contrairement aux idées de Carnot, que signifie donc la quantité employée par Carnot sous le nom de quantité de chaleur ou quantité de calorique qui figure dans toutes ses formules? C'est Clausius qui établit l'accord entre les deux principes en définissant précisément cette quantité visée par Carnot, en montrant sa valeur devant les nouvelles conceptions de la science.

153. — Modification de la formule de Carnot par Clausius. La notion de l'Entropie.

Les travaux de Clausius, *privatdocent* à l'Université de Berlin, ont eu le mérite de faire voir d'abord que la *quantité de calorique* visée par Carnot répond à une notion importante, ensuite que les formules de Carnot, dans lesquelles figure constamment cette quantité, si différente de la quantité d'énergie thermique de Mayer, Joule, Helmholtz, conduisent à l'énoncé d'une loi fondamentale qui régit toutes les mutations réelles de l'énergie.

Sans suivre Clausius dans la complexité d'un raisonnement analytique à la portée seulement de ceux qui possèdent une haute culture mathématique, nous allons tâcher de faire comprendre les nouvelles notions introduites par lui dans la science.

Nous savons que quand une machine thermique transforme de la chaleur en travail, il y a forcément échauffement d'une source froide : c'est l'énoncé même du principe de Carnot et nous en voyons la nécessité si nous songeons que ce qui produit le travail c'est une modification physique (telle que l'expansion gazeuse) subie par le corps froid en voie d'échauffement. (Cf. § 32, p. 77 et 78).

Donc une partie de l'énergie thermique mise en jeu

passe, *à l'état de chaleur* transmise, au corps froid qui s'échauffe, une autre partie de l'énergie thermique mise en jeu est convertie en *travail*. Carnot, en formulant cette loi que le passage de chaleur d'un corps chaud à un corps froid est nécessaire pour qu'il y ait production de travail, a donc formulé une loi juste. En supposant que la quantité de chaleur prise par le corps froid est égale à la quantité de chaleur perdue par le corps chaud, il a fait une erreur.

Voici comment furent élargies es conclusions de Carnot.

1° *Clausius précise la fonction de Carnot.* — Carnot avait cru pouvoir établir ce fait que quand une quantité de calorique, tombant d'un niveau plus élevé à un niveau plus bas, produit du travail, le travail produit dépend dans une certaine mesure de la température absolue. Cette relation entre la quantité de calorique des corps mis en présence et la température absolue ne put être déterminée par lui faute de données suffisantes. Clausius discerna l'importance de cette relation ; et, appliquant les formules de Carnot au cas d'un gaz idéal, il vit qu'elle varie d'une façon inversement proportionnelle à la température absolue : la fonction cherchée par Carnot était $\frac{1}{T}$ et, quand une machine idéale travaille entre les températures absolues T et T', l'énergie thermique convertie en travail est une fraction de l'énergie totale du système égale à $\frac{T-T'}{T}$.

Ceci est un premier pas fait dans la question. Tâchons de donner un sens concret à la notion acquise. Il faut que le lecteur se rende compte que nous avons à considérer dans l'évolution de l'énergie thermique la quantité de chaleur mise en jeu et la quantité de chaleur totale. Si nous prenons un corps à 100° centigrades soit $T = 373°$ absolus, puis à 0° centigrade, soit $T' = 273°$ absolus, il aura perdu de l'énergie thermique, mais il possèdera encore toute l'énergie thermique qui correspondrait à l'abaissement de sa température de 0° centigrade ou 273° absolus, au zéro absolu. La quantité d'énergie thermique employée est, pour les gaz parfaits, à la quantité d'énergie totale qu'il possédait au début, comme 100° est à 373° ou comme T-T′ est à T. Voilà ce que Clausius a établi par le calcul.

Fixons les idées par une comparaison : si l'on a une pile de 373 pièces de 1 franc, colonne dans laquelle les lignes de séparation de chaque pièce peuvent figurer les degrés thermiques d'une échelle, et si l'on en prend 100 pour les convertir en objets utiles, on aura converti $\frac{373\text{-}273}{373}$ ou $\frac{T\text{-}T'}{T}$ de la provision.

2° *Clausius établit l'importance de la fonction* $\frac{Q}{T}$. — Si au lieu d'avoir une seule pile, nous avions une quantité Q de pièces de 1 franc réparties en 10 piles de 373 pièces, chaque fois que nous prendrions les 100 degrés supérieurs de toutes nos piles nous prendrions encore une fraction $\frac{T\text{-}T'}{T}$ de cette quantité Q. Nous prendrions : $Q\,\frac{T\text{-}T'}{T}$ ou $\frac{Q}{T}(T\text{-}T')$.

Si nous nous livrons à ce petit exercice, c'est pour montrer comment il nous conduit à considérer une nouvelle fonction $\frac{Q}{T}$ qui va prendre une importance considérable. Clausius la vit reparaître à tout moment. Produit de la fonction de Carnot par la quantité d'énergie thermique, elle représente dans notre exemple le nombre de piles de monnaie qui reste constant au cours de nos opérations, elle est le quotient de notre capital par la hauteur de nos piles. Quand nous faisons une opération diminuant de 1, 2, 3... degrés, ou si l'on veut de T-T', la hauteur de nos piles, nous mettons en jeu un nombre de 1, 2, 3... (ou T-T') pièces de 1 franc multiplié par $\frac{Q}{T}$ le nombre de piles, et cette quantité mise en jeu $\frac{(T - T')Q}{T}$ est encore le quotient d'une quantité de numéraire par la hauteur primitive des piles.

Retenons de cette comparaison grossière qui ne peut d'ailleurs se soutenir que pour le cas des gaz parfaits et pour une transformation idéale, que nous pouvons voir sortir de ces opérations une fonction de la forme $\frac{Q}{T}$, quotient d'une quantité d'énergie thermique par une température absolue.

3° *Clausius donne à la fonction* $\frac{Q}{T}$ *le nom d'Entropie.* — Clausius a mis en relief l'utilité de cette fonction abstraite. Il lui a donné le nom *de valeur de transformation* quand on considère la quantité de chaleur émise au cours d'une mutation, et, quand on considère la quantité totale d'énergie thermique d'un système, celui d'*Entropie.*

Il n'est guère de lecteurs s'intéressant à la vulgarisation scientifique chez lequel ce mot d'*entropie* n'éveille un sentiment de malaise. A chaque instant ne s'est-il pas heurté déjà à cette chose abstraite qu'il a eu envie de gratifier de son indifférence chaque fois qu'il l'a rencontrée, et qui, irritante, est revenue sans cesse se poster sur sa route? C'est que cette chose a une propriété effrayante : la science nous dit qu'elle augmente indéfiniment pendant que nous marchons à la mort, et que c'est précisément parce qu'elle augmente que nous allons vers le champ de l'éternel repos.

« Il est très pénible, dit M. Le Dantec, d'entendre dire aux mathématiciens qu'il y a dans le monde, quelque chose qui grandit sans cesse et dont on ne peut connaître la nature; l'*Entropie* serait une notion purement mathématique et pour laquelle on ne pourrait trouver d'équivalent en langage humain. Nous sommes d'autant plus agacés de cette impossibilité de traduction que, de l'accroissement incessant de ce « je ne sais quoi » certains physiciens philosophes ont tiré des conclusions relatives à la fin du monde... Chaque fois, ajoute-t-il, que j'ai essayé, au cours de mes études de biologie générale, d'utiliser les résultats de la thermo-dynamique j'ai été gêné par l'existence de cette notion mathématique non traduite en langage vulgaire... » (1); et, que l'on ne s'abuse pas, l'auteur qui écrit ces lignes, pour être un biologiste éminent, n'en possède pas moins les notions générales de physique et de mathématiques qui permettent de suivre la parturition laborieuse de l'entropie à partir des formules de la thermo-dynamique.

On doit donc savoir que quand on entreprend la conquête de l'Entropie, on ne s'embarque pas pour une par-

(1) F. Le Dantec. Une interprétation concrète de l'Entropie. *Revue scientifique*, 6 février 1910.

tie de plaisir, mais d'autre part on peut prévoir que le butin qu'on en rapportera compensera largement les efforts dépensés.

Or nous avons vu tout à l'heure comment, du dédale de l'appareil mathématique, étaient sorties deux fonctions dont l'utilité a été entrevue; celle de Carnot de la forme $\frac{1}{T}$, celle de Clausius de la forme $\frac{Q}{T}$. Attachons-nous un moment à cette dernière et voyons comment Clausius l'a établie.

154. — Valeur de transformation d'une mutation et Entropie d'après Clausius.

1° *Clausius définit la valeur de transformation d'une mutation dans un cycle réversible et dans un cycle réel.* — Clausius considère d'abord un cycle isothermique, c'est-à-dire une série de phénomènes au cours desquels la température T est constante et qui ramène le système à son état initial. Soit q la quantité d'énergie thermique dégagée : Clausius appelle le quotient $\varepsilon = \frac{q}{T}$ la *valeur de transformation* de la mutation, T étant la température absolue constante.

Une petite difficulté n'arrêtera pas le lecteur : les transformations ne sont ordinairement pas iso-thermiques, et en ce cas, T varie à tout moment, d'où une modification nécessaire de l'égalité. Voici comment on raisonnera : on divisera la mutation en une série de n étapes caractérisées par les températures initiales T_0, T_1, T_2,.. T_{n-1}, et les quantités de chaleur mises en jeu pour chacune d'elles seront q_o, q_1, $q_2 \ldots q_{n-1}$; la valeur de transformation totale sera la somme :

$$\frac{q_o}{T_o} + \frac{q_1}{T_1} + \frac{q_2}{T_2} + \ldots \frac{q_{n-1}}{T_{n-1}};$$

et, en poussant à la limite, le nombre n des étapes devenant infini, la valeur de transformation ε sera :

$$\varepsilon = \lim \frac{q_o}{T_o} + \frac{q_1}{T_1} + \frac{q_2}{T_2} \ldots + \frac{q_{n-1}}{T_{n-1}}.$$

Si la valeur de transformation ε est nulle, il s'agit d'une transformation réversible; si elle est plus grande que zéro, il s'agit d'une transformation réelle; ainsi, dans toute mutation réelle ramenant un système à son point de départ, il y a toujours une certaine quantité de chaleur émise. Si T est constant, la quantité q de chaleur dégagée par le système donne, si on l'exprime en unités de travail, je veux dire si on la multiplie par l'équivalent mécanique de la chaleur, le travail effectué durant le cycle, à supposer que la force vive possédée par le système soit la même à la fin du cycle qu'au commencement.

Dans le cas où aucune source d'énergie extérieure ne pourrait fournir de travail, la force vive du système devrait forcément diminuer, d'où l'impossibilité du mouvement perpétuel.

On voit ici un nouvel aspect du principe de Carnot : de ce que, au cours d'un cycle réel, la quantité de chaleur dégagée par un système isolé est plus grande que la quantité reçue, le mouvement perpétuel est impossible.

Mais poursuivons le raisonnement de Clausius.

2° *Clausius établit ensuite que dans une chaîne ouverte réversible, la différence d'entropie est égale à la valeur de transformation.* — Si au lieu d'envisager un *cycle* réversible ou réel, nous prenons une chaîne de mutations *ouverte*, on peut considérer que la valeur de transformation ε, dans le cas de mutations réversibles, représente le changement d'état subi par le système depuis un état initial S_0 jusqu'à un état final S_1.

C'est à cette grandeur S_0 , S_1, que Clausius a donné le nom d'*Entropie*. Ainsi la valeur de transformation d'une modification réversible représente la diminution de l'entropie du système au cours de cette modification et l'entropie est ce qui, dans ces systèmes en évolution, varie, lorsque la valeur de transformation est différente de zéro. Mais n'oublions pas que nous sommes là en présence de mutations idéales et nous supposons implicitement que la chaleur dégagée au moment considéré, par la nature même des mutations, peut être intégralement récupérée en travail. S'il s'agit de phénomènes réels cette condition n'est pas remplie; la valeur de transformation ε est alors plus grande que la différence d'entropie $S_0 - S_1$.

3° *Clausius montre enfin que dans un système isolé, siège de mutations réelles dont la chaîne est forcément ouverte, la valeur de transformation est nulle, et l'entropie croissante.* — La différence d'entropie, égale à zéro dans tout cycle réversible ou réel, et en général différente de zéro dans toute chaîne de mutations ouverte, est donc égale à la valeur de transformation si les mutations sont réversibles et à cette valeur de transformation diminuée d'une certaine quantité x si les mutations sont réelles.

De ce qu'un système *isolé*, ne recevant d'énergie d'aucun autre système, ne peut, s'il est le siège de mutations énergétiques réelles subir que des variations où la quantité de chaleur dégagée est nulle (1) et par suite ε, valeur de transformation, nulle aussi, le changement d'entropie $S_0 - S_1$ est égal à $o - x$, c'est-à-dire que S_1, entropie finale est plus grand que S_0, entropie initiale.

Cette inégalité établit *l'augmentation de l'entropie au cours de tous les phénomènes réels*. C'est là le fait si important qui doit retenir un moment notre attention.

155. — L'augmentation de l'entropie au cours des mutations réelles. Nouvelles définitions du principe de Carnot-Clausius.

Toutes les fois que dans la nature s'opère une mutation, il y a une partie plus ou moins grande de l'énergie mise en jeu qui est convertie en chaleur et dissipée par conduction aux objets voisins. En un mot, comme le dit Ostwald « la partie non réversible de toute opération « thermique peut toujours, en dernière analyse, être « ramenée à une conduction de chaleur ». Nous avons déjà vu comment Clausius a montré l'augmentation d'entropie nécessaire des systèmes isolés. On arrive à cette conception par une autre voie, en démontrant ce fait fondamental que dans le phénomène de l'égalisation des températures par conduction sans travail produit, il y a augmentation du quotient $\frac{Q}{T}$; voici comment :

(1) Puisque, n'ayant aucune relation avec les systèmes voisins il ne peut faire aucun échange.

Si l'on prend deux corps à des températures différentes et si on les met en contact, au bout d'un certain temps ils ont pris une température uniforme : une certaine quantité d'énergie thermique a passé du corps le plus chaud sur le plus froid.

Considérons un moment quelconque du phénomène, moment auquel le corps le plus chaud en voie de refroidissement se trouve à la température T, et le corps le plus froid, en voie d'échauffement, à la température T'. A ce moment précis, l'entropie du premier est $\frac{Q}{T}$; l'entropie du second est $\frac{Q'}{T'}$ (Q et Q' étant les quantités d'énergie thermique respectives des deux corps au moment considéré).

Plaçons-nous à présent à un intervalle de temps excessivement court après notre première observation : une quantité dQ de chaleur aura passé du 1er corps sur le second, l'énergie thermique du premier sera devenue $Q - dQ$, celle du second $Q' + dQ$.

La variation d'entropie du premier aura été $-\frac{dQ}{T}$ celle du second $+\frac{dQ}{T'}$.

Or comme T est toujours supérieur à T' jusqu'à égalisation des degrés thermiques, la variation d'entropie $\left(+\frac{dQ}{T'} - \frac{dQ}{T}\right)$ qui caractérise chaque intervalle de temps successif de la mutation est une *augmentation*, et en fin de compte si l'on intègre ces variations élémentaires, on arrive à ce résultat que toute égalisation thermique par conduction a pour conséquence une *augmentation de l'entropie*.

A la lumière de cette conception, le principe de Carnot prenait une signification remarquablement importante.

La transformation de la chaleur en travail n'est pas intégrale : elle ne peut s'opérer que si un corps plus froid se trouve en présence d'un corps plus chaud, et si le corps plus froid s'échauffe. Cet échauffement du corps froid correspond *à un déplacement de chaleur par conduction*, sans travail produit (la fraction d'énergie thermique convertie en travail ne pouvant se retrouver en énergie thermique sur le dernier corps), de sorte que dans toute transformation de chaleur en travail il y a une perte par conduction, il y a *augmentation de l'entropie*.

Telle est le sens du principe de Carnot-Clausius. Nous allons voir à présent comment ces données peuvent nous apparaître sous un aspect plus concret.

156. — Expression concrète du 2e principe de l'énergétique. La dégradation de l'énergie.

Nous savons que si les mutations qui s'opèrent dans la nature étaient des mutations réversibles, je veux dire si elles étaient constituées par des phénomènes se succédant indifféremment dans un sens ou dans l'autre, non seulement au cours de ces mutations l'énergie se conserverait intégralement en quantité, mais elle conserverait sa même valeur utilisable, étant toujours apte à subir les mêmes mutations. N'importe quel cycle de phénomènes pourrait indéfiniment être produit dans un sens ou dans l'autre; indéfiniment on pourrait repasser par les mêmes phases.

Il n'en est pas ainsi dans la réalité. Au cours de tous les changements il y a production de chaleur, et la chaleur ne peut redonner du travail mécanique que conformément au principe de Carnot; c'est-à-dire que le travail récupéré sera toujours inférieur au travail qui lui a donné naissance.

Conversion d'une partie de l'énergie mécanique en énergie thermique au cours de toutes les mutations réelles;

Impossibilité de convertir intégralement la chaleur en travail, ou énergie utilisable.

Tels sont les deux faits qui dominent la transformation de l'énergie.

En d'autres termes, la chaleur a une valeur utile inférieure aux autres formes de l'énergie, c'est une *forme dégradée* de l'énergie, et la quantité de l'énergie utilisable va fatalement en diminuant dans un système isolé, siège de mutations réelles, par suite de cette double tendance, tendance à la conversion d'une partie de l'énergie en chaleur, tendance à l'égalisation des tensions thermiques.

Ainsi le principe de Carnot renferme en lui-même une proposition d'une importance capitale qu'on peut énoncer sous une forme abstraite en disant que, *dans un système fermé, l'entropie augmente indéfiniment* ou d'une façon concrète en disant que *l'énergie se dégrade et devient de moins en moins utilisable.*

Quelle que soit la manière d'envisager cette proposition, ses conséquences sont les mêmes, si l'on étend à l'univers les lois que nous observons dans notre système, comme l'ont fait W. Thomson et, après lui, un grand nombre de physiciens : l'univers tend vers l'égalisation des différences thermiques ou, ce qui revient au même, l'énergie se dégrade indéfiniment et devient de moins en moins utilisable, ou enfin l'entropie de l'univers tend vers un maximum. Nous discuterons bientôt la valeur de cette déduction.

Mais auparavant je voudrais attirer l'attention du lecteur sur la signification de ce fait constaté à chaque pas de notre existence et à chaque instant énoncé au cours de cet ouvrage : les mutations réelles, à l'encontre des mutations réversibles, s'opèrent dans un sens déterminé ; ce sens est connu, il peut être prévu d'avance. Les lois chimiques du travail maximum (de la chaleur dégagée maxima), les lois physiques des mutations de l'énergie, impliquent toutes ce principe que toujours, dans les phénomènes réels, il y a dégradation d'une partie de l'énergie mise en jeu en chaleur et dissipation de l'énergie utilisable sans diminution de l'énergie totale.

L'ordre d'évolution des phénomènes est précisément réglé de telle façon que la perte soit maxima. On s'expliquerait mal d'ailleurs la tendance des phénomènes à évoluer dans un certain sens si quelque chose ne se perdait pas, si tout se conservait intégralement égal. Et c'est précisément la perte de grade de l'énergie, la diminution de l'énergie utilisable, qui constitue cette force mystérieuse par laquelle sont dirigées les mutations réelles, les phénomènes de la nature. C'est l'intensité de cette dégradation qui marque la route, si bien qu'entre deux transformations différentes dont le terme final correspond à la même dégradation énergétique la nature hésite et prend indifféremment l'une ou l'autre voie.

Ainsi, si des phénomèmes se passent dans la nature, si des combinaisons chimiques s'opèrent, si des affinités se manifestent, si des changements s'effectuent dans la statique de la matière, de l'électricité et de l'énergie, c'est parce que quelque chose se perd et ce quelque chose est le grade de l'énergie. Présentée de cette façon, la loi de nature devient accessible à l'esprit humain. Elle lui devient plus accessible que s'il cherche à se l'expliquer par l'augmentation continuelle de cette chose abstraite que nous avons appelée l'entropie.

Si pourtant le lecteur veut, à présent qu'il conçoit sous sa face la plus accessible la loi de nature, chercher une représentation concrète de l'entropie, il trouvera dans cet exercice un certain profit, ne serait-ce que celui de voir qu'aucune représentation n'est satisfaisante. Dans la comparaison que j'ai faite ci-dessus, l'entropie $\frac{Q}{T}$ représentait le nombre de piles de pièces de monnaie; plus il y avait de piles, moins chacune d'elles était élevée, et plus le $\frac{Q}{T}$ était considérable, la somme totale restant la même. Généralisant une idée analogue M. Le Dantec, que j'ai déjà cité, définit ainsi l'entropie : c'est *l'encombrement de l'énergie thermique par la matière*; en effet l'entropie représente, dans un certain sens, la quantité de matière sur laquelle est répartie cette énergie. Quand l'entropie augmente, la quantité d'énergie restant fixe, c'est d'une façon générale, le nombre de molécules agitées qui augmente. De même quand le $\frac{Q}{T}$ de notre exemple monétaire augmente, la quantité d'argent restant la même, c'est l'encombrement des piles qui augmente; seulement si l'image est simple, elle est insuffisante. Elle peut aider à la conception de l'entropie, mais elle ne donne pas à elle seule la loi d'évolution des phénomènes. Il faudrait y adjoindre cette notion fondamentale que dans l'égalisation des températures sans perte d'énergie thermique et sans travail produit, je veux dire par conduction, l'entropie augmente; et ceci se représente difficilement d'une façon concrète. Habituons-nous donc à manier l'entropie comme une grandeur abstraite qui nous donne numériquement la formule d'évolution des phénomènes, et quand nous voulons voir cette loi d'évolution sous son aspect concret, employons de préférence l'image de la dégradation et de la perte progressive de l'énergie utilisable.

157. — Les deux principes de l'énergétique et l'évolution de notre globe. Origine et fin du monde

Il est une question souvent discutée par les moins érudits et qu'on se plaît à poser sous cette forme : le monde a-t-il commencé, et finira-t-il? Y a-t-il eu dans le passé une « création du monde », y aura-t-il dans l'avenir une « fin du monde »? Si l'on veut éviter des confusions regrettables, il faut bien distinguer avant d'y répondre, entre « notre monde » et « l'univers ».

Ce que la science répond à cette question, à mon sens, et je vais le montrer au cours de ce paragraphe et du suivant, c'est d'une part que *notre monde solaire* a eu son commencement : les théories cosmogoniques tendent à l'expliquer; qu'il évolue conformément aux deux principes de l'énergétique comme un système *non isolé* et qu'il aura sa fin. C'est d'autre part que l'univers nous apparaît comme un cycle indéfini où les systèmes naissent, évoluent et meurent à tour de rôle, mais qui, lui, est un éternel renouvellement. Dans cet univers sans commencement, ni fin, les mondes surgissent tour à tour, et, des cendres de ceux qui meurent, renaîssent les mondes nouveaux, comme sur notre terre, les générations nouvelles naissent et se nourrissent des molécules qui chaque jour sont rendues à la nature inerte par les êtres qui succombent.

Voyons donc d'abord comment évolue notre globe et comment les deux principes de l'énergétique régissent sa vie.

Système non isolé, puisqu'il rayonne sans cesse de l'énergie vers les espaces intersidéraux et que sans cesse il reçoit les radiations solaires et stellaires, le premier principe de l'énergétique ne lui est applicable qu'en ce sens qu'il permet de faire le bilan de ses recettes et de ses dépenses et de connaître ses réserves. Rien ne se perd en route, toute l'énergie se retrouve, mais elle circule, subissant une loi déterminée, la loi de dégradation. Si le soleil cessait un jour de nous envoyer ses rayons, la quantité d'énergie de notre globe se dissiperait peu à peu par le rayonnement thermique qu'il émet, en même temps que l'énergie conservée *se dégraderait* de jour en jour. Nous pouvons donc dire que notre vie est suspendue à l'activité solaire et l'on conçoit que les origines de la chaleur solaire aient été et soient encore l'un des sujets les plus passionnants de la physique cosmologique.

Un mètre carré de surface terrestre exposée normalement au soleil reçoit en moyenne 0,3 grande calorie par seconde. Un calcul facile permet de tirer de là que le soleil perd au total annuellement $2,7 \times 10^{30}$ grandes calories par an, et, sa masse étant $1,9 \times 10^{30}$, il se refroidirait de 1°4 environ annuellement (Pouillet) si la source thermique n'était pas entretenue, ce qui limiterait singulièrement sa vie, son degré thermique étant évalué à 6 ou 7.000°.

Par quoi donc est entretenue cette chaleur? Combien de temps sera-t-elle entretenue? Telle est la question vitale pour nous.

Si cette chaleur était d'origine chimique, si elle était due par exemple à des combustions intenses du même ordre que la combustion du charbon sur notre globe, on peut calculer qu'en moins de 6.000 ans la réserve serait épuisée.

Parmi les explications proposées nous en retiendrons seulement quelques-unes.

H. Mayer attribue la chaleur solaire au choc des météorites. La pesanteur étant environ 27 fois plus considérable à la surface du soleil qu'à celle de la terre, et la vitesse des projectiles arrivant de distances supposées infinies étant voisine de 624 kilomètres à la seconde, on aurait ainsi un apport de 45 millions de calories par gramme de matière cosmique. Cependant si toute la chaleur solaire était attribuable à cette cause il y aurait une augmentation de la masse du soleil décelable par une diminution de notre année (1), ce qui est

(1) On sait qu'il existe une relation entre la vitesse angulaire de la terre sur son orbite ω, le rayon de l'orbite a et la masse du soleil M, ($\omega^2 a^3 = M$), et ωa^2 est une constante (loi des aires)

contraire à l'observation scientifique. Il est vrai qu'on pourrait admettre que les météorites au lieu de venir de l'infini viennent d'une zone intermédiaire entre nous et le soleil ce qui écarterait la conséquence gênante de la diminution de notre année, mais alors la force vive des météorites serait réduite.

D'après Helmholtz c'est dans le phénomène de la contraction de la matière solaire qu'il faut chercher l'explication ; cette contraction ne réduirait le diamètre apparent du soleil que de 1″ en 1.800 ans. Si cette hypothèse assure à la vie terrestre une durée de 6 millions d'années dans l'avenir, elle ne ferait présumer qu'un passé de quelque dix millions d'années ce qui est bien insuffisant aux yeux des géologues.

Faut-il attribuer à la désagrégation atomique, à la radio-activité, l'origine de la chaleur solaire, comme l'a fait G. Le Bon? Il est certain que si 1 gramme de radium émet 120 petites calories par heure, il suffit de supposer que chaque kilogramme de matière solaire a une radio-activité égale à celle de 2 milligrammes de radium, ou bien qu'il renferme 2 milligrammes de radium, pour expliquer l'entretien de son énergie thermique. C'est une origine vraisemblable, mais hypothétique ; le spectroscope ne révèle en tout cas aucune trace de radium dans le soleil.

Arrhénius, lui, fait entrer en jeu les phénomènes physico-chimiques qui se produisent aux hautes températures. Ainsi O et Az se combinent avec absorption de chaleur, de même C et H pour former le benzol. La température du soleil pouvant être de 6 millions de degrés au centre de l'astre, il se peut que des composés formés à ces hautes températures produisent de véritables explosions lorsqu'ils sont expulsés à la surface. D'après les calculs d'Arrhénius on pourrait attribuer à la vie solaire plus de 4 milliards d'années.

On nous permettra ici de ne pas conclure. Peut-être toutes ces causes entrent-elles en jeu, peut-être en est-il d'ignorées.

Quoi qu'il en soit, la discussion ne peut porter que sur une question de durée : la fin du phénomène n'en est pas moins inscrite dans les tables de l'avenir, et rien ne paraît devoir écarter de nous la conclusion qui s'impose sur la vie limitée de notre globe.

Quant à la matière terrestre elle-même, celle qui pourrait persister après que les échanges d'énergie thermique auraient cessé, nous la voyons déjà se désagréger par son sommet, je veux dire par ses corps à poids atomiques élevés; peut-être même dès aujourd'hui toute la matière se désagrège-t-elle, et se dissipe-t-elle en électricité et en énergie radiante.

A quelque point de vue qu'on se place, toutes les données acquisés le prouvent assez, notre monde marche donc vers une fin plus ou moins lointaine, nous ne sommes qu'une phase éphémère dans l'évolution de l'énergie concentrée dans la région de l'espace où nous vivons.

158. — Les deux principes de l'énergétique et l'évolution de l'univers.

Peut-on dire que l'énergie totale de l'univers est constante, mais qu'elle se dégrade, ou que son entropie tend vers un maximum? Doit-on voir dans les deux lois de l'énergétique que nous venons d'énoncer d'une part « un arrêt de mort » pour l'univers qui s'immobiliserait finalement dans l'égalisation de ses températures après dégradation de toutes les formes de l'énergie en chaleur, et d'autre part la preuve que son évolution a commencé dans un maximum de grade de l'énergie par suite de je ne sais quelle genèse?

On a opposé à cette question une fin de non recevoir d'ailleurs très spécieuse : on ne peut, dit-on. concevoir l'univers que de deux façons : ou bien infini, ou bien fini. La première conception consiste à imaginer que l'éther occupe l'immensité, et que grâce à lui, tous les systèmes sidéraux faisant des échanges d'énergie radiante constituent par leur réunion un tout indéfini. La seconde consiste à se représenter l'univers comme limité : le monde galactique serait un système isolé, une « bulle d'éther » dans le néant.

Il est certain d'une part que si l'on pose en principe qu'un monde tel que le monde de la voie lactée où nous évoluons est absolument isolé, dans le présent comme dans le passé et dans l'avenir, de tous les autres mondes à supposer que ces mondes existent, si en second lieu on admet qu'à ses confins l'énergie peut se perdre et se réduire à néant, il n'y a plus qu'à imaginer une création « *a nihilo* » aux origines de ce monde et son évolution échappera à la conception scientifique, puisque sorti du néant, il retournera au néant, alors que la science édifie de plus en plus solidement le principe contraire à savoir que rien ne naît de rien et que jamais l'énergie ne se perd.

Mais une telle image du monde ne satisfera guère les

esprits scientifiques, pour la simple raison que, étant contraire aux données de la science, elle devrait au moins être justifiée par un motif, un besoin quelconque, tandis qu'elle ne l'est pas.

Pour que cette conception devînt rationnelle, il faudrait admettre que chaque univers est fermé et qu'il présente à son origine et à sa fin une relation avec les autres univers; on retomberait fatalement dans la conception d'un monde infini avec des séparations temporaires dans l'espace, séparations qui sont bien peu conformes aux déductions de l'observation humaine.

Il est certain, d'autre part, que si l'on admet que le monde est infini et que par conséquent sa quantité d'énergie est infinie et son entropie infinie aussi, il paraît assez bizarre *à priori* de parler de conservation de la somme d'énergie et d'augmentation de l'entropie, puisqu'on ne peut concevoir la variation absolue d'une quantité infinie.

Cette manière de voir, à mon avis, serait une erreur et voici pourquoi :

Tout d'abord il faut bien se rendre compte que nous pouvons concevoir une variation dans des quantités dont la valeur absolue est aussi voisine de zéro que nous le voulons. Lorsque dans le calcul infinitésimal nous parlons du rapport des variations d'une fonction et d'une variable, telle que $\frac{dI}{dt}$ rapport de la variation d'intensité d'un courant avec la variation de temps à un moment donné, nous disons que ce rapport prend une valeur absolue quand les divisions de temps considéré dt sont tellement petites qu'elles s'annulent; autrement dit, nous raisonnons sur des quantités *dI*, *dt* qui sont supposées diminuées jusqu'à zéro ; et pourtant, quand nous passons d'un moment à l'autre le rapport varie, et s'il varie c'est que l'une des deux quantités nulles change de valeur par rapport à l'autre : on arrive donc à concevoir un changement de valeur dans les quantités infiniment petites qui pour nous sont l'image du zéro, grâce à l'expression d'un rapport.

Ce qu'on peut faire dans l'infiniment petit qui nous donne l'image du zéro, on le peut dans l'infiniment grand qui nous donne l'image de l'immensité.

En effet, nous pouvons concevoir l'espace infini comme la somme de régions, de segments limités, en nombre infini ; et chacun de ces segments peut être caractérisé par le rapport de sa quantité d'énergie à son volume, et par le rapport de son entropie à son volume.

On conçoit que, en constituant une fraction dont le numérateur est la somme des énergies de *n* parties, et le dénominateur la somme des espaces de ces *n* parties, on puisse arriver à établir le rapport de la quantité d'énergie totale à l'espace occupé, pour ces *n* parties. Or rien ne nous empêche d'augmenter indéfiniment le nombre *n* de ces parties, de manière à arriver à un espace infini ; la quantité d'énergie devient aussi infinie, mais le rapport visé a une valeur bien définie. C'est, en somme, un rapport statistique qui s'approche d'autant plus de la réalité que le nombre des segments additionnés s'approche plus de l'infini, et qui, à la limite, est susceptible de prendre une valeur absolue, quand ses termes sont infinis. Il peut augmenter, diminuer ; il peut être constant dans le temps. C'est en ce sens que l'on peut dire : la quantité de l'énergie de l'univers infini augmente, diminue, ou est constante. Le même raisonnement s'applique à l'entropie, et dès lors, se pose dans toute son ampleur le problème que nous soulevions tout à l'heure.

L'énergie de l'univers se conserve-t-elle? La réponse de la science est bien simple; nous l'avons énoncée au paragraphe 150 : dans le champ limité de notre observation, elle se conserve. Jamais, dans aucun phénomène terrestre ou sidéral, nous ne voyons une parcelle d'énergie se perdre, ni se créer. D'autre part, la raison humaine ne peut arriver à concevoir la disparition de l'énergie sans qu'elle soit remplacée par quelque chose qui, pour nous, faute de mots, serait encore une forme de l'énergie. Donc, avec toutes les réserves que conseille la prudence, on peut dire que rien ne s'oppose à ce que nous regardions comme possible, sinon comme probable, l'application du principe de la conservation de l'énergie à l'univers.

L'entropie de l'univers augmente-t-elle indéfiniment, ou, si l'on préfère, l'énergie se dégrade-t-elle indéfiniment, l'énergie utilisable, créatrice des phénomènes, des mutations de la nature, de la vie des choses et des êtres, diminue-t-elle indéfiniment? L'univers va-t-il à l'homogénéité?

Si la conservation de l'énergie nous apparaît comme une loi nécessaire, si notre raison ne peut imaginer que l'énergie naisse de rien et qu'en disparaissant, elle puisse ne donner lieu à rien, sa dégradation ne nous est imposée au contraire que comme une loi contingente. Il est vrai que ce sont là des distinctions subjectives;

et, puisque nous ne constatons aucun phénomène qui mette en défaut la loi d'évolution, il peut nous paraître difficile *à priori* de ne pas l'universaliser autant du moins que le premier principe de l'énergétique.

Cependant différentes raisons s'opposent à cette universalisation.

Tout d'abord si la loi de conservation de l'énergie est universelle, elle entraîne cette conséquence que l'énergie a toujours existé et qu'elle existera toujours, que sa quantité est invariable et éternelle. Mais alors comment concevoir que la loi de dégradation soit universelle et que nulle part l'énergie ne prenne du grade : il nous faudrait admettre qu'à un moment donné a été créée une dénivellation qui s'amortirait avec le temps, et par cela même l'universalité du 2e principe nous apparaîtrait comme temporaire, sans quoi il faudrait supposer que cette dénivellation périodique s'opère non pas par renversement du 2e principe mais avec dépense d'énergie, avec anéantissement d'une certaine quantité d'énergie, ce qui détruirait l'universalité de la première loi.

D'autre part, nous ne concevons guère qu'une chose qui change, qui évolue, telle que l'énergie, puisse être éternelle sans que ces changements constituent des cycles qui maintiennent l'ensemble dans un *statu quo* moyen, ou bien sans que les changements qui affectent certaines parties du tout, soient compensés par des changements inverses affectant d'autres parties, de telle façon qu'une sorte de constance-statistique, d'équilibre moyen, se perpétue indéfiniment.

Concevons-nous donc dans l'univers quelque chose qui puisse contre-balancer la dégradation de l'énergie?

Nous savons déjà que dans notre monde solaire la loi de dégradation paraît aussi nécessaire que la loi de conservation de l'énergie. Par contre, nous savons que dans notre univers galactique certains physiciens, avec S. Arrhénius, regardent les nébuleuses comme des lieux de l'espace où l'énergie *prend du grade* au lieu d'en perdre. D'autres hypothèses ont été émises, telles celle de Macquorn Rankine, qui admet que les énergies rayonnantes sillonnant l'espace pourraient aller se reconcentrer quelque part en de nouveaux foyers, ou celle de G. Mouret qui regarde la loi d'évolution comme sujette à des vicissitudes périodiques, la phase de dégradation devant forcément être suivie d'une phase de regradation.

Mais il est à mon avis une hypothèse rationnelle qui s'impose et qui, née du rapprochement des différentes branches de la science, concilie les deux principes de l'énergétique en limitant le second; je vais l'exposer en quelques lignes qui seront en même temps la conclusion de ces deux premiers volumes.

159. — Le rôle possible de l'éther. Conclusions.

Nous avons dit que l'énergie rayonnée par les astres allait, une fois émise, cheminer à travers les espaces vides, sans se perdre, jusqu'à ce qu'elle soit arrêtée par les autres astres. Cette formule évidemment répond aux données de la science dans les limites de notre champ d'observation immédiate, mais il est à présumer que tous les rayons lumineux ou caloriques qui émanent d'un astre ne rencontreront pas d'autres astres sans avoir subi un certain amortissement.

Voici sur quoi est fondée cette présomption.

Les distances énormes qui séparent les astres font que la sphère étoilée présente de nombreux vides. On a donné diverses explications à ce fait que le ciel ne nous paraît pas uniformément lumineux, que les étoiles lointaines ne nous envoient pas leurs rayons. Les uns ont dit que l'éther n'existe pas partout, d'où l'idée que notre univers lactéen est une bulle d'éther dans le néant et qu'il est isolé des autres univers; d'autres ont simplement supprimé le reste du monde; d'autres enfin ont cherché à expliquer l'absorption des radiations en cours de route par des poussières cosmiques.

La plus naturelle de toutes les explications n'est-elle pas que l'énergie radiante subit à travers l'éther une absorption tellement faible qu'elle échappe à nos mesures; cette absorption ne se révèlerait que sur les distances qui, pour nous, se confondent avec l'infini.

Or, si l'on admet cette disparition dans l'éther d'une forme de l'énergie, que devient-elle?

Tout d'abord, en s'amortissant dans l'éther met-elle en défaut le premier principe de l'énergétique? Nullement et cela pour la raison suivante : ou bien nous pouvons admettre la mutation de l'énergie radiante en une forme larvée, potentielle de l'énergie; ou bien nous pouvons admettre que l'énergie se transforme en quelque chose qui n'est plus du tout l'énergie comme nous la concevons, mais qui lui est équivalent, ce qui est tout simplement introduire dans la question une conception métaphysique dont nous pouvons d'ailleurs nous passer. Quel peut donc être l'avenir de cette partie ainsi disparue de l'énergie?

N'avons-nous pas avancé comme probable cette hypothèse que la matière, que l'électron pourrait se ramener en fin de compte à de l'éther en mouvement; que l'électron pourrait bien être constitué par un tourbillon d'éther dont le mouvement ferait la rigidité? Or, où donc l'éther puiserait-il l'énergie nécessaire pour constituer ces tourbillons s'il n'avait pas de réserves, si, en lui, ne s'opérait pas une mutation?

Seulement à mon avis ce serait une erreur de comparer l'éther à nos transformateurs matériels d'énergie. Il y a là des anneaux de la chaîne qui échappent complètement à notre conception. Pas plus que nous ne pouvons concevoir ce milieu mystérieux, ni nous le représenter par une image réelle, pas plus nous ne pouvons arriver à interpréter les phénomènes dont il est le siège.

Mais cette impossibilité ne saurait être pour nous une cause empêchante qui nous fasse rejeter une hypothèse rationnelle. Plus près de nous n'avons-nous pas une énigme pareille? On dit que le cerveau est un transformateur, un accumulateur d'énergie, et c'est vrai, mais n'est-ce pas un transformateur et un accumulateur tel que nous perdons complètement la trace des mutations de l'énergie entre la porte d'entrée et la porte de sortie? Et pourtant ce n'est qu'un fragment de matière que nous tenons entre les mains.

Faut-il dès lors nous irriter, qu'entre la porte d'entrée de l'énergie dans l'éther et sa porte de sortie, entre l'amortissement des radiations et la genèse continue des mondes dans l'hétérogénéité, nous perdions le fil de notre observation?

Le physicien a le droit peut-être d'être gêné par cet obstacle. Le biologiste est plus résigné, et cette résignation devant un problème incomplètement résoluble sera pour nous la pensée finale de cette première partie de notre étude. Les horizons que nous ont découverts les sciences physiques sont vastes, et au terme du voyage, nous regarderons sans mauvaise humeur la région close. Quand notre œil sera fait à sa contemplation, nous pourrons avec plus de sûreté aborder un sujet au moins aussi irritant pour le mathématicien que les formules de l'entropie le sont pour le biologiste : l'étude de la matière vivante.

TABLE ALPHABÉTIQUE

D

E

I

J

K

L

M

N

O

P

S

T

U

V

TABLE DES MATIÈRES

TOME II

L'ÉLECTRICITÉ. — LES RADIATIONS. — L'ÉTHER ORIGINE ET FIN DE LA MATIÈRE

LIVRE I

L'ÉLECTRICITÉ

LIVRE II

L'ÉTHER ET LES RADIATIONS

LIVRE III

LA RADIO-ACTIVITÉ. — LA DÉSAGRÉGATION DE LA MATIÈRE

LIVRE IV

ORIGINE ET FIN DE LA MATIÈRE. LES ENSEIGNEMENTS DE LA COSMOLOGIE. L'ÉVOLUTION DE L'ÉNERGIE.

Coulommiers. — Imprimerie E. DESSAINT et Cie.

www.ingramcontent.com/pod-product-compliance
Ingram Content Group UK Ltd.
Pitfield, Milton Keynes, MK11 3LW, UK
UKHW020609230726
13926UKWH00005B/2286

9 782013 625685